"十二五"职业教育国家规划教材

经全国职业教育教材审定委员会审定

普通高等学校学前教育专业系列教材

学前儿童心理健康指导

主　编　张劲松

副主编　钱　峰

编　委（按姓氏笔画排序）

王周烨　帅　澜　刘俊霞　李晓鹏

张云亮　张劲松　张新华　夏卫萍

钱　峰　章依文

复旦大学出版社

内容提要

本书以2011年教育部颁布的《教师教育课程标准（试行）》及教育部高等职业学校学前教育专业教学标准为编写依据，是首次以学前儿童心理健康促进为宗旨而编写的学前教育教材。本书目标人群为0～6岁儿童，以现代的健康观和科学的儿童心理健康促进理念为主导，注重教育学与医学心理学的结合、理论与实践的结合。全书共10章：第一章绪论，阐述婴幼儿心理健康意义、心理行为的神经生理学基础以及儿童心理健康的影响因素；第二章和第三章围绕婴幼儿心理发展规律分别阐述0～3岁和3～6岁儿童的心理健康指导原则、目标和方案，并以实例介绍操作方法；第四章和第五章分别具体介绍儿童气质、自我调控这两个对幼儿心理健康发展具有重要作用的心理特质，分析儿童气质的特点及在抚养教育中的应对策略；第六章和第七章介绍了学前儿童常见或重要的心理问题和心理障碍，并特别关注儿童的忽视和虐待以及留守儿童的心理问题；第八章和第九章介绍了学前儿童心理健康监测和评估方法；第十章为拓展篇，介绍了学前儿童应激干预计划教程，幼儿应激干预是幼儿心理健康促进的最新理念，此内容也是本书的一个特色。

本书可供学前教育专业学生使用，也可作为幼儿教师在职培训的教材，并适用于广大从事幼教专业的人员及学前儿童家长学习、参考。

（本教材配有教学课件，免费赠送教学单位）

总　序

　　学前教育是国民教育体系的重要组成部分,是终身教育的开端,幼儿教师教育担负着学前教师职前培养和职后培训、促进教师专业成长的双重任务,在教育体系中具有职业性和专业性、基础性和全民性的战略地位。

　　自1903年湖北幼稚园附设女子速成保育科诞生始,中国幼儿教师教育走过了百年历程。可以说,20世纪上半叶中国幼儿教师教育历经了从无到有、从抄袭照搬到学习借鉴的萌芽、创建过程;新中国成立以后,幼儿教师教育在规模与规格、质量与数量、课程与教材建设等方面得到较大提升与发展。中国幼儿教师教育历经稳步发展、盲目冒进、干扰瘫痪、恢复提高和由弱到强的发展过程。

　　1999年3月,教育部印发《关于师范院校布局结构调整的几点意见》,幼儿教师教育的主体由中等教育向高层次、综合性的高等教育转变;由单纯的职前教育向职前职后教育一体化、人才培养多样化转变;由独立、封闭的办学形式向合作、开放的办学形式转变;由单一的教学模式向产学研相结合的、起专业引领和服务支持作用的综合模式转变。形成中专与大专、本科与研究生、统招与成招、职前与职后、师范教育与职业教育共存的,以专科和本科层次为主的,多规格、多形式、多层次幼儿教师教育结构与体系。幼儿教师教育进入由量变到质变的转型提升进程,由此引发了人才培养、课程设置、教学内容等方面的重大变革。课程资源,特别是与之相适应的教材建设成为幼儿教师教育的当务之急。

　　正是在这一背景下,"全国学前教育专业系列教材"编审委员会在广泛征求意见和调查研究的基础上,开始酝酿研发适应幼儿教师教育转型发展的专业教材,这一动议得到有关学校、专家的认同和教育部师范教育司有关领导的大力支持。2004年4月,复旦大学出版社组织全国30余所高校学前教育院系、幼儿师范院校的专家、学者会聚上海,正式启动"全国学前教育专业系列"教材研发项目。2005年6月,第一批教材与广大师生见面。此时,恰逢"全国幼儿教师教育研讨会"召开,研讨会上,教育部师范教育司有关领导对推进幼儿教师教育优质课程资源建设作出指示:一是直接组织编写教材,二是遴选优秀教材,三是引进国外优质教材;开发建设有较强针对性、实效性、反映学科前沿动态的、幼儿教师培养和继续教育的精品课程与教材。

　　结合这一指示精神,编审委员会进一步明确了教材编写指导思想和教材定位。首先,从全国有关院校遴选、组织一批政治思想觉悟高、业务能力强、教育理论和教学实践经验丰富的专家学者,组成教材研发、编撰队伍,探索建立具有中国幼儿教师教育特色、引领学前教育和专业发展的、反映课程改革新成果的教材体系;努力打造教育观念新、示范性强、实践效果好、影响面大和具有推广价值的精品教材。其次，建构以专科、本科层次为主，兼顾中等教育和职业教育，多层次、多形式、多样化的文本与光盘相结合的课程资源库，有效满足幼儿教师教育对课程资源的需求。

经过八年多的教学实践与检验，教材研发的初衷和目的初步实现。截至 2013 年 8 月，系列教材共出版 140 余种，其中 8 种教材被教育部列选为普通高等教育"十一五"、"十二五"国家级规划教材，16 种教材入选教育部"十二五"职业教育国家规划教材，《手工基础教程》被教育部评选为普通高等教育"十一五"国家级精品教材，《幼儿教师舞蹈技能训练》荣获教育部教师教育国家精品资源共享课，《健美操教程》获得教育部"改革创新示范"教材；系列教材使用学校达 600 余所，受益师生数十万人次。

伴随国务院《关于当前发展学前教育的若干意见》和《国家中长期教育改革和发展规划纲要(2010—2020 年)》的贯彻落实，幼儿教师准入制度和标准的建立、健全，幼儿教师教育面临规范化、标准化、专业化和前瞻化发展的机遇与挑战。一方面，优质学前教育资源已成为国民普遍地享受高质量、公平化、多样性学前教育的新诉求。人才培养既要满足当前学前教育快速发展对幼儿师资的需求，还要确保人才培养的高标准、严要求以及幼儿教师职后教育的可持续发展；另一方面，学前教育专业向 0～3 岁早期教育、婴幼儿服务、低幼儿童相关产业等领域拓展与延伸，已然成为专业发展与服务功能发挥的必然趋势。这一发展动向既是社会、国民对专业人才的要求与需求，也是高等教育服务社会、培养高层次专业人才的使命。为应对机遇与挑战，幼儿教师教育将会在三个方面产生新变化：一是专业发展广义化，专业方向多元化，人才培养多样化，教师教育终身化；二是课程设置模块化，课程方案标准化，课程发展专业化和前瞻化；三是人才培养由旧三级师范教育(中专、专科、本科)向新三级师范教育(专科、本科、研究生)稳步跨越。

为及时把握幼儿教师教育发展的新变化，特别是结合 2011 年 10 月教育部颁布的《教师教育课程标准(试行)》，编审委员会将与广大高校学前教育院系、幼儿师范院校共同合作，从三个方面入手，着力打造更为完备的幼儿教师教育课程资源与服务平台，并把这套教材归入"全国学前教育专业(新课程标准)'十二五'规划教材系列"。第一，探索研发应用型学前教育专业本、专科层次系列教材，开发与专业方向课程、拓展课程、工具性课程、实践课程和模块化课程相匹配的教材，研发起专业引领作用的幼儿教师继续教育教材；第二，努力将现代科学技术、人文精神、艺术素养与幼儿教师教育有效融合并体现在教材之中，有效提升幼儿教师综合素养；第三，教材编写力图体现幼儿教师教育发展趋势与专业特色，反映优秀中外教育思想、幼儿教师教育成果，全面提高幼儿教师教育质量；第四，建构文本、多媒体和网络技术相互交叉、相互整合、相互支持的立体化、网络化、互动化的幼儿教师教育课程资源体系，为创建具有中国特色的幼儿教师教育高品质专业教材体系贡献我们的力量。

"全国学前教育专业系列教材"编审委员会

2013 年 8 月

前　言

健康不仅是躯体健康，也包括心理健康和良好的社会适应能力。幼儿期是认知、情绪、人格和社会适应性等心理能力发展的重要时期和敏感时期，0～6岁儿童心理的健康发展与今后长大成人的心理健康至关重要，很多学龄后乃至成人期的心理障碍与童年早期的心理问题密切相关，促进学前儿童心理的健康发展已经成为重要议题。尽早发现、正确处理学前儿童的心理问题或障碍，可以有效地减轻或降低对未来心理行为发展造成的长期不良后果。

我国政府近年来越来越关心儿童的心理健康，开展学前儿童心理健康工作是促进儿童健康成长、提高国民素质、实现经济和社会全面进步的重要措施。新时期学前儿童的健康工作需要整合医学、教育学和心理学背景的专业人员来共同完成。由于大多数儿童学前都进入托幼机构，幼教老师是很多儿童疾病的最早发现者，是儿童疾病早期干预的关键人员。如果幼教老师掌握相应的基本知识和技能，就能有效地使很多儿童疾病得到及时发现、合理处理。

目前，我国职业教育中有关学前儿童的教学课程缺乏指导心理健康促进和心理问题的内容，有关内容不仅涉及普通心理学知识，而且还涉及临床儿童心理学、儿童精神病学的内容，需要医学心理学和教育学科的融合。所以，为了加强幼教师范生的儿童心理健康的专业知识和实践操作能力教育，本教材的编写采取医教结合的策略，由擅长儿童心理健康的医学心理专家和师范教育类院校教师共同编写，使之从内容和形式上达到融合。从儿童临床心理专家的视角准确地阐述内容，把握幼教师范生应掌握的儿童心理健康的基础知识，从师范教育类院校教师的视角在形式上更好地诠释具体的教学方法、设计学前教育机构内的具体活动方案和案例。本教材在内容编排上，立足于托幼机构教师的职业需要来构建知识体系和技能构成，阐述儿童心理健康促进的理论知识和实践技能，体现现阶段我国学前儿童心理健康的常见现象和问题。本书具有以下五个特色。

1. 以科学的心理发展观和健康促进理念为引领，层次分明。本书涉及0～6岁学前儿童心理健康知识和实用技能，内容广泛。从儿童心理行为发展的特点入手，介绍不同发展阶段的心理健康促进要点和活动，渐进性地分层引入在不同发展阶段的正常现象、异常问题和障碍的初步识别和应对方法。

2. 理论知识和操作技能并重。本教材的编排充分考虑理论知识教育和操作技能培养并重，让学生在深刻领会理论知识的基础上，学会并掌握相关的实际工作技能。

3. 知识与技能的专业性更强。本教材由在儿童心理健康和教育方面有着丰富的教学和研究实践经验的权威专家为主导，联合学前教育专业的教师共同编写，体现了当今社会"医教紧密结合"做好托幼机构卫生保育工作的策略,不仅提升了课程的专业性,而且对提升托幼机构教师工作水平,实现"预防为主"、"关口前移"、"早期干预"的公共卫生全局目标,维护和促进广大儿童健康成长,都具有重要的意义。

4. 内容的编写形式深入浅出。本教材的使用对象为大专以上水平学生,所以在编写上力求做到通俗易懂、重点突出、板块清晰,并使用简明的语言和生动的案例,尽量让学生明白深奥的理论知识并提高实际操作能力。每章最后的思考与探索让学生反思和巩固所学到的内容,激发学生思考、讨论、探索学习更多的相关知识的兴趣。

5. 以临床实践和科学研究为撰写基础。本书中的很多内容是主编团队亲自进行的科学研究和临床实践,以及副主编团队的教学实践。如儿童气质、自我调控是主编多年的科研成果并已经在国内百余家单位应用,学前儿童应激干预教程是主编团队近期与幼教老师合作并在幼儿园中得到成功开展的上海市三年行动计划项目,这些内容构成了本教材的独特之处。

本书主编是有医学、心理学专业背景的资深高级专家,擅长儿童心理健康促进和心理问题诊疗。副主编是资深的幼教专家,主编过畅销的学前心理学教材。其他参编人员都是硕士或以上学历的相关专业人员,或是有学前教育专业背景的教师,或是擅长儿童心理健康促进和心理问题诊疗的医生。

主编张劲松(上海交通大学医学院附属新华医院儿保科、临床心理科主任医师)全面负责制订编写大纲,并负责撰写第一、第四、第五、第八章,参与撰写或修改其他章节,负责全书审校、统稿,其团队的夏卫萍、帅澜、王周烨医生主要撰写第六、第七、第九和第十章。副主编为苏州高等幼儿师范学校钱峰老师,其团队的张新华和张云亮老师撰写第一章第一节、第三章、第九章的第一节和第二节。兰州城市学院刘俊霞老师主要撰写第二章全文和第五章的活动案例。上海儿童医学中心发育行为儿科章依文主任撰写儿童语言发展和语言问题的部分内容。上海维多利亚幼儿园(浦东园)园长李晓鹏老师为儿童心理行为问题和心理障碍的案例撰写提供素材。

编 者

2013 年 8 月

目　录

第一章

绪 论

主要内容

1. 学前儿童心理健康的核心内涵和标准。
2. 不同脑区与心理的关系。
3. 心理健康的神经生理学基础。
4. 影响学前儿童心理健康的因素。

基本要点

本章首先阐述从出生到学前儿童的心理健康意义，唤起幼教工作者对幼儿心理健康的重视。心理发展是生物遗传学因素和社会环境因素交互作用的结果。儿童的心理行为有其神经生理学基础，脑的不同区域分别负责不同的心理功能，脑神经系统的发育是心理发展的基本条件。影响儿童心理健康的因素包括生物学、社会环境和躯体疾病因素。神经递质、营养、铅中毒会影响学前儿童的脑神经发育，儿童的家庭、教育场所、社会文化环境与幼儿心理健康发展密切相关。婴幼儿的睡眠与身心健康密切相关，睡眠时间因年龄和个体差异而异，睡眠问题可影响幼儿的情绪、注意和认知。

第一节　学前儿童心理健康的意义

一、婴幼儿心理健康的意义

从出生到入学前的儿童期包含婴儿期和幼儿期，在发展心理学中，对婴幼儿的年龄范围，广义上包括出生后0～3岁的婴幼儿期和4～6岁的学前幼儿期。从0～3岁的婴幼儿期到4～6岁学前幼儿期是一个连续发展的过程，谈及学前期的幼儿也必须了解婴幼儿期的特征，尤其对于幼儿的心理健康，而且，近年来学前教育的范畴也正在将3岁前的婴幼儿期纳入进来，使幼儿的发展和学前教育计划更具有连贯性。因此，本教材全面覆盖0～3岁的婴幼儿期和4～6岁学前幼儿期的心理健康内容。

0～6岁广义的婴幼儿时期虽然是儿童早期，在人的一生中只占据短短的几年，但却是一生中心理发展最快速和最富于变化的时期，也是一生发展的基础，众多研究显示长大或成人后的很多心理问题起源于儿童早期,儿童早期的心理健康与未来的人格发展、心理行为健康状况有着密切的联系。1989 年联合国世界卫生组织(WHO)对健康作了新的定义,即"健康不仅是没有疾病,而且包括躯体健康、心理健康、社会适应良好和道德健康"。心理健康(mental health),又称精神健康,是关于保护和增进人的心理健康的心理学原则、方法和措施。狭义的心理健康旨在预防心理疾病的发生,广义的心理健康则以促进的心理健康、发挥更大的心理效能为目标。WHO 对心理健康制定了 7 条标准:智力正常,善于协调和控制情绪,具有较强的意志和品质,人际关系和谐,主动地适应并改善现实环境,保持人格的完整和健康,心理和行为符合年龄特征。

婴幼儿心理健康的核心是与生物学特征、社会关系和文化背景相适应的情绪和社会能力发展,涉及情绪体验、情绪调控、情绪表达、形成亲密和安全的人际关系,以及探索环境和学习的能力,并与认知能力的发展密切相关。

人的心理活动自一出生就开始发展起来,包括感知觉、记忆、注意、思维、言语、情绪、意志行动等方面。儿童的心理能力随着大脑的发育处于不断地发展变化之中,并且各方面都有自身的发展特点和关键时期。这些心理特点既有普遍的共性又有个体的差异,例如,一般儿童在 1～2 岁开始学说话,3 岁时能说完整的简单句,但有的儿童说话更早些,有的则更晚些;儿童的特点是活泼好动,但有的孩子特别好动,有的则十分安静;有的孩子胆小害羞,有的大胆主动;有的孩子喜欢发脾气、攻击他人、违抗大人;有的则孤僻、怕见人,等等。儿童的心理活动更多地反映于外在的行为中,随着长大成熟而逐渐内化,并在不同年龄阶段会表现出特有的心理行为现象和问题,只有了解儿童的心理发展特点,才能透过现象看本质。

儿童心理健康和教育相辅相成。在幼儿的抚养教育中,每个阶段的教养任务是什么?如何寓教于乐?如何能令孩子在接受教育的过程中开朗、合群、自信?学前儿童教育的任务是强调多认字、会计算,还是重视游戏?如何根据儿童气质因材施教?什么是儿童孤独症?学前儿童有注意缺陷多动障碍吗?教育方案既应遵循儿童认知的发展特点,也要考虑儿童情绪、个性的心理发展特征。放任不管的孩子难以健康成长,过度教育也无异于拔苗助长,不恰当的教养方式都不利于儿童的心理健康发展。

随着社会的发展和进步,以及儿童躯体健康保健体制的逐步完善,对儿童心理健康的要求逐渐得到重视。儿童的健康,包括心理健康,是教育得以实施的前提。即使有健康的身体,但没有健康的心理,如无精打采、心不在焉、坐立不安、讨厌学习的儿童,也难以接受教育或完成学习任务。因此,幼儿的教育不仅在于增加知识,也应在乎促进儿童的健康发展,尤其是心理的健康发展。教育的核心不仅仅是学习文化知识,也涵盖学习社会适应技能、培养恰当的行为和良好的人格。

二、婴幼儿心理健康促进

儿童健康促进的概念已经不再仅是关注躯体健康保健,儿童的心理健康也日益被重视,促进心理健康发展已成为一项重要内容。

根据 WHO 对心理健康的标准,针对学前儿童的年龄特点,促进学前儿童心理健康达到以下标准。

1. 智力发展正常　智力发展正常是学前儿童心理健康的重要标志。智力发展正常是指与正常的生理发展,特别是与大脑的正常发育相协调的各种能力的发展正常。智力发展正常的幼儿应该表现出与其年龄段相符合的行为和能力。例如:能够认知周围日常事物,有数的概念;能够自理简单的日常生活,自己穿衣、吃饭;能够用语言与他人进行交流,表达自己的意愿或想法;能够较客观地了解和评价他人,与同伴合作等。学前阶段是智力发展最为迅速的阶段。但是,由于先天性疾患、产伤、婴幼儿期疾病感染等原因所致的脑损伤及早期的社会文化剥夺,都可引起儿童智能障碍,导致感知觉和记忆异常、思维水平低下和心理紊乱,从而影响儿童的正常生活。

2. 情绪反应适度　积极健康的情绪是学前儿童保持身心健康和行为适应的重要条件。健康儿童的情绪应基本上是愉快、稳定的,很少无理取闹,不无故发怒、摔东西;生活起居有规律,睡眠安稳,少梦魇;基本上能听从成人的合理嘱咐。愉快、欢乐、喜悦等积极的情绪能使儿童获得较高的活动效能,有助于儿童对社会生活环境保持良好的适应状态;而愤怒、恐惧、悲伤等消极情绪则可使儿童的生活、学习和人际交往受到损害,这些情绪的长期积累,还可使儿童产生神经活动的功能失调及躯体的某些病变。

3. 性格特征良好　性格反映在对客观现实的稳定态度和习惯化的行为方式之中。学前儿童的性格是儿童与周围环境的相互作用中逐渐形成的,并且相对稳定。性格特征良好是指幼儿在对现实的态度和日常的行为方式中表现出积极稳定的心理特征。具体表现为:对新鲜事物感到好奇,勤奋好学;具有一定的自我意识,寻求独立;开朗、热情、大方、尊重他人、乐于助人等。心理不健康的幼儿则常常表现出胆怯、冷漠、固执、自卑等不良的性格特征。

4. 人际关系和谐　人际关系和谐是指幼儿在一定的情境下能够表现出亲社会行为,在现实生活中会扮演不同的角色。具体表现为:有良好的亲子关系、同伴关系、师生关系,有一定的人际交往能力,会分享,会合作,会保护自己和别人。心理健康的儿童乐于与人交往,善于理解别人,接受别人,善于与人合作、分享,尊重别人。心理不健康的儿童则与此相反,对人漠不关心,沉默寡言,性情孤僻,做事斤斤计较,无同情心甚至侵犯别人等。

心理健康促进是预防性地、主动地采取措施以促进儿童的心理健康,并对超出正常范围的心理行为给予关注,或等到出了问题再进行心理咨询或看儿童精神科医生。对儿童的养育者和教育工作者而言,是主动采取适当的养育和教育方式,即积极的教养,来维护和促进儿童的心理健康发展,尽最大努力使儿童处于健康发展的轨道中。只有了解幼儿的心理发展特点,使幼儿的养育和教育方法遵循心理发展的特点,养育才能做到有的放矢、因材施教,心理健康的儿童才能乐于学习、有效学习,获得最佳的发展。只有了解幼儿心理问题或障碍的知识,养育者和教育者才能尽早发现问题而给予及时干预,尽量降低心理问题或障碍给儿童发展带来的损害。

除了家长和儿科医生,幼教人员是幼儿促进心理健康发展的最早参与者,幼儿心理问题的最早面对者和发现者。幼儿从业人员不仅要会运用恰当的幼儿教育理念,也应能对家长进行初级的指导,告诉家长合理的教养方式,监测儿童心理状态,及时发现超出正常范围的心理行为问题并给予必要的初级干预,使儿童向良好的方向发展。为此,幼教老师应怎么做? 以下几点值得考虑:①充分认识儿童心理健康的重要意义;②全面了解儿童心理发展的基本特点和关键点;③了解儿童在不同时期中的常见心理问题,以及预防和初步的处理方法;④会用几种筛查方法,能快速而方便地了解儿童的心理特点和问题;⑤对家长进行心理健康教育,提供给家长应知道的内容并指导家长;⑥将有明显心理问题的幼儿转介给专业的儿童心理专家、儿童精神科医生。

本书主要内容包含儿童心理发展的进程以及与儿童心理健康相关的具体内容,根据从婴儿到入学前儿童的心理规律提出心理健康发展促进的目标和策略,并将心理发展中的现象、问题和障碍呈现给儿童教育工作者,旨在拓展幼儿教育工作的视角和知识,方便和规范学前教育工作者获得儿童心理健康发展和心理健康促进的知识。

第二节　儿童心理行为的神经生理学基础

人类的任何心理活动,包括认知、情绪和行为都是以脑神经系统的活动为基础,感知、记忆、注意、语言、情绪、觉醒和行动等一系列的心理行为过程与脑神经的发育和功能状态密切相关,因为完成这一系列的心理活动要有一套发育良好的脑神经系统,因此,脑神经系统的正常发育是心理健康的基本条件。

一、脑的发展

大脑在婴幼儿时期迅速发展。新生儿出生时的脑细胞数量已经接近成人,但大脑重量仅为成人的25%,6个月时脑重为成人的50%,第2年末脑重约是成人的75%,3岁时的脑重接近成人,学龄儿童的神经系统的结构发育基本完成,在功能上则继续发展。神经细胞之间通过伸展出来的神经突触相互联系,完成刺激信号的传导。神经突触包括细长的树突和短粗的轴突。出生后树突和轴突的数量迅速增多,第一年内增长速度最快,1岁时,神经突触的密度超过了成人,但传导速度和精确度较低。丰富的环境(包括听觉、视觉、味觉、嗅觉等)可以增加神经突触连接的数量(图1-1)。

Children

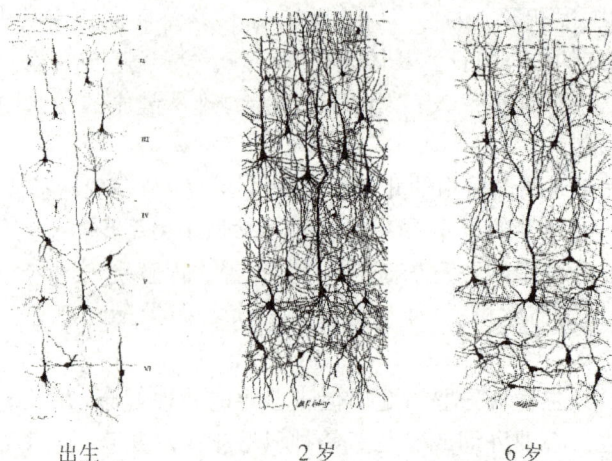

出生　　　　　　2岁　　　　　　6岁

图 1-1　出生、2 岁和 6 岁的神经突触

在神经纤维增长的同时,髓鞘化开始,即在神经纤维的外层形成节段状的鞘膜(髓鞘),神经信号的传导通过髓鞘呈跳跃式传导。新生儿脑内基本的感觉运动通路已髓鞘化,但白质尚未髓鞘化,由于传导通路的髓鞘化较晚,联合区及其联系系统的成熟也很晚,所以婴儿容易兴奋而且兴奋泛化、不易控制。在神经纤维藤蔓样生长的同时,生后第 2 年开始出现"修剪"现象,使树突和突触得到"塑造",经常使用的得到保留,不用的或很少用则被淘汰,以形成有效的工作网络。神经纤维的髓鞘化和"修剪",使神经兴奋的传导更加精确、迅速,这两种现象在幼儿时期的发展最为迅速,以后放缓,一直持续至青春期、甚至成年早期才完善,这是为什么幼儿的注意力和信息加工速度(反应速度)不如青少年或年轻成人的原因之一,但随着年龄增长而不断提高,认知能力获得质的转变。运动和感觉区域神经元的髓鞘化直到 6 岁才完成,因此学前儿童仍然显得的眼手协调能力较低和动作较笨拙。

脑神经系统的发育特点决定了婴儿的大脑具有很大的可塑性和修复性,刺激缺乏和刺激过度都可对儿童大脑发展带来不利影响。早期的感觉剥夺或经验剥夺,会使婴儿的相应感觉区域出现萎缩,损害脑功能的发育,早期的营养状况也同样会对婴儿脑生长产生重要影响。给婴儿提供适当的丰富刺激可以促进大脑的发育,例如丰富的语言环境促进大脑语言区的突触发展。然而,刺激过度会令幼儿脑神经负荷超载,产生疲劳或损伤,也不利于脑的正常发展或是造成难以恢复的伤害。这提醒儿童教育工作者和家长在早期教育中切勿盲目,如过多的玩具、过早和过量的学习对孩子可能弊大于利。婴幼儿期遭受强烈的情感性刺激会造成杏仁核等情绪中枢神经系统的损伤,如果不能得到适当处理将影响长大后乃至成人期的心理健康。另一方面,如果在婴儿期大脑受到某种器质性损害,通过学习可以获得一定程度的修复,某一半球受损则另一半球可产生代偿性的发展,例如 5 岁以前的语言损伤不会是永久性的,通过训练可以逐渐恢复,而成人则可能导致永久性的失语症。

二、脑功能的优势化

大脑功能有左右优势的差异,手脚功能的优势侧从出生后就开始分化。5、6 个月时多数婴儿用右手够物,2 岁时几乎所有幼儿都在一定程度上显示出优势手,但不少 3 岁儿童踢球或拿东西时可能左右侧都常用。6 岁儿童的手脚优势在很大程度上开始定型,约 90% 的学龄儿童与成人一样明确地使用右手。有些左利手的儿童在入学时被强迫改为使用右手,必须用右手写字,这不符合脑功能的发展,会给孩子带来心理痛苦并影响相应能力的发展。

人脑的两半球在功能上的差异还表现在认知和情感方面。左脑的能力优势在于语言、理念、分析、计算方面,脑左半球控制躯体的右侧,语言、听觉、词汇记忆中枢主要在左半球,因此对语言信息加工的能力较强,与抽象思维、象征性思维和对细节的逻辑分析能力有关。大脑右半球更多参与空间信息、非语言的声音和情绪的加工,对空间信息加工的能力较强,右脑的能力优势表现在具体思维能力、空间认知能力、对复杂关系的理解能力、对音乐的理解、情绪表达等方面,数学比较好。天生左侧优势的人在男性中较多,这种人存在阅读障碍的比例稍高,动作可能较笨拙。3岁之内女孩脑的发展比男孩快,3岁以后男孩的脑发展明显加快。女孩大脑左半球神经细胞的生长和髓鞘化的完成比男孩早些,故女孩说话较男孩为早,语言能力也较强。而男孩大脑右半球神经细胞的生长和髓鞘化的完成则比女孩早些,右脑功能比左脑强,因而男孩的空间认知能力较女孩强些,如辨认方向的能力较强、几何数学成绩较好。

三、脑结构与心理功能

(一)脑区域与心理功能

大脑的不同部位负责不同的心理功能,主要涉及以下部位(图1-2)。

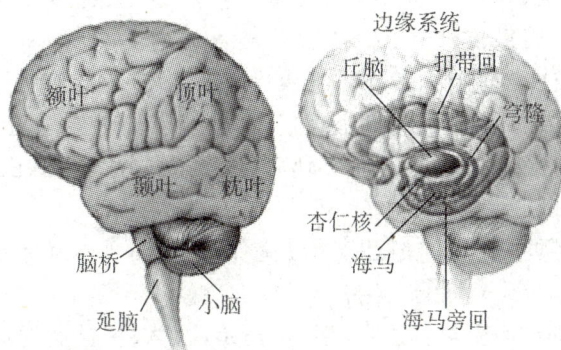

图1-2　大脑的结构

1. **额叶**　负责控制注意、思维、计划、目的、短时记忆,并与需求和情感有关。前额叶是最高水平的脑区,身体的各种信息最后都汇集到前额叶,在此对信息进行最后阶段的处理。婴儿出生时,前额叶还很不成熟,直到7~8岁以后才逐渐接近成年人的水平。

2. **顶叶**　与触觉的关系最密切,整个身体表面的触觉都投射在此。右半球的额叶对知觉空间关系尤其重要,也与数学和逻辑相关。

3. **颞叶**　初级听觉皮质所在,负责处理听觉信息,还有嗅觉区和味觉区,也与记忆和情感有关。

4. **枕叶**　初级视觉皮质所在。

5. **边缘系统**　包括边缘皮质和皮质下边缘结构。它管理学习经验、整合新近与既往经验,同时为启动和调节种种行为和情感反应的复杂神经环路中重要的一部分。

6. **下丘脑**　与食欲、自主神经调节功能、情绪行为反应有关,被认为是"愉快中枢"和"痛苦中枢"所在地。

7. **海马**　主管人类的近期主要记忆。儿童时期情绪记忆会贮存于此,对以后的心理造成影响。

8. **杏仁核**　能使其他动物产生恐惧感以及学习躲避伤害性刺激带来的疼痛。参与构成短时记忆回路外,还是不同感觉记忆的结合部位。如果杏仁核被损毁,则学习、情绪、动机以及其他的感觉信息就不能整合在一起。

9. **扣带回**　前扣带回皮质参与执行功能,对正在进行的目标定向行为实施监控,在出现反应冲突或错误时提供信号,是一个行为规划与执行的高级调控结构。

10. **基底神经节**　包括尾核、壳核、苍白球、丘脑底核、黑质和红核,尾核、壳核和苍白球统称为纹状体。具有控制肌肉运动的功能,也与认知和记忆功有关,在行为及认知的无意识过程、非言语交际的产生及理解方面都起着重要作用。

(二)脑区域之间的联合作用

以上这些部位对心理功能的作用往往并非单独工作,而是相互之间发生联系、协同工作,完成一个整体的心理加工过程。

情绪加工涉及中枢神经系统各水平的多部位和结构,主要包括前额叶皮质(包括眶额叶皮质、扣带回皮质)、下丘脑、杏仁核、腹侧黑质、隔区和中脑边缘核团等部位。例如:前额叶皮质主要负责对刺激意义的理解和解释,以及第二信号系统的情绪调控作用;杏仁核是产生条件性恐惧、愤怒反应的关键部位;扣带回皮质涉及抑郁、焦虑和痛苦状态反应,对正性情绪也起作用;反射性的情绪反应,如先天的惊吓反射、气味厌恶、美味的愉悦等则发生在脑干下部位,包括脊髓、延髓和网状结构,网状结构负责情绪的激活和唤醒。

情绪和行为异常与脑活动异常密切相关。例如:多动、冲动的儿童,存在前额叶、扣带回、基底神经节等部位的异常活动;过度恐惧的儿童,海马、杏仁核、边缘系统和下丘脑的活动异常。

(三) 神经递质与心理行为

完成心理活动需要脑神经之间进行无数的信息传递,而这些信息传递主要依靠脑神经细胞之间的神经递质来完成,包括胆碱类、单胺类、吲哚胺、氨基酸类、神经肽等几大类。其中,参与调节情绪行为的主要神经递质主要有多巴胺、去甲肾上腺素、5-羟色胺、乙酰胆碱、γ-氨基丁酸等。

1. 去甲肾上腺素　单胺类神经递质。在心理应激状态下,肾上腺素和去甲肾上腺素的分泌增加、其血浓度增高,帮助机体提高各器官的功能以应对和适应应激,但如果长期持续,也会因此导致某些疾病。抑郁与去甲肾上腺素不足有关。在童年期遭受的心理创伤后,由于高浓度肾上腺皮质激素的长期刺激可发生海马萎缩,导致情绪异常长期存在。

2. 多巴胺　单胺类神经递质。中枢的多巴胺可使脑保持一定的警觉性和兴奋状态,并参与心理应激活动,多巴胺增高与精神亢奋及精神分裂症的发生有关。

3. 5-羟色胺　吲哚胺类神经递质。与睡眠、疼痛、情绪、行为、精神病性症状等有广泛而密切的关系。中枢5-羟色胺的含量降低或功能不足,与睡眠障碍、抑郁障碍、焦虑障碍、惊恐障碍、强迫障碍、进食障碍、痛阈下降等精神障碍都有关系。5-羟色胺含量高也会导致情绪异常。

4. 乙酰胆碱　胆碱类神经递质。在促进学习和记忆方面起着重要作用。与近期记忆有关的海马回、杏仁核,以及与远期记忆有关的皮质联合区,这些部位都有胆碱能通路。短暂的强烈心理刺激作用于这些部位,引起损伤留下终身难忘的不良记忆。

5. γ-氨基丁酸　一种重要的抑制性氨基酸类神经递质,参与学习和记忆过程的调节。激活γ-氨基丁酸受体可以产生抑制兴奋、抗焦虑、镇静的作用。

儿童的攻击性行为可能与多巴胺、5-羟色胺、肾上腺皮质激素的功能有关。在心理应激状态下,还可以影响雄性激素的分泌及代谢,体内睾酮的水平与攻击性行为也有密切的关系。

心理应激可以导致孕妇的神经递质、孕激素分泌异常。孕激素长期分泌过多导致流产,并从而影响胎儿乃至出生后儿童的行为。

第三节　学前儿童心理的影响因素

儿童的心理发展是生物学因素和社会环境因素相互作用的结果。遗传与环境的作用相互制约、相互渗透或相互转化,这些因素和相互作用中的差异造就了孩子形形色色的特点。对于不同的心理或行为、不同的年龄阶段,遗传和环境的作用大小不同。所有比较复杂的人类特质,如智能、气质和人格都是生物学因素和环境因素相互作用的结果。就智能而言,生物学因素中遗传决定了智能发展的最大限度,而后天环境因素决定了其发展的程度。

一、生物遗传学因素

首先,生物遗传学因素是儿童心理发展的内因,智能的遗传学研究发现,智商(IQ)的遗传度为0.52。由于遗传因素而影响儿童心理发育的常见原因有:遗传于父母的基因在较大程度上决定了儿童与生俱来的认知和个性特征,例如,性格的"内向—外向性"有中度的遗传性。多基因的作用主导着儿童的发展规律以及儿童之间的差异;此外,一些不良因素导致基因或染色体的变异从而对儿童发展造成不良影响,如父母或家族近亲中有遗传疾病、某些有遗传倾向的精神障碍、父母近亲结婚、父母接触有毒害的物质或酗酒、吸毒造成染色体突变、母亲为高龄产妇等。唐氏综合征是少数几个能明确证实有基因突变的遗传疾病之一。遗传的决定作用并非在生命早期更明显,例如智能,遗传作用是随着儿童的成熟而更加明显。不少心理行为问题是由于个体对某种心理特征或问题具有易感性,又在多基因与环境因素的相互作用下表现出来,如天生有焦虑素质的儿童在应激环境中容易发生焦虑障碍。

除了遗传因素的作用,就外因来看,从胎儿期到以后儿童成长的过程中,很多物理、化学、生物学等有害因素会影响儿童的脑神经系统发育,造成精神心理的发展异常。即使遗传正常,胎儿的发育也很容易受内、外界的影响而发生变化,涉及代谢、暴露于有害物质、出生方式等生物学和社会心理的不良因素都有可能不利于脑神经发育,如母亲高龄妊娠、母亲妊娠期间接触有毒害的物质、服用某些药物、某些病毒感染、营养不良、精神受刺激、早产、窒息。出生后,凡能影响脑神经系统发育的生物学因素均可能与儿童的心理行为现象有关,如高热惊厥、中毒(如铅中毒、一氧化碳中毒)、中或重度营养不良、脑外伤、病毒性脑炎、癫痫等疾病。

母亲使用成瘾药物可给新生儿带来多种危害,常见的有:药物成瘾、药物撤退导致中枢神经系统易激惹,婴儿猝死综合征和行为紊乱等。婴儿出生后的药物撤退综合征表现为烦躁、不安、哭泣、颤抖。母亲酗酒越严重,孩子受损害的程度越严重,严重者可出现"胎儿酒精综合征",导致发育迟缓。

二、母亲孕期和分娩后的情绪因素

母亲在怀孕期间如果遭到较严重的应激事件、长期存在心理压力,会导致情绪低落、焦虑等情绪问题,这类问题可能与新生儿的神经行为缺陷、运动能力的发育不成熟、前庭功能问题以及注意缺陷的发生有关系。产后抑郁的母亲,对新生儿的态度往往比较消极,不能产生母爱的感受,不愿意照顾孩子,对孩子冷漠,与婴儿之间不容易建立安全的依恋关系。

父母本人,乃至其他家庭成员对孩子的期望也对胎儿和出生的态度有影响。父母对本次怀孕如果是所期望的,则一般能保持良好的心情,能尽快进入新的角色,对自己将要承担的责任和义务做出较充分的思考和心理准备。相反,如果此次怀孕是不期望的或意外怀孕,则往往引起不安、焦虑,甚至导致家庭不和,从而影响孩子的心理健康发展。

新生儿出生时出现问题,令父母焦虑,在这种情绪状态下的父母很容易误解婴儿的一些正常行为表现,并认为他们的孩子容易生病,从新生儿期起就过度保护或溺爱孩子,使孩子的自主性发展受到影响,造成所谓的"易感儿童综合征"现象,常表现为分离焦虑延长、婴儿样行为延长、攻击性行为、睡眠和喂养问题、心理问题的躯体化等。所以,儿科医生应通过对新生儿家庭的了解、观察,及时纠正家长关于孩子的错误认识和不恰当的教养方式。

三、社会环境因素

影响儿童心理发展的另一重要因素是社会环境因素,如家庭文化层次、经济水平、家庭结构、家庭关系、大人对孩子的抚养态度、幼儿园和学校的环境、老师的教育态度、社会文化背景、居住地区的环境等,良好的环境有助于儿童心理的健康发展。家庭对儿童的心理健康起着重要作用,家庭功能和教育方式表现出明显而长久的影响。3岁前,家庭的影响占首要地位,从小父母就长期不在身边、母亲抑郁、家庭暴力、缺乏家庭支持以及不恰当的养育方式都是婴幼儿发展的不利因素。3岁后,幼儿园和学校的教育也起着同样重要的作用。在民主、和睦、生活丰富多彩的环境中长大的孩子,大多自信、活泼、独立;而在专断、关系紧张、缺乏爱的环境中长大的孩子,容易形成胆小、自卑、孤僻或叛逆的性格。

环境因素可以通过影响脑发育而起作用。研究显示,丰富而积极的环境(包括听觉、视觉、味觉、嗅觉等)可以增加神经突触连接的数量。给婴儿提供适当的丰富刺激可以促进大脑的发育,如丰富的语言环境可促进大脑语言区的突触发展。反之,早期的感觉剥夺或经验剥夺会使婴儿的相应感觉区域出现萎缩、损

Children

害。幼年遭受严重创伤经历的儿童,其杏仁核、海马、额叶等相关部位的发育可能受到损伤,导致心理症状长期存在。

此外,媒介(尤其电视)等社会环境的影响不可忽视,例如:儿童喜欢看电视、善于模仿电视中的形象,电视人物的言行和道德观念很容易传播给儿童,学龄期儿童攻击性很大程度上与暴力影片关系密切;随着电脑的普及,电脑游戏、互联网的作用也越来越大,带来好处的同时也带来弊端。总体上,幼儿长时间看电视、电脑弊大于利,动画片、电脑游戏带来的快乐和知识是有限的,而缺少了与家长和其他儿童的交往互动、游戏、户外活动,将损害人际交往、语言交流、运动、社会适应等多方面心理功能的发展。

四、躯体疾病因素

有体质缺陷或躯体疾病的儿童,容易出现心理障碍。

躯体疾病对儿童心理的影响主要有以下 3 个方面:①对情绪和行为的影响:有些问题是由于躯体疾病直接影响脑功能而导致的,急、慢性的脑器质性疾病都可以产生心理和行为异常,如抑郁、焦虑、易激惹、猜疑等;长期慢性疾病的儿童不能像正常儿童那样生活、学习,受特殊照顾或被另眼相待,从而产生孤僻、退缩、激惹、过分依赖、适应能力差、或多动、攻击性行为等,如过敏体质的儿童、肥胖儿童;②对自我意识的影响:由于躯体缺陷或经常患病使能力的发展受到影响,以及受家长悲观情绪和他人评价的影响,认为自己不如别人、自我评价低、不自信、自卑;③对学习技能的影响:长期躯体疾病而经常不能正常上幼儿园接受教育,从而影响早期教育和学习能力。

如果儿童有生物学问题,如早产、低体重、残疾或脑发育障碍的儿童,再加后天的环境中不良因素,心理的健康发展将难以为继。

第四节 儿童营养与心理健康

儿童发育过程中的营养状况不仅对体格生长至关重要,对精神神经发育也起着举足轻重的作用。促进大脑发育和维持其功能的神经递质都需要来自于各种营养物质,尤其在儿童早期发生的严重营养不良或缺乏某些营养素,会明显影响脑神经系统的发育及脑功能,或造成智能发育障碍、出现多种心理行为的异常。

蛋白质-能量营养不良、铁缺乏、碘缺乏以及维生素 B 族乏会导致婴幼儿的认知受损。营养不良通过多种途径影响儿童的智能发展,并持续到成年期,但有些损伤是可逆的,如果营养得到及时补充并提供适当的教育,就能减轻营养不良造成的智力损害。

一、营养与精神神经发育

(一) 蛋白质和能量不足与精神神经发育

妊娠后期是胎儿大脑发育最快的时期,类脂化合物的增加最多,出生后 2～3 年中也是大脑的快速发育期。在大脑快速发展期,需要充分的营养保证大脑的发育,严重营养不良可以导致脑神经细胞数目减少、细胞的大小、树突和轴突的发育、突触联系、神经递质的产生和髓鞘的组成发生变化,继而影响儿童全面的精神神经发育,包括认知、情绪和动作行为各方面。

婴幼儿的智力与蛋白质、热能和其他营养素缺乏有密切关系。由于孕妇营养不良造成的胎儿脑发育不良以及在婴幼儿期发生的严重营养不良儿童,不仅躯体发育落后,而且脑重量降低、脑神经细胞和神经纤维数目均比正常儿童减少,智能发育受影响,严重者导致智能发育障碍,表现为:大运动和精细动作的发育也落后,如走路、跑跳的时间比正常孩子晚,动作笨拙、不协调;认知功能差,如反应慢、记性差、注意力不集中、语言发展落后;社会适应能力差;情绪方面的异常,在营养不良的早期可有容易烦躁、哭吵,以后可有兴趣减退、表情淡漠等抑郁的症状。

曾患过营养不良的 5～11 岁儿童,其中几乎 50% 的智商(IQ)不超过或明显低于营养供给充分的同龄儿童。如果能即时干预,给予营养治疗并提供适当的教育,认知功能仍可得到明显改善。

(二)营养素与精神神经发育

1. 碘与精神神经发育　碘合成甲状腺素,是调控代谢率、生长、脑神经系统发育的必需物质。由于缺碘而引起甲状腺功能低下(克汀病)对儿童的影响大于成人,会导致严重的躯体生长和精神发育迟缓,表现出智力明显低下,不同程度的运动、听力和言语障碍,以及斜视、麻痹、矮小和水肿等躯体症状,而且这些损害不可逆转。部分患儿早期无明显异常,常表现为少言少动,表情平淡,显得很安静、很"乖",反应较慢,上学后则表现出学习困难。1～2 岁前补充碘剂可以降低这些损害。

2. 铁与精神神经发育　体内生化代谢中的许多酶为含铁酶或铁依赖酶,缺铁时,这些酶的活性降低,导致许多代谢过程受到干扰,不仅影响机体多系统的功能,还影响到儿童的认知和行为。铁对智能和行为的影响机制:缺铁损害了神经元的发育和髓鞘的形成,导致智能发育受损;通过影响单胺氧化酶的活性而改变儿茶酚胺、5-羟色胺的代谢,从而引起儿童注意涣散、嗜睡和学习成绩下降。

6～24 个月龄是婴幼儿的贫血发病高峰,此阶段是一生中发育最快的时期,也是大脑及神经系统发育最快的时期。此时,又是婴儿从母乳向固体食物过渡的时期,如果添加辅食的质和量不足,将影响精神运动的发育,造成智能下降和行为异常。缺铁的患儿常有易烦躁不安、懒动、反应迟钝、注意力不集中的现象,严重者可导致智能受损、学习能力降低。缺铁即使没有出现贫血也会导致婴幼儿行为发育的改变,隐性缺铁的儿童注意广度缩小、反应迟钝、兴奋躁动、情绪波动以及手指、手腕等部位的协调功能、警觉控制能力较正常儿童差。

婴幼儿缺铁或缺铁性贫血如果能及时经过铁剂治疗纠正,精神症状和智能发育能得到明显改善。但如果得不到及时治疗,则对婴幼儿精神运动性发育可造成持久性的影响。曾有研究结果显示,婴儿期严重慢性的缺铁性贫血在铁治疗后对行为发育仍有长达 10 年以上的持续性影响。

3. 锌与精神神经发育　锌也是人体必需的微量元素,与 200 多种酶的活性及核酸、氨基酸、蛋白质合成有关。锌对脑的正常发育及维持神经正常功能起重要作用,是脑发育及正常的脑功能所不可或缺的元素。缺锌是影响智能发育的影响因素之一,缺锌可引起抽象思维能力减退、注意涣散、反应慢,还可影响视觉和听觉功能,在行为方面,有的小儿表现出异食癖的症状,喜欢吃不该吃的东西,如泥土、墙皮等。

4. 维生素 B 族与儿童精神行为　维生素 B_1、B_6 和 B_{12} 是维生素 B 族中与脑发育和精神行为有关的几种重要物质。维生素 B_1 又称硫胺素,为体内重要生物催化剂,以辅酶形式参与多种酶系统活动。维生素 B_1 在人体内的储存不多,容易发生缺乏。婴幼儿如果缺乏维生素 B_1,则哭闹无力、精神萎靡、吸吮力弱、嗜睡、水肿等,增加维生素 B_1 后迅即改善。

维生素 B_6 又称吡哆素,参与神经递质、红细胞、免疫系统抗体的合成。脑细胞所需的相关胺化合物之合成,均需要维生素 B_6,此类物质如肾上腺素、去甲肾上腺素、多巴胺、5-羟色胺、γ-氨基丁酸。因此,维生素 B_6 有稳定脑细胞、协助调控情绪的功能。

维生素 B_1 和维生素 B_6 都具有促进神经系统发育和维持其功能稳定性的重要作用,缺乏维生素 B_1 和 B_6 的儿童可出现情绪不稳定、烦躁不安、好发脾气、容易哭闹,特别是夜间爱哭吵的婴儿应注意是否存在维生素 B_1 或 B_6 的缺乏。维生素 B_1 和 B_6 在谷类粗粮中含量较高,儿童的食物如果过于精细,则会造成缺乏。吃过多的高糖食品(如糖块、巧克力、蜜饯等)也会消耗大量的维生素 B_1。

维生素 B_{12} 又称钴胺素,可促进蛋白质的生物合成,缺乏时影响婴幼儿的生长发育。幼儿缺乏维生素 B_{12} 的早期表现为精神情绪异常、表情呆滞、少哭、少闹、反应迟钝、爱睡觉等症状,最后会引起贫血。维生素 B_{12} 的主要来源是肉类,富含维生素 B_{12} 的食物是动物肝脏、牛肉、猪肉、蛋、牛奶、奶酪。人体对维生素 B_{12} 需要量极少,只要饮食正常,就不会缺乏。可见于少数偏食或吸收不良的幼儿。

5. 胆碱　胆碱在记忆、感官输入信号控制以及肌肉控制过程中是必不可少的一种神经传导物质。卵磷脂能够提供大脑所需的胆碱,缺乏会导致记忆力欠佳、嗜睡症等症状。乙酰胆碱被称为"记忆分子",维生素 B_5 和胆碱的结合,能有效提高记忆和促进智力。胆碱的最佳补充来源是卵磷脂。存在于鱼肉类中的营养物质二甲基乙醇胺(DMAE),能够很容易进入大脑并且转化成为胆碱,进一步产生乙酰胆碱,可以改善情绪、提高记忆、增长智力以及增强体力。

6. 二十二碳六烯酸(DHA)和花生四烯酸(ARA)　二十二碳六烯酸属 Ω-3 族长链多元不饱和脂肪酸,二十碳四烯酸又名花生四烯酸,这两种物质对哺乳动物的中枢神经系统发育很重要,可以提高低体重儿的视敏度和促进智能发育。

人类大脑在母亲怀孕后期和胎儿出生后第一个月出现快速发展,大脑对 ARA 和 DHA 的需求量增加。胎儿和新生儿的 ARA 和 DHA 主要依靠母亲的摄入。对婴儿的动作协调及神经功能评分,吃任一种添加脂肪酸(包括 DHA 和 ARA)奶粉的婴儿都比吃普通奶粉的孩子分数高。其他临床试验证实,奶粉中添加 DHA 和 ARA 能促进早产儿生长发育。

7. 色氨酸与情绪　色氨酸是人体八种必需氨基酸之一,是合成血清素又称 5-羟色胺(5-HT)的前体,而色氨酸的摄入依赖于饮食中色氨酸的含量。5-HT 是一种重要的神经递质,其血中的浓度与情绪行为的关系密切,从儿童早期的脑发育到成人期,都起到重要的调控作用。5-HT 缺乏会导致焦虑、情绪低落、攻击行为,焦虑抑郁障碍患者的神经细胞突触间隙的 5-HT 浓度降低,而提高血中 5-HT 的浓度则可以缓解情绪障碍。摄入含有丰富色氨酸的食物后,在急性应激状态下焦虑、抑郁的程度降低,适应能力提高。富含色氨酸的食物包括牛奶、谷类(如小米)、全麦面包、香蕉、奶酪、大豆、蘑菇、木耳等。

二、精神行为异常与营养

1. 精神发育迟缓与营养　精神发育迟缓的病因与发病机制有:感染和中毒,外伤和其他物理性损害,代谢和营养不良,染色体异常,未成熟儿,心理社会因素,出生后脑部疾病等。其中,营养不良包括蛋白质-能量营养不良、营养素缺乏。孕母营养不良可使胎儿脑细胞总数发育受限和体积较小。营养不良发生在妊娠最后 3 个月对脑细胞大小的影响较大,孕妇供给的营养素需保持平衡,过多或过少均不适宜。此外,各种因素所致的婴幼儿期营养不良、缺碘所致甲状腺素功能低下是造成智力低下的主要病因。

2. 情绪问题与营养　由于营养问题经常通过外在的情绪和行为异常而表现出来,因此当婴幼儿出现不明原因的情绪问题时应考虑是否存在营养问题。情绪不稳定、烦躁不安、容易哭闹,可能与维生素 B 缺乏、早期的铁缺乏、营养不良有关。不活跃、表情淡漠、抑郁、反应慢,则与碘缺乏、长期严重的营养不良和缺铁性贫血有关。因营养问题而发生的情绪异常一般出现较早,故应引起重视,及时就诊。相应的情绪问题可以随着营养的改善而改善。

3. 行为问题与营养　研究发现营养不良可影响儿童行为问题的出现。一篇关于儿童营养不良与行为问题关系的纵向研究显示:在 3 岁时有营养不良倾向的儿童,在 3 岁、11 岁和 17 岁时评价他们的攻击、多动和品行问题,与对照组相比,他们的攻击、多动、品行问题得分更高。

营养不良可以预示神经认知的缺陷,并预示着从儿童期到青少年期外显性行为问题的持续存在。降低儿童早期的营养不良有助于降低以后的反社会和攻击性行为。但是,影响儿童行为问题发生的因素复杂,社会心理因素是重要的方面。营养不良在经济文化低的家庭中出现率较高,而生长在这样家庭中的儿童青少年往往面临更多的家庭教育问题和社会心理应激。因此,儿童行为问题与营养的关系可能是生物学与社会心理因素的共同作用的结果。

三、铅与儿童精神发育

铅属于重金属,不是人体的营养素,而且是会影响人体健康的元素,体内铅过量可以损害脑神经系统的发育。儿童体内的铅长期增多可引起海马区神经元的形态、结构的病理性改变,以及脑中少突胶质细胞减少、大脑皮质突触蜕变,导致认知改变、智能缺陷。即使是轻度的铅中毒早期,这些病理改变也可以引起幼儿注意力分散、记忆减退、理解力降低、学习能力下降。

注意缺陷多动障碍(ADHD),其病因和发病机制与多种生物因素和社会心理因素有关。同时,一些研究发现,铅中毒的儿童患 ADHD 的危险性较高。铅中毒的儿童,他们体内的血铅浓度越高,过分好动、注意力不集中的程度越严重。虽然铅不是 ADHD 的主要致病因素,但在特定的污染环境中则不容忽视。

　　铅进入儿童体内的途径有:空气污染(工业废气和含铅汽油)、学习环境和学习用品(课桌椅油漆层、铅笔的油漆层、蜡笔)、被污染的水和食品、家庭装潢中含铅物质等。儿童摄入铅是通过暴露于铅污染的空气中、食用含铅的食品和水,以及异食癖、吸吮手指、啃咬含铅物质等不良习惯。因此,应注意儿童的环境卫生。

第五节　儿童睡眠与心理健康

一、睡眠状态

　　人的正常睡眠有两种状态,即快眼动睡眠(REM)和非快眼动睡眠(NREM)。

　　REM 为活跃的睡眠状态,在此状态下,全身肌肉松弛,心率和呼吸加快,躯体活动较多,眼球快速运动。NREM 为安静的睡眠状态,无眼球快速运动,心率和呼吸慢而规则,身体运动少,为安静睡眠的时期,此期又分为 4 期:第一期为打盹浅睡期,第二期为中睡期,对外界刺激已无反应,第三和第四为深睡期,难以叫醒。新生儿无明显昼夜节律,眼非快动睡眠分期也不明显,2 个月后才能分清。6 个月后的睡眠是从觉醒状态到非快眼动睡眠再到快眼动睡眠,两大时期循环进行,构成整个一夜的睡眠。

二、睡眠时限

　　随年龄增长,婴儿清醒的时间逐渐延长,睡眠的时间减少,连续睡眠时间延长但每日总量减少。新生儿通常睡 3～4 小时、醒 1～2 小时,5 个月婴儿可不间断地睡 7 个小时,1 岁时每日睡眠时间约 14 小时、白天需 2 次小睡,2～3 岁时每日睡 12～13 小时,4～5 岁时每日睡 11～12 小时、白天小睡 1 次,6 岁时每日约睡 10 个小时。

　　睡眠多少才算足够不能一概而论,应因人而异。有的幼儿虽然比一般儿童睡的时间少,但白天精神好、食欲好、情绪好,体格生长和精神心理发育都在正常范围,则不算异常,不必强求这样的孩子睡的同别人一样多。有的幼儿即使睡眠比同龄儿童多,但仍然白天萎靡不振、发育不良,则也需要及时就诊检查。

三、睡眠行为

　　家长经常抱怨宝宝夜间睡眠不安,但需要指导家长分清婴儿睡眠时的活动与完全清醒的状态。婴儿在睡眠中每 1 个小时左右就会动一动或发出声音,显得较活跃,但并未清醒,也没有任何需求。不要因婴儿一有响动就忙着喂奶或抱起来哄,这样不仅会延缓婴儿发展连续的睡眠,还会使婴儿容易形成夜间哭吵的习惯,醒来就要吃或要抱,否则就哭闹。应等待婴儿完全清醒后视需要而采取行动,有的婴儿会很快又自行入睡。

　　儿童在睡觉时要抱一个宠物玩具或被子等物的现象十分普遍,这是学前期儿童进行自我安慰的常见方式,4 岁儿童中至少 70% 曾有过这种现象,至少一半经常有,6 岁儿童中也至少有 1/4 的孩子经常有,无需对此采取阻止措施。

　　儿童不愿睡觉是很常见的现象,很多孩子晚上会以种种理由拖延上床睡觉,解决这个问题的重点在于重视从小建立规律的睡眠时间,养成良好的作息习惯,例如:每晚的活动内容大致相同,睡前至少半小时开始做睡觉的准备(洗澡、刷牙,上厕所等),调暗灯光,上床后讲故事或听音乐等。

　　严重打鼾、睡眠呼吸暂停、睡前情绪紧张或兴奋过度、人为干扰睡眠等原因,都会导致睡眠异常或障碍,从而影响儿童的身心发展。睡眠问题可令儿童在清醒状态出现情绪烦躁、注意力下降,长时间的睡眠剥夺会妨碍儿童的脑发育,影响认知能力的发展,导致学习障碍、好动不安。给学前儿童施加学习压力造成情绪紧张,用睡眠时间换取学习时间,都会严重影响幼儿的心理健康发展。

Children

思考题与探索

* 1. 浅谈幼儿心理健康与教育的关系。
* 2. 幼教老师能为学前儿童的心理健康促进做些什么？
* 3. 什么程度的早教对幼儿脑发展有积极的促进作用？
* 4. 从哪些方面改善社会环境因素以促进儿童的心理健康发展？
* 5. 哪些主要营养成分可能对幼儿的脑发育和心理发展有好处？

第二章

0～3岁婴幼儿心理健康指导

主要内容

1. 3岁前婴幼儿心理健康指导原则和目标。
2. 促进0～1岁婴幼儿心理健康的指导方案。
3. 促进1～2岁婴幼儿心理健康的指导方案。
4. 促进2～3岁婴幼儿心理健康的指导方案。

基本要点

本章介绍0～3岁婴幼儿心理健康总体指导原则和目标,针对0～1岁、1～2岁和2～3岁阶段的心理特征,根据认知、情绪、个性及社会性发展的特点,给出教养指导要点和具体案例。

国内外很多研究表明,0～3岁是幼儿身心发育的重要奠基时期,尤其是脑发育最迅速的时期。婴儿出生后就开始和外界产生积极的互动,受到外界环境的影响。婴儿的动作、认知、语言、情绪和社会性等心理现象开始逐步萌芽、产生和发展,很多心理品质和习惯开始养成。在这一时期,家庭环境和父母的教育方式对婴幼儿心理健康成长起着至关重要的影响作用。每个孩子都拥有不同的遗传素质和天赋,心理健康成长和潜能的最大开发离不开科学系统良性的亲子教育。作为家长应该耐心地观察了解自己孩子的心理世界,掌握每个年龄段孩子不同的心理行为表现和敏感期,进行科学及时的引导和教育,使孩子的心理能够健康成长。

第一节 3岁前婴幼儿心理健康指导原则和目标

3岁前婴幼儿的护理和教育主要依靠家长,家长不同的教育会对孩子的身心发展产生不同的影响。科学积极的教育会促进幼儿身心各方面的发展,错误消极的教育会对幼儿的认知、情绪和个性等各方面产生很多负面的影响。家长要主动学习科学的育儿知识和方法,在婴幼儿身心发育的关键奠基时期给予良好的引导教育,使婴幼儿的运动能力、动手操作能力、语言能力、人际交往能力、认知和思维能力等得到良好的发展,从而使婴幼儿的综合能力得到更好的提升。

一、总体指导原则

根据 0～3 岁婴幼儿的心理发展进程进行及时的教育指导,应从以下原则出发来支持儿童的认知、语言、情绪、个性和社会性的发展。

- 营造对孩子发展有利的家庭氛围:家庭成员之间关系和睦,生活方式健康,对孩子的态度积极而且一致。
- 建立信任和安全感:有安全和信任感的孩子会根据自己的发展水平积极地探索环境。家长和抚养人对婴儿的基本需求敏感、及时做出恰当的反应。
- 鼓励发展适龄的能力:参照各阶段儿童应具有的能力和自身的发展水平采取促进措施,对发展快的孩子可稍加提前但不应过度提前训练。
- 提供机会探索各种感觉和运动的经验:家长和老师给予支持和激励,使孩子有尽量多的机会接触各种类型的物品,如发出不同声音的、不同味道的、不同质地的东西,做出不同的肢体姿势,进行不同类型的运动。
- 鼓励自我控制的发展:对孩子有恰当的要求和控制,设定明确、一致的限制和现实的期望,既有明确的限制又允许孩子的个人需要。
- 鼓励自我意识和自我表达的发展:认识自己和表达自己的感受,鼓励自主性,建立良好的自我感觉。
- 创造条件促进沟通技能的发展:经常与孩子一起活动,愿意倾听并与孩子交流,支持孩子与其他人互动并且自如地表达。
- 培养幼儿初步的道德意识:教育孩子要懂得尊重别人的感受和权利。

二、0～1 岁婴儿心理健康促进目标

0～1 岁的婴儿身心发展速度快,在每一个月份都会有让家长惊喜的明显进步。婴儿在出生后动作发育很快,1 岁时可以用四肢爬行,能自己扶栏杆站立、行走、坐下及蹲下取物;开始听懂一些日常指令,用动作表示意愿,会说几个有意义的词;喜爱熟悉的人,对陌生人表现出焦虑、退缩、拒绝等行为,情绪获得初步的发展。此时期应把握以下心理健康促进目标。

- 促进最初的运动、认知和语言能力的发展,达到适龄的能力。
- 促进愉快情绪的发展。
- 促进最初的情绪识别和表达能力的发展。
- 促进与周围人发展积极的互动。
- 促进与照养人建立爱和信任的关系。

三、1～2 岁幼儿心理健康促进目标

1～2 岁的幼儿更会运动,爬得好而且开始独自行走,知道照片中或镜子中的自己,意识到自己与周围的关系,开始模仿他人的行为,尤其模仿成人和大孩子的行为,想要探索新事物,对陌生人的兴趣提高。宝宝还逐渐知道熟悉的人和物体的名称,开始说出单词或简单句,听从简单指令。有独立意识,近 2 岁开始有违抗现象。此时期应把握以下心理健康促进目标。

- 运动、认知和语言能力的发展。
- 基本的情绪识别和表达能力。
- 与周围人的积极互动和社会交往的发展。
- 培养对周围事物的好奇和探索。
- 与照养者建立爱和信任的关系。

四、2～3 岁幼儿心理健康促进目标

2～3 岁幼儿的智力、社会性和情绪的变化很大,这些变化帮助他探索新世界。这时期的幼儿,能听从 2～3 句话的要求,能按颜色和形状给物体归类,识别大小、模仿成人和伙伴的动作,能表达更多的情绪。但宝宝渴望自己得到肯定、确认并且独立,因此在此阶段常与家长发生冲突。此时期应把握以下心理健康促进目标。

- 适龄的运动能力和自理能力的发展。
- 适龄的语言能力的发展。
- 自我认同的发展。
- 自主意识和自主性的发展。
- 想象的萌芽。
- 与周围环境的接触能力发展。
- 促进最初的道德意识的发展。

第二节　促进 0～1 岁婴幼儿心理健康的指导方案

一、0～1 岁婴幼儿心理发展特点概述

(一) 认知

0～1 岁婴幼儿认知能力的发展主要指感知觉、注意、记忆能力等基础认知能力的初步发展。

1. 感觉的发展　足月新生儿的各种感觉功能已经具备,有的已经发展得很好。婴儿的前半年主要是通过感觉来认识事物的。感觉的发展特别是视觉和听觉的发展,对心理的其他方面起着重要的作用。

(1) 视觉:新生儿出生后即有一定的视敏度(即视力),但很差。1 个月新生儿的视刺激的最理想焦点是在距眼睛 18～20 cm。视觉在 6 个月前的发展非常迅速,是视力发育的敏感期,此时如果出现发育异常会引起视力丧失,大多数婴儿在 6 个月～1 岁时视敏度与成人接近,相当于视力表的 1.0。

新生儿的视觉调节能力很差,视觉的焦点难以随物体而变化,随着调节能力逐渐成熟,婴儿到 2 个月时才开始自己改变焦点;4 个月时才能像成人那样改变晶状体的形状,以看清不同距离上的客体;12 个月时调节能力基本完善。婴儿 2～4 周时两眼凝视光源,能追随物体达中线,4～12 周两眼能随物体移动 180°。

新生儿可分辨几种简单的颜色,2～4 个月时婴儿的颜色知觉已经发展得很好,能分清各种基本颜色,4 个月时已表现出对颜色的偏爱,颜色视觉的基本感知能力接近成人。红颜色最能引起婴儿的兴奋,婴儿喜欢暖色,喜欢明亮的颜色,不喜欢冷色和暗的颜色。

(2) 味觉和嗅觉:新生儿的味觉刚出生时已经发育良好,出生仅 2 小时的新生儿已能分辨出无味、甜味、酸味、苦味和咸味,做出截然不同的面部表情,明显喜爱甜味,婴儿尝过糖水后对无味道的母乳吸吮减少。4～5 个月的婴儿对食物的任何改变都会出现非常敏锐的反应,拒绝吃不喜欢味道的食物。人类的味觉系统在婴儿期和儿童期最发达,以后逐渐衰退。

新生儿出生时嗅觉中枢及嗅觉末梢已发育成熟,能分辨出多种气味,具有初步的嗅觉空间定位能力。出生后短短几天内,婴儿会认识母亲的气味,能对几种愉快与不愉快的气味做出不同的反应。灵敏的嗅觉有其重要的生物学意义,它可以保护婴儿免受有害物质的伤害,发达的嗅觉还可以指导儿童了解周围的人和东西。

(3) 听觉:妊娠中、后期的胎儿对听刺激已有听觉反应,对说话声也同样有反应。正常新生儿的听觉能力已发育良好,不仅能够听见声音,而且还能区分声音的音高、强度和持续时间。新生儿已有视听协调能

Children

力,对声音的方向做出定向反应。大多数 2 周左右的新生儿能将头转向连续的声源。

婴儿对说话声音反应敏感,尤其对高音调的女性声音,3~6 个月的婴儿对某些音的感知能力比成人要好。随着基本听觉的发展,婴儿对音乐的感知也很早就表现起来,比较喜欢听愉快的、旋律优美的音乐。言语和音乐感知的早期发展为早期教育提供了前提条件。婴儿期听力障碍将导致言语发展障碍。

(4) 皮肤感觉:皮肤有痛觉、触觉、温度觉及深感觉。通过皮肤获得的信息对生存非常重要,温度觉和痛觉能对人体起保护作用,触觉能促进认知、发展技能,如人对物体的操作能力依赖于手指辨别细节的能力。新生儿痛觉已存在,但不敏感,尤其在躯干、腿、腋下受到刺激后出现泛化的现象。新生儿的触觉有高度的敏感性,尤其在眼前、额、口周围、手掌、足底等部位,而大腿、前臂和躯干较迟钝。触觉是婴儿认识世界的主要手段。婴儿通过口腔和手接触物体,实现探索外界、获得知识的目的。对触觉的敏感可以加强婴儿对外界的反应性,对早产儿经常性按摩可以促进他们的生长发育。

2. 知觉的发展

(1) 空间知觉:新生儿就已经有了空间知觉能力,喜欢看清晰的图像、喜欢看活动和轮廓多的图形、喜欢注视曲线等。婴儿在 3 个月时能够分辨简单的形状,6 个月以前的婴儿有区别大小的能力。对于距离的判断,2 个半月的婴儿有了初步的距离知觉,5 个月以后能鉴别在不同距离上的物体是否能够得着,准确够到物体。2 个月的婴儿可能已出现了深度知觉,6 个月以上会爬的婴儿,绝大多数具有深度知觉并害怕坠落。

(2) 对情绪表达的知觉:2~3 个月的婴儿开始对母亲的不同表情做出不同反应,例如,母亲愉快时也表现出愉快;母亲悲伤时,婴儿的嘴部动作增多或转头看其他处;母亲发怒时,有的婴儿剧烈哭泣,有的则呆住、凝视母亲。5~6 个月的婴儿会对陌生人的不同面部表情做出不同的反应,可以分辨出愉快、惊讶、恐惧的表情。10~12 个月的婴儿可以根据大人的表情线索决定其行动。

(3) 语音的知觉:婴儿具有良好的语音感知和分辨力。刚出生时就可对声音进行空间定位,能判断语音的细微差别。

3. 注意的发展 刚出生的新生儿就有注意,这是通过先天的定向反射体现出来的,一些特别的或新异的刺激会引起新生儿相应的生理反应,如心率、脑电等的改变,并表现出外在的躯体活动。

1 个月内的新生儿对物体的注意时间为十几秒。6 个月以前婴儿的注意主要表现在视觉方面。婴儿 3 个月以后明显表现出偏爱注视复杂和有意义的形状,物体越复杂,注视时间越长。随着婴儿每天清醒时间的延长,婴儿的注意也迅速发展,注意的事物增多、范围更广、时间更长,不仅表现在视觉方面还表现在吸吮、抓握、够物等方面。婴儿越感兴趣的对象,集中注意的时间越长。

4. 记忆的发展 新生儿在生后几小时内就已经产生了记忆,一般而言,3~6 个月婴儿的记忆能力有了很大发展,很少遗忘数小时之内的信息。1 岁前已经有了初步的回忆,如能找到被藏在已知地点的物体,有的地点可能只见过一次,至少能再认几天以前的事情。

(二) 语言

儿童言语的发生是理解先于表达,通常分为言语准备期和言语发展期。在掌握语言之前,有一个较长的准备阶段,称前言语阶段。0~1 岁幼儿言语的发展主要处于前言语阶段。这个阶段婴儿具有良好的语音感知和分辨力。刚出生时就可对声音进行空间定位,能判断语音的细微差别,表现出对语音尤其是母亲的语音的明显偏爱。婴儿在玩弄发音的过程中逐渐理解语言。婴儿在 2 个月左右开始理解言语活动中的某些交往信息,如对友善的语音发出微笑,3~4 个月时能模仿成人进行发音。5~9 个月婴儿会辨别几种言语信息,辨别言语的节奏和语调特征,而那些在母语中没有的语音在这一阶段则逐渐被"丢失"。9~12 个月,婴儿已经能够辨别母语中的各种音素。最初的语音发展具有普遍的规律性,大致经过以下过程。

1. 简单发音阶段(0~3 个月) 新生儿最初的哭声基本上是无差别的,以后哭声逐渐分化,不同原因的哭声在响度、时间、音调上开始出现有所差别,妈妈常可根据哭声及其他线索区分出其中的不同。两个月之前,开始发生一些单音节的元音,尤其在大人逗引的时候发出"啊"、"咿"等喉音,或类似于后元音的 a、o、u、e 等。

2. 连续发音阶段(4~8 个月) 婴儿开始咿呀学语。到 4 个月时已经出现辅音中的唇音 p、m、b 和少量的双音节音。至 8 个月的这段期间,双音节和多音节的音量明显增多,婴儿能将辅音和元音相结合起来,发出"ma—ma"、"ba—ba"类似于"妈妈"、"爸爸"的重复音节。虽然这是无意识的发音,但这种发音使父母有了反应,令婴儿与具体的人物发生了暂时的联系。

3. 学说话萌芽阶段(9～12 个月)　8～9 个月时才开始真正能听懂一些简单的词意,并能对成人的一些要求做出反应,尤其与实物或人物相联系时,如说电灯时两眼看着电灯或手指着电灯,成人说"再见"时,婴儿就会做再见的手势。第 9 个月起咿呀语达到高峰,此时婴儿能调节自己的发音以适合当时的情景,经常性地模仿成人的语音,而且语音能和某些特定事物联系在一起。有些婴儿 10 个月时就能够有意识地叫妈妈、爸爸了。

(三) 情绪

1. 基本情绪的发展　刚出生的新生儿就能表达愉快还是不愉快,并且还可以表现出兴趣、痛苦、厌恶和自发性的微笑。当需求(如吃、换尿布等)得到了满足就露出愉快的微笑,没有得到满足就烦躁不安、哭闹,对新奇的东西表示出感兴趣的表情,对疼痛表示出痛苦的表情,对不喜欢的东西、声音、气味表示出厌恶。此后,在 7 个月之前又出现了愤怒、悲伤、快乐、惊奇和恐惧。6～8 个月时出现害羞和对陌生人的焦虑,形成了对主要抚养者的依恋,当熟悉的成人在身边时就显得愉快,分离时则悲伤。

2. 情绪的社会化　婴幼儿在与成人的相互交往中、在社会环境中,情绪逐渐社会化,例如,婴儿的社会性微笑、依恋、分离焦虑、怕生、害羞、嫉妒和自豪等都是在与人交往中出现的情绪。情绪的社会化促进婴儿的人际交流和社会关系,例如,在收到礼物时表示出高兴和感谢,看见他人遇到麻烦时表示出同情等。情绪的社会参照和情感理解都是情绪的社会化结果。

8 个月后的婴儿,开始会观察别人的情绪反应并能根据他人的情绪线索(如微笑、平静、恐惧、紧张、严肃的面部表情)做出相应的反应,调控自己的行为。例如,面对陌生人和旁边的一个新玩具,如果陌生人在微笑,多数 1 岁的婴儿都会将此玩具拿来玩,但如果陌生人做出恐惧的表情,婴儿则不敢拿这个玩具并倾向于回避;看见母亲微笑,婴儿也保持着平静的微笑,或很快被安抚;孩子在打针或摔倒时,如果家长显得紧张,那么孩子也很容易大哭起来。

3. 依恋的发展　依恋是婴幼儿寻求与家长或其他亲近的照养者保持亲密关系的现象。依恋的主要表现方式是微笑、啼哭、咿咿呀呀、依偎、追随等。3～5 个月的婴儿表现出更容易对父母或熟悉的照养者发出微笑,而且哭时更容易接受他们的安抚;6～7 个月开始形成对熟悉照养者的依恋,同时,见到陌生人产生焦虑不安;8～9 个月时明显地表现出反抗与抚养者的分离,当离开依恋者时就会很痛苦并哭喊,一直到 3 岁,婴儿都是积极地寻求与照养者的接近。

4. 分离焦虑的产生　儿童的分离包括躯体分离和心理分离。6～8 个月的婴儿,随着与母亲或照养者建立依恋关系的同时,当与依恋者分离时,就开始会表现出非常伤心、痛苦并拒绝分离,这就是产生了"分离焦虑"。14～18 个月是分离焦虑的高峰期,以后随着独立性的发展,出现的次数和强度都逐渐降低。婴儿与母亲分离痛苦的强度与母婴关系有关,关系越密切,焦虑反应越强烈。孩子在疲乏、疾病或面临痛苦时,对分离焦虑的耐受性下降,焦虑反应会更强烈,所以在这些情况下应有家长的陪伴,给孩子以心理上的支持。

5. 陌生人焦虑的产生　婴儿在 5～6 个月时见到陌生人会有一种严肃的表情;一般在 6～8 个月时产生怯生,即陌生人焦虑,见到陌生人表现出害怕不安、转头、寻找母亲或依偎在母亲怀中;8～10 个月之间,明显地表现出对陌生人的警惕或害怕,甚至大声哭泣;以后焦虑的强度逐渐下降,明显的陌生人焦虑约持续到 2 岁。但婴儿并不是对所有的陌生人都害怕,有时也会对陌生人表现出积极的情绪反应。

(四) 个性及社会性

1. 个性的基本发展　0～1 岁是建立基本信任感的时期。如果照养者一贯以慈爱的方式来满足儿童的需要,如要吃、要抱、要有人逗他玩,尿布湿了要换,他们就会对照料者主要是母亲形成基本的信任感,要求不能得到正常的满足就会形成不信任感。亲子关系对信任感的建立非常重要,父母对儿童、对生活、对自己的不信任会巧妙地传递给儿童。

2. 自我概念的发展　自我概念是对自身和自己行为的稳定的知觉,包括自我意识、自尊、自信等个性特征。

自我认识和自我意识:婴儿出生时没有自我概念,不能区分自我与非我,因而婴儿可能会自己抓伤自己。1、2 个月内的婴儿很可能已经能将自己的躯体与周围物体区分开,但并没有真正产生自我的认识。大致在 6～

Children

8个月时,婴儿开始有对自己身体、自身存在的感觉。接近1岁的婴儿可以指出自己身体的几个部分。

自我调控能力也是发展而来的,总体规律如下:1岁之前的婴儿在不愉快时主要是依赖抚养者的安抚,12个月左右婴儿开始发展控制能力,接近1岁时出现一些自我调控的早期表现,例如面对不愉快的刺激或不安的情景,他们将身体转开、摇摆身体、使劲地吸吮物体。

3. 社会认知和社会关系　婴幼儿的社会关系主要是家庭成员和同伴。从出生起,儿童的行为特点就影响着父母对他们的态度和抚养方式,影响着与环境之间相处的和谐、愉快。家长的态度和抚养方式又影响婴儿的行为和情绪以及个性倾向,从而影响两者的相互关系。

同伴交往也是社会化过程的重要部分,而且有着与成人交往所无法替代的作用。婴儿6个月后出现了对同伴的微笑和发声,但只有短暂的相视、微笑或是触摸,婴儿之间通常互不理睬。在1岁之内,大部分的同伴交往都是单向的,缺乏相互的反应,将玩具递给小朋友但不管对方是否理睬,或回应同龄儿童的近亲表示。1岁内的婴儿可表现出"共情"现象,其他孩子哭,他(她)也哭。

二、促进认知发展的教养指导

(一) 教养指导要点

婴儿出生后就具有感觉能力,婴儿正是随着各种感知觉的逐步发展来一步步地探索认知外部世界。感知觉的发展是其他各种心理活动发展的基础,在孩子1岁之前的这段时间,家长要在帮助孩子动作发展的基础上,创造各种有利的环境条件,有针对性地促进孩子的感知觉发展,具体在以下几方面:

- 促进婴幼儿视觉、听觉的发展。
- 促进婴幼儿触觉、嗅觉和味觉的发展。
- 促进婴幼儿平衡觉的发展。
- 促进婴幼儿初步的知觉发展。
- 指认五官,发展婴幼儿自我认知能力。

(二) 教养活动案例

❀ **亲子游戏 1**　听声音

目标:通过聆听不同物体发出的声音,发展婴幼儿的视觉、听觉能力。

准备:可以发出声音的玩具,如拨浪鼓、铃铛、小鸭子等。

玩法:1. 让幼儿躺在家长面前,尽量让幼儿手脚自如,处于放松状态。

　　2. 家长俯身注视幼儿,边和幼儿说话边使玩具发出声音,吸引幼儿的注意力,让幼儿看见玩具,听见玩具发出的声音。注意轮换使用不同的玩具。

　　3. 家长移动玩具引导幼儿用眼睛追随发出声响的玩具。将玩具靠近幼儿的手,引导幼儿用手去抓握玩具。

分析:此游戏适合还不会爬坐的幼儿,幼儿在听、看、抓的过程中视听觉获得了有效的刺激和发展。

❀ **亲子游戏 2**　摸玩具

目标:触摸不同材料玩具,促进触觉的发展。

准备:一个摸箱,积木、小毛绒玩具、塑料玩具等不同质地的小玩具。

玩法:1. 引导幼儿从箱中摸出不同的玩具,并和幼儿一起说出玩具的名称。

　　2. 引导幼儿触摸不同材料的玩具。

分析:在触摸的过程中促进了幼儿对不同材料的初步感知。

✿ 亲子游戏3 吃水果

目标：发展幼儿的嗅觉、味觉。

准备：将2～3种水果制成果泥或切成小块。

玩法：1. 家长亲自喂幼儿或引导幼儿手拿水果块"先闻一闻"，"再尝一尝"。

2. 和幼儿一起边吃边说出"苹果苹果甜甜的"、"葡萄葡萄酸酸的"等。

分析：可以变换食物的种类，但一次不要太多。

✿ 亲子游戏4 摇一摇

目标：发展幼儿平衡觉。

准备："摇啊摇，摇到外婆桥"儿歌音乐。

玩法：1. 播放轻音乐，家长抱着宝宝边念儿歌边摇晃。

2. 家长躺着，让幼儿坐在肚子上或让幼儿坐在玩具木马上，边念儿歌边摇晃。

分析：可以根据幼儿的表现适度加大摇晃的高度和幅度。

✿ 亲子游戏5 指认物体

目标：认识熟悉的物体，发展观察力和记忆力。

准备：各种物品的卡片（蔬菜、水果、日常用品等）。

玩法：1. 家长拿卡片呈现给幼儿并给幼儿描述图片，"这是香蕉"，"黄色的香蕉"。

2. 将卡片都放在幼儿面前，让幼儿拿出指定图片。"香蕉在哪里"，"西红柿藏到哪里去了"，"我要吃苹果"。

分析：幼儿在家长多次的描述后，会加强对物品的感知，形成相对稳定的记忆。

✿ 亲子游戏6 跟我学

目标：模仿家长动作，锻炼手眼协调能力。

准备：几块大小不同的积木。

玩法：1. 家长拿两块积木敲击发出有节奏声音，吸引幼儿注意力。

2. 引导帮助幼儿拿起玩具做同样动作。

3. 变换动作，如将一个小积木放在大积木上，引导幼儿做同样动作。

分析：家长在做动作时可以唱有趣的儿歌，增强游戏的趣味性。幼儿在模仿中不仅发展了手眼协调能力，还增进了物体知觉能力。

✿ 亲子游戏7 照镜子

目标：观察镜子中的人，认识自己的五官。

准备：大镜子。

玩法：1. 妈妈和幼儿一起照镜子，引起幼儿关注五官的兴趣。

2. 妈妈引导幼儿认识自己的五官，"这是妈妈的嘴巴"，"这是宝宝的嘴巴"，依次指认。

3. 妈妈和幼儿面对面，边指边说"这是妈妈的嘴巴"，"这是宝宝的嘴巴"，重复几次后引导幼儿指认"宝宝的嘴巴在哪里"。

分析：幼儿在有趣的指认活动中学会指认五官，增强自我认知能力。

19

三、促进语言发展的教养指导

(一) 教养指导要点

0～1岁是幼儿语言发展的准备期。婴儿还不会自发说话,此阶段学习说话的途径主要是通过聆听和关注,即在日常生活和游戏中让孩子聆听单词和简单的指令,建立单词与物品、人物和动作的联系,以及如何去完成简单的指令。通过聆听和关注,既能提高孩子的语言理解能力,也为孩子单词的表达奠定基础。幼儿在与环境的互动中感知倾听了各种不同的声音,并开始用动作、表情及简单的声音模仿与人交流。这时期的语言教育重点是提高幼儿对语言的感知能力,锻炼幼儿对语音的分辨、理解及模仿能力,为开口说话做好准备。具体在以下几个方面。

- 引导幼儿感知不同的声音。
- 经常与幼儿温和地讲话,锻炼幼儿感知理解语言能力。
- 夸张地发出多种音调,吸引宝宝模仿发音的兴趣。
- 宝宝发声音时,反复回应他(她),重复宝宝的发音并且添加新的声音和词汇。
- 给宝宝看图讲故事,给宝宝唱歌,促进幼儿对语言的感知。

🌸 小贴士

0～1岁亲子交流小贴士

轮流:父母可通过音乐、游戏和玩具等与婴儿互动。鼓励父母做一些婴儿感兴趣的事情,并在父母做出下一轮互动前等待婴儿做任何事情。

模仿:父母与婴儿玩互动游戏时模仿婴儿的动作和发声。

指点物品:把婴儿喜欢的物品放在其视野内,在让玩具移动、发声、操作前保证婴儿在注视它们,从而培养孩子的共同关注。等孩子6～10个月时,把物品放在靠近孩子但其无法触及的地方,鼓励孩子通过手势建立对远处物品的共同注意。

暂停:父母通过不断重复一些婴儿感兴趣的游戏或歌曲确定一些预设的活动,当孩子对这些活动非常熟悉的时候,鼓励父母在活动中突然停止,使孩子能预见并对下一步的活动发出一些请求。

(二) 教养活动案例

🌸 亲子游戏 1　听爸爸妈妈说话

目标:感知不同语音的节奏特点,发展倾听能力,练习发声。

准备:幼儿清醒情绪良好,爸爸妈妈共同参与。

玩法:1. 妈妈抱着幼儿,和幼儿说话,呼唤幼儿的名字,鼓励幼儿发出咿咿呀呀等声音。

　　　2. 爸爸在身后喊幼儿的名字,和妈妈交替对幼儿说话,引导幼儿关注爸爸妈妈并发声。

分析:家长说话声应尽量大、有变换,幼儿在倾听中感知不同语音的节奏特点,激发发声的兴趣。

🌸 亲子游戏 2　喊爸爸、喊妈妈

目标:模仿发出"baba、mama"的语音,学习运用语音和表情与家人进行交流。

准备:爸爸和妈妈或其他家人和幼儿在一起。

玩法:1. 家长引导幼儿发出"baba"声音,爸爸出现,并和幼儿做有趣的动作,依次重复多次。

　　　2. 爸爸藏起来,妈妈引导幼儿找爸爸。"爸爸在哪里,喊爸爸",爸爸出现并说"我来了"。

分析:家长在发"baba、mama"的语音时要指向具体的人,亲切并加重语气,以利于幼儿模仿。

❀ 亲子游戏 *3*　记名称

目标:促进幼儿对词语的理解能力。

准备:日常生活情境,多放置一些色彩鲜艳、形象逼真的玩具及生活物品。

玩法:1. 家长抱着幼儿,指认家中的生活用品或玩具。边用手指便发出语音,并鼓励幼儿发声。

　　　　2. 鼓励幼儿自己说出物品的名称。

分析:在不断重复的基础上,幼儿建立词语与物品之间的联系,并记忆了相应的发音,进而促进了幼儿对词语的感知和理解能力。

❀ 亲子游戏 *4*　模仿小动物叫声

目标:倾听不同语音,锻炼模仿发音能力。

准备:带响声的各种小动物玩具,或模仿小动物叫声的音乐儿歌。

玩法:1. 家长拿着小动物,并模仿小动物的叫声;引导幼儿模仿其叫声。

　　　　2. 设计有趣的动作环节,鼓励幼儿自己认识动物并能模仿动物的叫声。

分析:在模仿的过程中,幼儿可以学习分辨不同的声音,锻炼模仿发音能力,并且可以在此基础上加强理解词汇的能力。

❀ 亲子游戏 *5*　用动作表示语言

目标:能听懂成人的指令词汇,学习用动作表示语言。

准备:日常生活情景,如吃饼干、玩玩具等。

玩法:1. 家长与幼儿问答,"要哪个玩具","是这个吗","自己去拿","用手指一下"等。

　　　　2. 注意用动作和语言引导幼儿,离开时说再见,并教幼儿做摆手动作,家长也做这个动作。让幼儿把动作和再见联系起来,逐渐理解这个词语。

分析:在生活中利用各种生活情景帮助幼儿理解语言,学习用动作表示语言。

❀ 亲子游戏 *6*　听故事、唱儿歌

目标:发展幼儿语言倾听和表达能力。

准备:故事或儿歌音乐、图书。

玩法:1. 家长和幼儿一起看图书并倾听相应的故事和儿歌,让幼儿感受书面语言的特点。

　　　　2. 再看图书的同时,家长引导幼儿,和幼儿一起讲故事,读儿歌,发展幼儿的语言表达能力。

分析:幼儿在倾听的基础上,会进行有效的模仿,家长应尽可能给幼儿提供机会,并进行及时的引导和帮助。

四、促进情绪发展的教养指导

(一)教养指导要点

　　1岁的幼儿已经开始用语言表达自己的喜好和需求,喜爱爸爸妈妈和熟悉的人,已经具有基本情绪的识别和表达能力。这一时期情绪发展的教养重点为促进幼儿积极情绪的建立和发展。

　　1. 促进愉快情绪的产生和表达　微笑着对宝宝讲话;逗宝宝笑,尽量延长宝宝愉快的时间;给宝宝听音乐,听宝宝喜爱的欢快节奏,并随着音乐手舞足蹈。

Children

2. 学习识别基本的表情和情绪线索　识别和表达愉快、喜悦、愤怒、痛苦、惊讶等基本表情。照养者对宝宝说话时带着丰富甚至夸张的表情,包括手势;做出一些表情逗引宝宝学,如努嘴、皱眉、假哭,见到新奇的东西做出惊奇的表示;利用有表情的卡通人物、玩偶,吸引宝宝关注基本的情绪表情,并跟着学;当制止宝宝的行为时,做出严肃的表情和语气,但不要恐吓。

(二) 教养活动案例

❋ 亲子游戏 1　做操

目标:增进亲子情感的交流,促进幼儿动作的发展。

准备:适合相应月龄做操的音乐或儿歌。

玩法:1. 在音乐背景下,家长边和幼儿说话或边唱儿歌边给幼儿做操。

　　　　2. 在做操时注意多做幼儿喜欢的有趣动作,多和幼儿说话,促进亲子间积极互动。

分析:在做操的过程中,音乐和家长的说话都会潜移默化的促进幼儿积极情绪的产生和体验。

❋ 亲子游戏 2　藏猫猫

目标:培养幼儿对人的关注,体验快乐情绪。

准备:有趣的带声音的玩具。

玩法:1. 妈妈抱着幼儿时,爸爸可以拿着玩具吸引幼儿注意,并做出有趣的动作逗引幼儿发出笑声。

　　　　2. 在幼儿会玩后,引导幼儿自己做动作藏猫猫,体验快乐情绪。

分析:在藏猫猫的过程中,幼儿学习关注识别基本的表情,体验快乐的情绪,并开始学习表达自己的快乐情绪。

❋ 亲子游戏 3　找妈妈

目标:熟悉并能分辨不同的熟人,增进亲子关系。

准备:几位幼儿熟悉的家人。

玩法:1. 爸爸抱着幼儿,引导幼儿找妈妈。"妈妈在哪里",妈妈做有趣动作出现,"在这里,在这里"。

　　　　2. 更换角色,引导幼儿体验找到妈妈的快乐情绪。

分析:在寻找的过程中,体验快乐的情绪,并能促进积极亲子关系的建立。

❋ 亲子游戏 4　碰鼻子

目标:感受快乐情绪,增进亲子关系。

准备:舒适宽敞的地毯,爸爸妈妈共同参与活动。

玩法:1. 家长和幼儿面对面坐在一起,家长问"鼻子鼻子在哪里",引导幼儿指出或说出在这里,如果说对了,就和家长碰碰鼻子,说错了就说"不对不对"。

　　　　2. 可以更换为身体其他部位进行游戏。

分析:在舒适的游戏中幼儿感受有趣愉快的情绪,并积极地参与快乐气氛的创造,以利于良好亲子关系的建立。

❋ 亲子游戏 5　照镜子

目标:观察不同的表情,增进亲子关系。

准备:大镜子。

玩法:1. 妈妈和幼儿一起照镜子,妈妈做夸张动作,引起幼儿观察并模仿镜中人的表情和动作。

2. 妈妈分别作微笑、大笑、哭、惊讶、生气等表情的动作,并要进行语言描述"我好高兴啊"、"妈妈生气了"、"这是什么呀"。

3. 引导幼儿模仿妈妈不同表情。

分析:在观察与模仿的过程中,体验并尝试表达不同情绪。

❋ **亲子游戏 6** 听儿歌,做动作

目标:体验听儿歌做动作的快乐情绪。

准备:节奏明快的儿歌。

玩法:1. 妈妈和幼儿面对面坐着,随着儿歌的节奏,妈妈做有趣的动作,并引导幼儿一起做动作。

2. 妈妈鼓励幼儿模仿妈妈的动作,并允许幼儿自己做自己喜欢的动作。

分析:幼儿在听儿歌,做动作的过程中,体验做自己喜欢动作的快乐情绪。

五、促进社会性(个性)发展的教养指导

(一) 教养指导要点

0～1岁幼儿社会性发展的重点是引导幼儿积极与外界周围的事物和人物接触,从而获得快乐体验,产生积极情绪,体验基本的交往礼仪。具体有以下几个方面。

● 促进与周围人发展积极的互动。积极地对待孩子,照养者对待孩子的方式(摇、抱、与之玩、挥手再见)将决定孩子与家长或其他人的互动方式;与宝宝一起游戏。

● 促进幼儿与照养者建立爱和信任的关系。对宝宝的基本需要(吃、喝、尿布湿了、有人陪着玩)反应敏感,多赞扬宝宝;充满爱意地注视宝宝,花时间抱宝宝,经常给予孩子爱抚,这些都将帮助婴儿感受关爱和安全,建立起对周围的信任关系。

● 在建立起安全依恋的基础上,做分离游戏,使宝宝体验分离并逐渐能耐受分离。与宝宝密切的照养者将宝宝交给其他照看者,当宝宝与之熟悉后离开,过一会儿再回来。

● 合理安排作息时间,锻炼幼儿自我服务能力,培养良好的生活习惯。

(二) 教养活动案例

❋ **亲子游戏 1** 快乐换尿布

目标:帮助幼儿建立安全感和信任感。

准备:日常生活情景,柔软干净的尿布。

玩法:1. 细心观察幼儿,及时给幼儿换尿布。换尿布时和幼儿说话,给幼儿唱儿歌,抚摸幼儿的手脚。

2. 换完尿布后抱着幼儿,面对面地和幼儿说话并积极互动。

分析:妈妈对幼儿的抚触和言语互动有利于幼儿建立对妈妈的信任感和幼儿情绪的基本安全感。

❋ **亲子游戏 2** 说"谢谢"

目标:理解交往语言,体验交往的技能。

准备:在生活中幼儿情绪良好及创设适宜的生活情景。

玩法:1. 爸爸递给妈妈一个苹果,妈妈说谢谢。多次重复,引导幼儿关注。

2. 在幼儿想要某种玩具或需求得到满足后引导幼儿说谢谢。

3. 引导幼儿帮助妈妈,对幼儿说谢谢。

分析:在适宜的生活场景中,要积极地引导幼儿学习交往礼仪,在游戏的过程中幼儿学习了交往技能,

Children

体验了交往的快乐情绪。

❋ 亲子游戏 3　喂娃娃

目标: 模仿成人行为,锻炼自我服务能力。

准备: 干净的塑料小碗、杯子、勺子,玩具娃娃若干。

玩法: 1. 出示玩具娃娃,妈妈演示给幼儿如何给玩具娃娃喂饭、喂水。

　　　2. 鼓励幼儿模仿成人动作,并允许幼儿以自己的方式玩这些玩具。

分析: 幼儿在模仿中锻炼自我服务能力,体验操作活动的乐趣。

❋ 亲子游戏 4　出去玩

目标: 通过有意识地与人交往,发展交往能力。

准备: 幼儿情绪良好时带到小区或人多的地方。

玩法: 1. 妈妈抱着幼儿和其他人打招呼,鼓励幼儿打招呼,"叫奶奶、阿姨"等。

　　　2. 引导幼儿和其他幼儿互动,打招呼,分享玩具,握手等。

分析: 培养幼儿和很多人在一起时具有稳定情绪,体验和其他幼儿相处的积极情绪。

❋ 亲子游戏 5　我自己玩

目标: 培养幼儿独立性。

准备: 幼儿情绪良好,地毯,玩具。

玩法: 1. 让幼儿坐在地毯上,玩具放在近处和远处,家长借故走开,观察幼儿如何拿到远处玩具的情况。

　　　2. 可以锻炼让幼儿独立玩耍5~10分钟,必要时保护和帮助幼儿。

分析: 锻炼幼儿能够独处、自己解决问题的能力。

❋ 亲子游戏 6　自己吃水果

目标: 锻炼幼儿自我服务能力。

准备: 将水果切成小片或小丁放在塑料碗里,幼儿的小勺子。

玩法: 1. 家长引导幼儿用勺子自己吃水果,必要时帮助示范。

　　　2. 幼儿成功吃到水果后家长要用语言和动作鼓励表扬幼儿。

分析: 在类似于这样的日常生活中通过锻炼幼儿自我服务的能力,来发展幼儿的自我意识。

第三节　促进 1~2 岁婴幼儿心理健康的指导方案

一、1~2 岁婴幼儿心理发展特点概述

(一) 认知

1. 感知觉的发展　1~2 岁婴幼儿感知觉已经获得了初步的发展。大多数幼儿在1~1.5岁时已经会指认一些日常生活用品和某些身体部位,并喜欢用手和嘴试探各种东西。能感知物体的明显特征,对熟悉的

物品进行简单的分类。会模仿一些简单的声音和动作,玩一些简单的模仿游戏。观察能力有了明显的进步。部分 2 岁的幼儿已会识别并匹配几种颜色;学会认识红色,区分方形、三角形和圆形。

2. 注意的发展　1～2 岁婴幼儿的注意时间一般为 5～10 分钟;一般是无意注意占优势,注意时间短、容易分散、注意的范围小,并且经常带有情绪色彩,任何新奇的刺激都会引起他们的兴奋,分散他们的注意。幼儿的注意分配能力很差,3 岁前幼儿只能同时注意一件事物。能短暂地集中注意力看图片、电视、玩玩具和听故事等,开始喜欢提问,喜欢重复提问题和听故事。

3. 记忆的发展　随着语言的发展,1 岁以后婴幼儿的记忆能力逐渐增强。1 岁多的幼儿能记住自己熟悉的物品名称,熟悉的幼儿的名字;2 岁时幼儿的记忆能力明显增强,能记住一些简单的儿歌,再认几星期以前的事物。3 岁前儿童的记忆带有很大的无意性,容易记住令他们感兴趣、能带来鲜明强烈印象的事物。

(二) 语言

1～2 岁是幼儿言语的发生和发展期。婴儿在 1 岁左右讲出第一批能被理解的词,标志着言语的发生。言语的发展主要是一个逐渐分化的过程。首先,儿童获得一般的语言规则,然后逐渐将这些规则分化为较细致的规则。在言语发展的早期,儿童不是学习个别的、孤立的单音,而是通过学习词来学习语音的,不是被动地模仿成人言语,而是主动的参与者。一般而言,10～15 个月期间,婴儿平均每个月掌握 1～3 个新词,随后明显加快。婴儿对词汇的掌握,有的速度较为平稳,有的婴儿则是先缓慢发展后猛然增多,呈现为"词汇爆发"的现象。儿童的性别与言语的发展有关,女孩倾向比男孩早,会说 50 个词的平均年龄在女孩为 18 个月,而在男孩则为 22 个月。

随着词汇量的不断增加,18～24 个月的幼儿出现单词组合的阶段,如"妈妈-饼干"或"吃饼干",并逐渐在交流中按照语法规律组合词语,开始出现句子。句子的产生又分为不完整句、完整句和复合句几个层次,婴儿对于句子的理解则先于句子的产生。刚学会说话时,常用一个单词来表达比该词意更为丰富的意思,例如,"饭饭"可能是指"这是饭"也可能是指"我要吃饭"等,或常用两三个词组合成的短句。2 岁儿童的话语大部分是完整句,中国儿童在 2 岁时开始说出极少的简单复合句。

总体而言,1～1.5 岁是理解言语的时期,理解言语的能力发展迅速,说话从单词到单词句;1.5～3 岁是言语的阶段。随着儿童词汇的增多和表达内容的逐渐复杂,句子的结构也日趋复杂。

(三) 情绪

各种基本情绪在婴幼儿 2 岁之前陆续出现,这时期幼儿的各种基本情绪进一步发展,开始出现一些高级情绪情感。这时期幼儿的情绪变化丰富而迅速,表现的情绪大多为对当前所处环境的直接感受。1 岁婴儿遇到挫折时(如要够玩具却反复够不到),有了挫折感,表现为发脾气。1.5 岁左右,进一步发展出不安、羞愧、内疚、嫉妒、自豪等情感;2 岁左右能清楚地表达骄傲和同情。婴幼儿情绪的社会化表现越来越明显。婴幼儿表现出对母亲或主要抚养人的较强的依恋,当与依恋对象分开时,表现出明显的焦虑行为。幼儿会对一些事物或陌生环境感到害怕,需要时间去适应新环境。

(四) 个性及社会性

1～2 岁婴幼儿自我意识开始萌芽,开始出现一些独立行为,喜欢自己完成某一动作,会保护属于自己的东西。接近 1 岁的婴儿可以指出自己身体的几个部分。1 岁以后能用词表达自己身体的各部分,也知道自己名字。21 个月左右的婴儿,大多数能认识镜子里的影像是自己,照镜子时会摸自己被标记了的鼻子。12～36 个月是自我调控快速发展的时期,对自己的行动逐渐发展起一定的控制能力,例如,能够一边玩一边等待家长准备食物,不高兴的时候不再动辄哭闹而是以皱眉、撅嘴表示。

随着独立行走和语言的发展,幼儿的社会性行为明显发展。这时期幼儿可以在熟悉的环境中单独玩耍或观看别人玩耍,容易对其他幼儿玩具活动感兴趣,也可以和其他幼儿玩一会。游戏是同伴交往的主要形式,在游戏中,发展了最初的友谊,表现为同伴之间的亲近、共享、积极的情感交流,并且开始出现偏爱某个同伴。1 岁后出现简单的交往,婴儿之间开始有了应答性的行为,如相互对话或给玩具、彼此模仿,但仍以单独游戏为主。大约1.5岁以后,社会性游戏增多,2岁左右社会性游戏超过了单独游戏,而且更愿意与同伴进行游戏。1岁时婴儿可以推玩具小汽车玩,开始玩象征性游戏,如给娃娃喝水。

二、促进认知发展的教养指导

(一) 教养指导要点

1～2岁幼儿已经会独立行走、开口说话,注意力、记忆力和思维能力有了基本的发展。幼儿表现出明显地对周围事物的探索和独立活动的欲望,喜欢用手、嘴等试探各种东西。这时期的教养指导重点是为幼儿创设丰富适宜的环境,提供基本的材料,鼓励并和幼儿一起进行探索活动。具体有以下几个方面。

● 鼓励做力所能及的事情,满足幼儿的探索需求。如训练孩子自己喝水、拿东西吃、拿勺自己喂饭等。

● 指认事物,增进对周围事物及自我的认知。如指出图片上的动物、物品等;找出指定的东西;指出身体和物体上的若干部位。

● 提供适宜的刺激,发展幼儿的感知能力。如与幼儿共同游戏,搭积木、配对、数数、涂鸦等游戏。

(二) 教养活动案例

亲子游戏 1　比大小

目标:感知周围事物的大和小,发展感知能力。

准备:游泳鸭玩具一大一小,其他相同玩具一大一小。

玩法:1. 大玩具和小玩具。妈妈和幼儿一起玩玩具并谈论玩具的大小。"妈妈拿大鸭子,宝宝把小鸭子找出来","妈妈拿大积木,宝宝把小积木找出来"。

　　　2. 大手和小手。让幼儿把小手放在妈妈和爸爸的大手上比大小,引导幼儿观察大手小手长得一样。

分析:在比较感知的过程中幼儿对大小有了基本的体验,能找出大小不同的同一种物体。

亲子游戏 2　摸箱游戏

目标:发展幼儿观察力,感知与记忆能力。

准备:幼儿经常玩耍的各种材质大小的玩具。

玩法:1. 家长和幼儿一起逐一抚摸玩具并叫出玩具的名称,熟悉每个玩具。

　　　2. 将玩具装在"摸箱"内,让幼儿伸手去摸一个玩具,说出是什么玩具再拿出来。

分析:在熟悉玩具和摸玩具的过程中发展了幼儿对事物细节的感知和记忆能力。

亲子游戏 3　自己动手

目标:知道带响声玩具能通过人的操作发出声音,发展幼儿动手操作能力。

准备:"聪明屋玩具"或其他带声音的玩具。

玩法:1. 家长给幼儿示范玩具的操作方法,随着音乐和幼儿一起跳舞做动作。

　　　2. 帮助鼓励幼儿自己动手操作。可以拉着幼儿的手和幼儿一起操作。

分析:在观察家长操作和活动的过程中,体验自己动手操作的快乐情绪,增强幼儿自己动手的快乐和自信心。

亲子游戏 4　画一画

目标:体验大胆涂鸦的乐趣,感受色彩与线条的特征。

准备:白色的纸,各色油画棒。

玩法:1. 家长先在纸上画一条线,然后教幼儿在纸上随意画画,不要限制幼儿,让幼儿按照自己喜欢的方式画画。

2. 给幼儿多色选择的机会,让幼儿自己选择油画棒随意画画,体验画画的乐趣。

分析:幼儿在随意涂鸦的过程中感受不同的色彩和线条形状,体验涂鸦的乐趣。

❋ **亲子游戏 5**　我会拿勺子

目标:鼓励幼儿自己拿勺子,满足幼儿的探索需求。

准备:幼儿使用的碗、勺子,水果块或小豆子等。

玩法:1. 家长鼓励并帮助幼儿自己拿勺子吃东西。

2. 锻炼幼儿使用勺子的目的性。"先吃红色的小豆子"、"再吃绿色的小豆子"等。

分析:在使用勺子的过程中,幼儿体验了独立吃饭的乐趣,加强了灵活使用勺子的能力,同时促进手的精细动作的发展。

❋ **亲子游戏 6**　我来说一说

目标:指认事物,增进对周围事物的认知,发展幼儿的观察记忆能力。

准备:日常生活用品等的彩色图书。

玩法:1. 家长和幼儿一起观察图片上的事物,家长描述物品的特征,帮助幼儿记忆。"长长的香蕉,黄色的香蕉","爸爸刚才买回来的香蕉"。

2. 在日常生活中,经常和幼儿翻阅图书,和幼儿一起说出物品的名称。

分析:在指认事物的过程中,幼儿尝试将图片与生活中的物品建立联系,并记住了物品的名称。

三、促进语言发展的教养指导

(一)教养指导要点

1~2 岁幼儿语言由模仿向表达发展,这时期语言发展的教养重点是进一步加强幼儿的语言理解与语言模仿,鼓励幼儿用语言表达自己的想法,允许幼儿用多种方式表达自我。具体有以下几个方面。

● 发展言语能力。如经常与幼儿讲话;每天和幼儿一起阅读,朗读儿歌;鼓励幼儿用简单的词语说出物品名称。

● 发展非言语的沟通能力。如用姿势动作表达,挥手、再见、点头、摇头或表示要求,允许幼儿用多种方式表达自己的想法。

(二)教养活动案例

❋ **亲子游戏 1**　跟我学

目标:激发幼儿学说话的兴趣,促进幼儿的言语模仿能力。

准备:日常生活情景。

玩法:1. 在日常生活中家长要有意识地、积极地和幼儿说话,说话时注意用词发音,有意识地给幼儿提供模仿发音,学习简单词汇的机会。

2. 在生活中有重点地对幼儿掌握的日常生活用语多练习,促进幼儿的理解和应用。

分析:在家长积极的引导示范下,幼儿说话的机会增多,有意识的训练会增强幼儿的言语能力。

Children

✿ **亲子游戏 2** 唱儿歌,做动作

目标:练习倾听、感知儿歌的节奏,学习跟念。

准备:"小毛驴"或其他儿歌。

玩法:1. 家长和幼儿一起倾听儿歌并做动作。

2. 家长帮助幼儿一起跟念儿歌并做有趣的动作。

分析:在倾听和跟念的过程中幼儿感知语言的发音、节奏,激发读儿歌的兴趣。在念儿歌过程中不要勉强幼儿,应根据幼儿的活动兴趣调整内容。

✿ **亲子游戏 3** 我们来读书

目标:倾听成人讲故事,锻炼幼儿提问及回答问题的能力。

准备:画有简单生活场景的图书。

玩法:1. 家长给幼儿讲图书上的内容,鼓励幼儿自己观察图片。"桌子在哪里","妈妈到哪里去了","小猫有没有床啊"。

2. 鼓励幼儿自己提问,激发幼儿探索故事内容的兴趣。"这是什么","那是什么","到哪儿去"。

分析:在倾听及互动的过程中,激发幼儿观察图片的兴趣,锻炼了幼儿提问及回答问题的能力。

✿ **亲子游戏 4** 猜猜这是谁

目标:能说出常见小动物的名称,能说出简单的词,练习发音。

准备:幼儿熟悉的小动物玩具,如十二生肖玩具。

玩法:1. 家长设计有趣的方法拿出一个玩具,"这是谁"、"它是怎么叫的",家长和幼儿一起说出动物名称,并模仿动物的叫声。

2. 家长模仿某个动物的叫声,让幼儿找出这个动物并说出动物的名称。

分析:注意家长的发音要准确,语速要慢,尽量设计多变的、有趣的情节,提高幼儿模仿的积极性和兴趣。

✿ **亲子游戏 5** 选择玩具

目标:能说出简单句子"我想要什么"、"谢谢你"。

准备:幼儿的各种玩具摆放成超市柜台的样子,爸爸扮演售货员。

玩法:1. 妈妈带幼儿选择玩具。幼儿必须说出"我想要什么",并能用手指出才能得到玩具,得到玩具后说"谢谢你"。

2. 家长引导鼓励幼儿,让幼儿自主选择用多种方式表达清楚自己的需求。

分析:幼儿在尝试使用简单的语言和人交流,家长需要耐心地给予配合和指导。

✿ **亲子游戏 6** 说名字

目标:大胆说出自己和父母的名字,锻炼在众人面前大胆表达的能力。

准备:日常生活中人较多的场合。

玩法:1. 家长鼓励幼儿在众人面前说出自己的大名和小名,并说出爸爸妈妈的名字,给予及时的鼓励表扬。

2. 帮助并鼓励幼儿说出认识的周围人的名字和称呼。

分析:在活动中一定要以各种方式鼓励幼儿说话的积极性,不要强迫,培养幼儿说话的主动性和积极性。

四、促进情绪发展的教养指导

1～2 岁幼儿已经表现出各种丰富的情绪,自我意识和独立性也有了初步的发展,愿意表达自己的情绪,

情绪表达的方式也日益多样化。这时期教养的重点是进一步加强幼儿积极情绪的体验和培养,感知不同情绪,学习表达情感与需求等。

(一)教养指导要点

- 促进亲情的体验,增强信任与安全感。
- 感知不同情绪,引导幼儿学习表达情感与需求。
- 满足幼儿日益增长的好奇心和求知欲。

(二)教养活动案例

❀ 亲子游戏 1 照顾小娃娃

目标:培养幼儿的情感和责任心。

准备:一个玩具娃娃,玩具杯子、勺子、毛巾等。

玩法:1. 妈妈拿着玩具娃娃,引导幼儿照顾玩具小娃娃。"给娃娃喂水、喂饭、擦手。"

2. 引导鼓励幼儿自主照顾小娃娃。

分析:幼儿在游戏过程中体验照顾别人的愉快情绪,培养幼儿的责任心和积极情感。

❀ 亲子游戏 2 转圈圈

目标:培养幼儿信任和安全感,促进平衡协调能力发展,体验游戏的快乐情绪。

准备:宽敞安全的地面,节奏明快的音乐。

玩法:1. 随着音乐,家长带动幼儿原地转圈,也可以一起数数转圈。转两圈左右将幼儿抱起来亲一下。

2. 家长可以抓着幼儿的手控制转圈的快慢。

分析:根据幼儿的能力掌握转圈的时间,以幼儿游戏的兴趣为主,适度休息,并调整游戏的内容和方式,此游戏不宜玩太久。

❀ 亲子游戏 3 变脸游戏

目标:感知不同情绪,引导幼儿学习表达情感与需求。

准备:各种表情的面具,哭、笑、生气、害怕、惊奇等。

玩法:1. 爸爸戴上面具,做相应的动作、配音和妈妈、幼儿互动。妈妈引导幼儿模仿爸爸的表情动作。

2. 鼓励幼儿戴上面具,允许幼儿用各种方式表达自己的情绪。

分析:在游戏中对各种表情有了基本的认知和体验。

❀ 亲子游戏 4 我和妈妈做游戏

目标:乐意与别人有身体接触,有安全感,体验关爱友好情绪。

准备:日常生活情景。

玩法:1. 爸爸妈妈和幼儿在家中玩捉迷藏游戏。在幼儿被找到后抱起幼儿转一圈,或将幼儿举高,激发幼儿愉快情绪。

2. 游戏中可引导幼儿亲一下妈妈,抱一下妈妈。

分析:在身体接触过程中,让幼儿处于愉快的情绪体验,有安全感,利于幼儿稳定情绪的形成。

Children

✿ 亲子游戏 5　分水果

目标: 学习照顾他人,体验分享的快乐情绪。

准备: 切好的各种水果,空果盘和勺子。

玩法: 1. 引导幼儿用勺子为爸爸妈妈分水果。家长提出要求或引导幼儿提问"你想吃什么","我要吃什么"。

　　　 2. 家长要及时鼓励表扬幼儿的行为。如说出"谢谢你"、"你真能干"等话语。

分析: 幼儿在操作、鼓励的过程中体验了被肯定和分享的积极情绪。

✿ 亲子游戏 6　跷跷板

目标: 促进稳定亲子关系的发展,发展幼儿信任安全感。

准备: 凳子、地垫。

玩法: 1. 妈妈坐在凳子上,让幼儿坐在小腿上,双手抓住妈妈的手,妈妈上下摆动,边唱儿歌"跷跷板,跷跷板,你下我上真好玩"。

　　　 2. 也可以把动物玩具放在幼儿腿上,玩跷跷板游戏。

分析: 身体接触可以增强母子间的信任,建立幼儿情绪的安全感,促进良好亲子关系的建立。

五、促进社会性(个性)发展的教养指导

(一) 教养指导要点

1~2 岁幼儿在自我能力增强的基础上,自我意识获得了初步的发展,开始探索体验与人交往。这时期教养的重点是尽可能扩大幼儿的生活范围,多与同伴一起玩,培养交往意识和能力,学习体验简单的行为规则。具体有以下几个方面。

● 培养幼儿自我服务的意识。

● 扩大与外人接触的机会与范围,培养交往意识。多提供机会接近家庭以外的成人和小朋友,并打招呼。体验分享与关爱。

● 遵从简单指令及行为规则。将东西从某处拿来或放回到某处,体验基本的行为规则。

(二) 教养活动案例

✿ 亲子游戏 1　送玩具回家

目标: 培养收放玩具的良好习惯,愿意整理玩具。

准备: 幼儿的各种玩具散放四周。

玩法: 1. 家长用儿歌或小故事等多种有趣的方式引导幼儿和自己一起将玩具送回家。

　　　 2. 家长引导幼儿自己动手整理玩具。

分析: 在整理玩具的过程中,既培养了手眼的协调性,又养成了将玩具放回原处的良好好习惯。

✿ 亲子游戏 2　交朋友

目标: 培养乐于与人交往的意识和能力。

准备: 小动物玩具一个。

玩法: 1. 家长拿出小动物玩具,说:"你好,我是小狗,我们做好朋友好吗? 你叫什么名字?"引导鼓励幼儿说出自己的名字。

　　　 2. 熟悉游戏后,引导幼儿和小狗拉拉手,一起玩玩具。

分析:在幼儿掌握基本表达方式后,在日常生活中可以鼓励引导幼儿和其他幼儿主动说话、交往。

❋ 亲子游戏 3 大家一起玩

目标:促进交往能力,体验分享快乐。

准备:将玩具带到外面,或邀请几个小朋友来家中玩。

玩法:1. 家长引导幼儿和其他小朋友分享玩具,鼓励幼儿为其他幼儿演示玩具的玩法。

　　　　2. 引导幼儿之间互换玩具玩耍,允许幼儿之间自主交往。

分析:家长重在创造机会,应尽可能让幼儿之间自主交往,必要时给予引导帮助。

❋ 亲子游戏 4 一起开汽车

目标:学习按游戏规则进行活动,愉快地参与游戏。

准备:纸箱制作的公交车及小凳子,家长参与。

玩法:1. 爸爸开公交车,妈妈带着幼儿上车,引导幼儿自己投币买票。司机说出"乘客您好,请买票。"

　　　　2. 熟悉游戏后,请幼儿开车,爸爸妈妈上车,通过多种方式与幼儿互动游戏。

分析:在游戏中潜移默化地让幼儿体验规则的意义,家长应设计丰富的环节,充分调动幼儿的兴趣积极性。

❋ 亲子游戏 5 找朋友

目标:能和小朋友进行身体接触,表示友好。

准备:日常生活情景。

玩法:1. 家长可以在家中和幼儿唱"找朋友"儿歌并做动作,让幼儿熟悉儿歌内容及游戏方法。

　　　　2. 在有其他幼儿在时鼓励幼儿之间唱"找朋友"儿歌并做动作。家长也积极参与调动幼儿游戏的积极性。

分析:在日常生活中引导幼儿和其他幼儿握握手、抱一抱,让幼儿体验共同游戏的乐趣。

❋ 亲子游戏 6 小超市

目标:促进幼儿交往能力的发展。

准备:将幼儿各种玩具归类摆放,纸做的钱币。

玩法:1. 爸爸扮演售货员,妈妈带幼儿买东西。要求幼儿说清"想要什么玩具"、"多少钱"等才能买到玩具。

　　　　2. 引导幼儿在买到东西后说"谢谢"。

分析:幼儿在游戏中体验交往的乐趣。

第四节　促进2~3岁婴幼儿心理健康的指导方案

一、2~3岁婴幼儿心理发展特点概述

(一) 认知

1. 感知觉的发展　2~3岁婴幼儿有了较成熟的感知觉能力,表现出明显的求知欲和好奇心,喜欢对各

种事物感兴趣,喜欢提问题是这一时期显著的特征。

2 岁的幼儿已会识别并匹配几种颜色,2.5 岁时 90％以上能匹配红、白、黄、黑、绿等 8 种颜色;3 岁左右开始说出颜色名称,开始进行简单的涂鸦画画。一般 3 岁时已能辨别圆形、方形和三角形。接近 2.5 岁的幼儿,80％以上能够感知物体的基本属性,如冷、热、软、硬;并能对物体特征进行简单的比较,如大小、多少等,并用语言表达出来。但学前儿童对大小的判断须依图形本身的形状而定,如判断圆形、正方形和等边三角形的大小较容易,而判断椭圆、长方形、菱形和五角形的大小较困难。

2. 注意的发展　这时期有意注意开始出现,学前儿童一般是无意注意占优势,注意时间短、容易分散、注意的范围小,并且经常带有情绪色彩,任何新奇的刺激都会引起他们的兴奋,分散他们的注意。幼儿的注意分配能力很差,3 岁前幼儿只能同时注意一件事物。

3. 记忆的发展　幼儿的记忆能力随着语言的发展而发展,记忆能力逐渐增强,记忆保持的时间也越来越长。2 岁的幼儿能再认几星期以前的事物;3 岁儿童可以再认几个月以前感知的事物,可再现几星期前发生的事情;3 岁前儿童的记忆带有很大的无意性,容易记住令他们感兴趣、能带来鲜明强烈印象的事物。幼儿的记忆特点是记得快、忘得快。记忆的内容和效果很大程度上是事物外部的特征,如颜色鲜艳、内容新奇及幼儿的兴趣,情绪色彩浓厚。

4. 思维和想象的发展　语言发展的基础上,幼儿的思维能力逐渐发展,2～3 岁时幼儿的思维特点为直觉行动性。幼儿的思维是伴随动作或行动来进行的,幼儿只会对自己动作所接触的事物进行思维,如果动作停止,思维活动也就停止。幼儿思维能力的发展促进了幼儿想象的发展。2 岁左右,幼儿开始出现想象的萌芽。这时期幼儿开始进行一些象征性游戏活动,如给布娃娃穿衣服、喂饭;自己假装做饭、炒菜等活动。这时的想象带有很大的模仿性,只是一种对记忆的简单重复。到了 3 岁左右,随着语言的发展,经验的日益丰富,想象才开始初步形成。这时期幼儿的想象水平还是很低,范围很窄。

(二) 语言

2～3 岁是幼儿言语发展的重要时期,3 岁儿童的言语中已基本都是完整句,经历了简单句向复杂句发展的过程,会话性言语开始发展,但主要是对话言语,回答简单的提问较多,也有时自己提问。我国儿童在 2 岁时开始说出极少的简单复合句。到了 3 岁末,幼儿已掌握了基本的口头语言。这时他不仅能理解成人对他说的话,而且能够运用语言表达自己的思想,根据成人的语言调节自己的行为。

2～3 岁时自言自语是常见现象,是思维发展的必经过程,但有些幼儿经常喜欢说"我不会"、"我做不好"、"我怕"、"宝宝羞"、"我恨你"、"宝宝不乖"等消极的自我言语,并表现出回避行为,如因怕失败、批评而不肯尝试做事情,与人交往也不主动,家长虽然会感到困惑,但往往并没有意识到其根源与家长的消极言语有密切关系。因此,在幼儿刚学习口语的时期就注意教孩子积极的、带有希望的自我言语是发展幼儿的良好自尊、自信的基础。根据幼儿的年龄、口语发展的阶段和实际情况进行,对于 2 岁左右的幼儿,口语发展处于简单语句阶段,教给他们说"宝宝能做"、"我能行"、"我试试"、"我高兴"、"我喜欢"、"我要学"、"宝宝勇敢",对于 3 岁或口语发展进入复杂语句阶段的幼儿,可以逐渐教有转折结构或带有转折语句的积极言语,随着年龄增长,逐渐减少用宝宝这种感觉幼稚的称呼,多用幼儿的名字或"我",如"兰兰喜欢和小朋友一起玩"、"军军会拍球,我也会"、"妈妈教,东东就学会了"、"再做一遍,我能成功"。

(三) 情绪

2 岁后的幼儿已经基本具备了各种形式的情绪,并开始有了较复杂的情感体验,开始会自主地表达自己的情感,会意识到他人的情感,同情感开始萌芽,有简单的是非观念。3 岁幼儿开始能说出自己的感受,并根据别人的表情和语调说出别人的感受。如看着图片说他很伤心;能理解至少一种情感的原因;看到别人伤心时能给予简单的安慰或帮助,如看到妈妈伤心了就抱抱妈妈;会逗人玩、或恶作剧地开玩笑。这时期的幼儿情绪情感很不稳定,变化很快。但在大人的帮助下,已经能够开始采用一些策略调节控制自己的情绪,如不安的时候拿玩具或其他安慰物使自己平静下来。

(四) 个性及社会性

2～3 岁是形成个性的初始时期,独立性、自信心、自尊心、道德意识等人类高级的情感和行为特征开始发展起来。也是婴幼儿建立自主性的重要时期。这个阶段儿童迅速掌握了许多技能,自我意识迅速发展,逐渐获得了行为的独立性,有了自己独立做事的愿望,即自主性。2岁以前的幼儿显得很顺从,但随着对自主性的追求,2~3岁时,幼儿显得不那么顺从了,要自己做事情,喜欢说"我自己能做",由于幼儿自己的意愿经常会与父母意愿相互冲突,于是产生与成人拗的行为,反抗家长,经常说"不",越限制越违拗,如果让他去做,顺其自然,则过一会就会来找大人帮助。

2岁后,幼儿知道自己的名字,会用"我"、"我的",开始表现出自我意识并有相应的情感和行为(如,打碎了东西后感到害怕并躲起来)。表现出冲动倾向或冲动行为,有抢玩具、打人、摔东西的行为;与其他儿童或成人发生冲突时,经常出现躯体或情绪反应(例如,手被其他小朋友抓了一把,便去推那个小朋友并且大哭起来),大人来解决了冲突之后,幼儿的情绪就逐渐平静下来。

自我评价大约从2岁开始出现,此时的自我评价依赖于成人对他们的评价,所以成人对儿童的评价是否恰当对儿童自我评价的发展有重要影响。2岁以后,自我调控快速发展,幼儿对自己的行动逐渐发展起一定的控制能力。

2岁左右社会性游戏超过了单独游戏,而且更愿意与同伴进行游戏。多见平行游戏,以自己玩为主,但喜欢靠得更近,而且是相似的玩具,游戏中不时地接触或交流一下。也喜欢看别人玩,分享别人的乐趣。合作游戏、想象性游戏、角色游戏开始频繁出现。3岁以前幼儿的游戏多是自己玩或与家长玩,要开始鼓励孩子与其他儿童玩。

二、促进认知发展的教养指导

(一)教养指导要点

2~3岁幼儿脑功能发育复杂化,各种能力获得了相应的发展,有了基本的认知能力,对周围的一切事物都充满兴趣与好奇,喜欢用各种感官去探索未知的事物。这时期认知发展的教养重点是创设丰富的环境材料,促进幼儿认知发展。

- 丰富幼儿感知经验。
- 感知比较、感受韵律、快乐涂鸦、学习数数。

(二)教养活动案例

❋ **亲子游戏 1** 观察大自然

目标:提供丰富的刺激,发展幼儿的感知能力。

准备:带幼儿到户外活动,接触各种事物和人。

玩法:1. 家长带着幼儿到户外活动,和幼儿一起观察讨论各种事物。"这是柳树叶,绿色的。""那是小猫,黑色的,爱吃鱼。"

2. 在家中和幼儿一起讨论在外面看见的东西。"看见了什么,是什么样的,干了什么。"

分析:让幼儿充分的感知外部世界,激发探索的欲望和兴趣。

❋ **亲子游戏 2** 认识图形

目标:感知方形、圆形、三角形的特征。

准备:方形、圆形、三角形的玩具实物或图片。

玩法:1. 分别给幼儿出示方形、圆形、三角形图片,并指认家中哪些东西是方形的、圆形的、三角形的。

2. 让幼儿从玩具中找出指定的形状,并学说方形、圆形、三角形名称。

分析:在观察中让幼儿对各种图形的特征有了初步的感知。

亲子游戏 3　找出一样的

目标: 发展幼儿观察力,初步体验归类。

准备: 各种形状积木一组。

玩法: 1. 将积木倒在地垫上,家长拿出一个正方形,引导幼儿找出和这个一样的积木。

　　　　2. 引导幼儿自己选择一个图形积木,并找出和他一样的积木。

分析: 在观察比较中幼儿对各种图形的细节特征有了充分的感知。

亲子游戏 4　我来做饭

目标: 激发幼儿动手探索的兴趣,体验不同色彩的特征。

准备: 多色橡皮泥。

玩法: 1. 家长指导幼儿用橡皮泥做出各种饭菜、碗、碟子。

　　　　2. 家长和幼儿一起邀请其他家人来吃饭。

分析: 幼儿将生活中对做饭的认知都融入操作橡皮泥的过程中,家长要耐心地配合帮助幼儿,支持幼儿的自主探索活动。

亲子游戏 5　大和小

目标: 学习感知大和小,学习短句"什么大,什么小"。

准备: 玩具、水果、生活用品一大一小都可以。

玩法: 1. 将这些东西摆在桌上,家长引导幼儿看看、比比、说说有什么不同,哪个大,哪个小。

　　　　2. 请幼儿拿出指定的大或小的东西,家长给予及时的鼓励。

分析: 注意描述比较时家长要采用有趣的引导方式。

亲子游戏 6　数一数

目标: 促进幼儿对数概念的理解。

准备: 日常生活情景。

玩法: 1. 家长和幼儿一起数一数家里有几个人,几个灯,几个凳子等;让幼儿观察谁不在家,现在有几个人。

　　　　2. 引导幼儿为大家每人拿一个糖,观察幼儿对数概念的掌握。

分析: 在生活中时时处处都可以帮助幼儿理解数概念。

三、促进语言发展的教养指导

(一) 教养指导要点

2~3 岁是幼儿语言的发展期,幼儿已经具有基本的表达能力,但语言表达还不连贯、成熟。这时期语言发展的教养重点是丰富词汇量、加强对语言的练习运用。

- 教幼儿简单的儿歌。
- 给幼儿建立专门的阅读时间。如在幼儿兴趣良好时给宝宝看图书、讲故事。
- 经常跟幼儿讲话,丰富词汇,赞赏孩子的讲话。

(二) 教养活动案例

亲子游戏 1　自我介绍

目标: 学习介绍自己的姓名、年龄、性别、家庭情况,发展幼儿表达能力。

准备：幼儿知道自己的姓名、年龄、性别、家庭情况。

玩法：1. 家长和幼儿一起，家长依次问幼儿"你叫什么名字，几岁了，你是男孩还是女孩，家里都有什么人"。

2. 引导幼儿完整地给别人做自我介绍。

分析：幼儿在自我介绍过程中促进了对语言的理解和表达，体验表达的快乐。

✺ 亲子游戏 2　传话游戏

目标：听懂耳语并进行传话，学会复述短句。发展语言听觉、理解和表达能力。

准备：幼儿能说出3~5个字的简单句。

玩法：1. 妈妈在幼儿耳边说一句话，如"准备吃饭了"，让幼儿告诉爸爸刚才说了什么。

2. 爸爸将话说出来，看幼儿是否听懂并正确传话了，给予表扬鼓励。

分析：发展语言听觉、理解和表达能力。可以变换有趣的方式增强游戏的趣味性。

✺ 亲子游戏 3　我来编儿歌

目标：能够更换儿歌中的词语，发展幼儿语言的理解运用能力。

准备：幼儿能够独立唱几个完整的儿歌。

玩法：1. 妈妈给幼儿示范换词，"世上只有爸爸好"。引导幼儿将后面的妈妈换成爸爸。

2. 引导幼儿将妈妈换成其他人，在此基础上对其他儿歌的主要词汇进行替换。

分析：在换词的过程中，加强了幼儿语言迁移运用的能力。

✺ 亲子游戏 4　我们一起讲故事

目标：能看懂图中的个别信息，并用简单语言进行概括。

准备：图文并茂的故事书。

玩法：1. 家长引导幼儿观察图片，给幼儿讲故事。"图上画的这是什么，他在干什么"。

2. 家长帮助引导幼儿自己能说出故事的大概意思。

分析：发展幼儿的观察力、记忆力、语言组织能力。

✺ 亲子游戏 5　听儿歌

目标：感受儿歌的节奏，丰富词汇量。

准备：幼儿能听懂儿歌的主要意思。

玩法：1. 家长和幼儿一起听儿歌，也可以由家长读给幼儿听。

2. 家长和幼儿一起根据儿歌内容做动作。

分析：感知儿歌语言的节奏和丰富的词汇。在过程中家长可以帮助幼儿理解一些主要词汇。

✺ 亲子游戏 6　小手指动一动

目标：边念儿歌边做手指游戏，体验读儿歌的乐趣。

准备：幼儿见过乌龟头伸缩，"乌龟缩头"儿歌。

玩法：1. 妈妈边念儿歌边做动作，引起幼儿模仿的兴趣。

2. 妈妈带着幼儿一起做动作读儿歌，可以变换儿歌的节奏快慢，增加游戏的趣味性。

分析：让幼儿感知边念儿歌边做动作的游戏乐趣。

四、促进情绪发展的教养指导

（一）教养指导要点

2～3岁幼儿处于依恋发展的关键时期，自我意识产生，能表达自己的情绪，情绪情感逐步社会化。这时期情绪发展的重点是尊重幼儿的发展，促进幼儿积极情绪的发展，改善不良情绪对个性发展的影响。

- 与幼儿建立安全型依恋。
- 鼓励自我认同，帮助幼儿建立自信心。多肯定、少否定，告诉宝宝自己的名字（全名）和年龄。
- 培养自主性。在安全、不损伤他人的前提下允许幼儿独立做事情，但不鼓励不合理的任性。
- 辨别和理解别人的情绪，合理表达自己的情绪。

（二）教养活动案例

❋ **亲子游戏 1　捏鼻子**

目标：增进亲子关系，体验快乐情绪。

准备：幼儿具有一定的动作灵活性。

玩法：1. 家长和幼儿面对面坐着玩"指五官"游戏，妈妈说幼儿指，指错了要捏一下鼻子。

2. 熟悉游戏后，可以变为指身上任何地方，也可以互换角色。

分析：在游戏过程中，家长也可以使用欢快的音乐，或者由爸爸做裁判，增强游戏的趣味性。

❋ **亲子游戏 2　我爱妈妈**

目标：理解歌词内容，喜欢和大家一起唱歌，表达对妈妈的爱。

准备：《我的好妈妈》或《小板凳》歌曲，爸爸妈妈及家人参与。

玩法：1. 爸爸教幼儿唱歌曲，熟悉歌曲内容后，尽量让幼儿独立唱一遍。

2. 爸爸和幼儿唱歌，妈妈配合进行角色表演或动作表演，让幼儿体验表达对妈妈的爱的方式。

分析：在活动中幼儿开始学习体验他人的感受，学习表达自己感情的方式。

❋ **亲子游戏 3　表情指偶**

目标：认知体验不同表情，体验动手操作的乐趣。

准备：各种彩色的纸，剪刀，胶水，记号笔。

玩法：1. 爸爸妈妈和幼儿一起制作表情指偶，做好各种彩色指套，在上面分别画上不同表情。

2. 由幼儿选择表情指偶，戴在手指上，请爸爸妈妈做表情；妈妈选择，由幼儿和爸爸一起做表情。

分析：在制作及活动过程中，注重幼儿是主体，家长引导配合，尊重幼儿在活动过程中的一些想法。

❋ **亲子游戏 4　捶背**

目标：培养亲子之间互相关爱。

准备：大毛绒玩具一个。

玩法：1. 毛绒玩具、爸爸、妈妈、幼儿按顺序同向坐成一列。坐在后面的人给前面的人捶背，边捶背边念儿歌"小小手，暖呼呼，捶捶背，真舒服"。

2. 依次轮换位置继续玩。

分析：游戏时可增加人员，家长注意引导活动环节的变化性和趣味性。

※ **亲子游戏 5**　鼓掌

目标：增强幼儿独立唱歌的自信心,体验快乐情绪。

准备：幼儿情绪良好,妈妈爸爸共同参与。

玩法：1. 爸爸唱幼儿常听的儿歌,妈妈和幼儿一起鼓掌。

　　　　2. 鼓励幼儿唱儿歌,爸爸妈妈一起鼓掌。

分析：增强幼儿唱儿歌的自信心和兴趣。

※ **亲子游戏 6**　盖大楼

目标：培养幼儿独立用积木盖大楼的自信。

准备：积木玩具一组。

玩法：1. 家长和幼儿一起商量盖大楼,家长引导幼儿熟悉盖大楼的基本方法。

　　　　2. 家长和幼儿进行盖大楼比赛。

分析：家长要允许幼儿自主盖大楼,允许幼儿体验失败,及时引导鼓励幼儿的各种想法,培养幼儿独立做事的自信心。

五、促进社会性(个性)发展的教养指导

(一) 教养指导要点

2~3 岁幼儿有一定的自我服务能力,会整理玩具,能自己上床睡觉。开始有性别意识。开始出现亲社会行为,在成人的引导下愿意和其他幼儿分享玩具。这时期教养的重点是加强幼儿生活自理能力,培养亲社会行为,注重与同伴的交往,学习体验基本的人际交往技能。

● 初步培养生活自理能力,鼓励幼儿做力所能及的事情。如自己脱衣服,自己用勺子吃饭,自己大小便。

● 鼓励幼儿接触周围环境,包括人和物,培养幼儿交往能力。鼓励幼儿探索并尝试新事物,带幼儿到各处转,如到公园玩、乘车;见人打招呼,与小朋友玩。

● 培养幼儿亲社会行为。鼓励孩子玩假扮游戏,如"过家家"。

● 了解社会规则,培养规则意识。

(二) 教养活动案例

※ **亲子游戏 1**　自己叠衣服

目标：学习如何叠衣服,培养生活自理能力。

准备：洗好的幼儿衣服。

玩法：1. 家长给幼儿示范叠衣服、裤子和袜子的方法,可以利用相应的儿歌指导。妈妈和幼儿一起进行叠衣服比赛。

　　　　2. 家长引导幼儿将衣服、裤子和袜子分类,并放到衣柜里。

分析：在操作活动中幼儿手的灵活性得到了发展,促进幼儿积极思考,锻炼了生活自理能力。

※ **亲子游戏 2**　一起吃苹果

目标：让幼儿体验与人分享的快乐。

准备：一个苹果。

玩法:1. 妈妈告诉幼儿家里只有一个苹果了,现在爸爸妈妈也想吃苹果,怎么办?讨论吃苹果的方法。

2. 家长帮助幼儿分苹果,及时鼓励表扬幼儿分苹果的行为。告诉幼儿有好东西要和别人分享。

分析:让幼儿在真实的生活情景中真实体验与人分享的快乐。

亲子游戏 3 找朋友

目标:学习交往技能,愿意和其他幼儿一起玩。

准备:《找朋友》歌曲音乐。

玩法:1. 家长教幼儿唱歌曲《找朋友》,并和幼儿做动作玩找朋友游戏。

2. 带幼儿到小区院子里鼓励指导幼儿和其他幼儿一起玩找朋友游戏。

分析:这种游戏会激发和其他幼儿交朋友的兴趣,体验和同伴玩耍的乐趣。

亲子游戏 4 我给娃娃穿衣服

目标:学习给布娃娃穿衣服,培养生活自理能力。

准备:布娃娃一个或两个,幼儿穿过的旧衣服,鞋袜。

玩法:1. 家长鼓励并指导幼儿给布娃娃穿衣服。"先穿上衣,再穿裤子;先穿袜子,再穿鞋。"

2. 家长引导幼儿给幼儿换衣服。"天气热了,给娃娃换一件衣服。"

分析:在穿衣服的过程中,幼儿掌握了穿衣服的顺序及方法,为自己穿衣服进行了演练。

亲子游戏 5 我帮妈妈招待客人

目标:培养幼儿亲社会行为,体验交往的快乐。

准备:创设温馨的家庭小环境、小勺、托盘;动物玩具及相应的动物爱吃的食物的道具。

玩法:1. 家长引导幼儿进入情境,告诉幼儿今天请了好多小动物来做客,想请幼儿帮助妈妈招待客人。

2. 爸爸负责把小动物逐一请进家,妈妈引导幼儿向小动物问好,请小动物坐下。

3. 妈妈引导幼儿说出来的小动物是谁,喜欢吃什么,并请幼儿为小动物选择食物,喂小动物吃饭;爸爸负责为小动物配音和幼儿语言互动。

分析:在游戏中幼儿不仅掌握了动物生活习性的相关知识,而且学习体验了与人交往的亲社会行为。

亲子游戏 6 过马路

目标:学习过马路的基本知识,体验游戏的快乐。

准备:在房间宽敞的地方利用各种废旧材料创设过马路情境。

玩法:1. 爸爸扮演交通警察,妈妈带幼儿过马路。体验过马路的基本要求。

2. 角色互换,幼儿当交通警察,爸爸过马路。

分析:在游戏过程中幼儿掌握了基本交通常识,培养了基本的规则意识。

思考与探索

＊ 1. 根据0～3岁婴幼儿心理发展特点,分别设计各年龄段促进幼儿认知、语言、情绪、社会性发展的亲子游戏或教育活动一个。

＊ 2. 选择0～3岁不同年龄段的婴幼儿,指导其家长和幼儿进行促进幼儿各方面发展的亲子游戏,观察游戏活动设计的效果,并进行修正。

第三章

3～6岁学前儿童心理健康指导

主要内容

1. 3～6岁学前儿童心理健康的指导原则和目标。
2. 促进3～6岁学前儿童心理健康的指导方案。

基本要点

本章介绍3～6岁学前儿童心理健康总体指导原则和目标,针对3～4岁、4～5岁和5～6岁阶段的心理特征,根据认知、情绪、个性及社会性发展的特点,给出教养指导要点和具体案例。

第一节 3～6岁学前儿童心理健康的指导原则和目标

一、总体指导原则

3～6岁的学前儿童处在心理成长发展的关键时期,具有巨大的发展潜力和可塑性,学前儿童的心理健康与否,将会对他们的认识、情感、个性的发展和社会适应等产生深刻,甚至是难以逆转的影响。可见,对学前儿童心理健康的指导具有极其重要的意义与价值,那么,在学前儿童心理健康指导过程中应坚持以下原则。

1. 尊重与理解原则 尊重与理解是心理健康指导过程中应该遵循的基本原则,是与幼儿建立良好关系的前提和基础。尊重幼儿的人格和尊严,尊重幼儿发展的权利,了解幼儿的心理发展水平,以平等的态度对待幼儿,发展与年龄相适应的能力,同时,尊重幼儿的主体地位,从幼儿的心理发展水平出发,促进幼儿的成长与发展。

2. 整体性发展原则 学前儿童心理健康指导追求的是幼儿人格的整体性发展,是认识、情感、社会性等各个方面整体协调的发展,而不是人的局部、人的能力的单方面发展。因为儿童心理是一个有机系统,其形成与发展是心理各个方面协调统一的过程。对儿童心理健康进行指导时要注重幼儿心理活动的有机联系,对幼儿心理行为做出全面考察和系统分析。

3. 差异性原则 由于个体在遗传素质上的不同以及在后天的生活条件、家庭环境等方面存在着广泛的差异,故每个人在能力、气质等方面必定是独一无二、与众不同的。对学前儿童进行心理健康指导时要了解幼儿的共性,更要注重了解幼儿的差异性,强调个别化对待,针对幼儿的身心特点,采用灵活的心理健康指导,因势利导。对学前儿童心理健康指导的目的不是要消除幼儿的独特性及幼儿之间的差异,而是要使每个幼儿的独特性、创造性在积极的方向上得到最充分、最完美的体现。

4. 活动性原则　幼儿身心发展的特点决定了他们需要通过实际操作去积累经验,通过具体活动去了解周围的世界。幼儿通过游戏等活动认识外部世界,体验各种情绪,建立良好的人际关系,这就要确立活动性原则。幼儿在没有任何压力的游戏活动中最容易接受指导和训练。儿童原有的心理发展水平与在活动中产生的新的心理需要之间的矛盾是儿童心理发展的动力。为幼儿安排丰富的游戏活动,不仅可以了解幼儿的心理发展水平、心理需要,从而提高其心理发展水平;而且还可能发现存在的心理与行为问题,进而进行预防和干预。

5. 渗透性原则　由于人的心理发展是一个长期的、连续的过程,且有反复的可能。学前儿童心理健康指导要注意幼儿园和家庭全方位的渗透,坚持一贯性、连续性的教育与引导,这是促进幼儿心理健康发展的关键。日常生活中从不同方面渗透着对幼儿心理发展的要求,既有认知能力发展,也有情绪发展、个性及社会性发展等,坚持下去,日积月累,逐步形成。

6. 多样性原则　这是指学前儿童心理健康指导形式和方法的多样性,开展活动的丰富性,同时也包括指导内容的具体性、启发性和感染性等。开展学前儿童心理健康指导的活动不应当是单一的,因为活动的内容、形式不同,在幼儿发展中的作用是不一样的,注意指导活动的多样性才能有效地促进幼儿全面整体的发展。

7. 鼓励性原则　幼儿自身具有主动发展的潜能,这需要以不同的方式加以激励和表扬。对学前儿童的点滴进步,要及时肯定和表扬,并恰当地再提出新的要求,不断增强其自信、上进心。对幼儿在活动中出现的错误和缺点,不能单纯指责,而应耐心引导、教育。过多的批评会令幼儿失去自尊心,并形成胆怯、自卑的心理。

8. 家园合作协调原则　学前儿童心理健康的指导要发挥家庭与幼儿园的协同作用,加强幼儿园与家庭之间的沟通与合作,相互协调、相互补充,使教育一体化。家庭是幼儿生活时间最长的场所,父母的言行对幼儿具有重大的影响,如果这种影响是正面的,则会有助于幼儿心理健康发展,提高幼儿园教育效果;如果这种影响是负面的,则会削弱或抵消幼儿园教育效果。因此,家园达成共识,协调教育方法,统一教育要求,共同促进幼儿心理健康发展。

二、心理健康促进总体教养要点

为达到心理健康的标准,学前儿童心理健康的总体教养要点如下。
- 发展与年龄相适应的能力而不是进行拔苗助长的训练。
- 注重发展创造性思维而不是机械地学习。
- 积极发展与外界的交往、同伴关系、社会适应能力。
- 重视为个性发展创造良好的氛围并积极地培养。
- 培养独立意识、自我调控能力。
- 发展良好的自我感觉,保持比较愉快的情绪。
- 重视培养道德。
- 学习正确地识别身份。

为达到心理健康的标准,参照总体的指导原则,学前幼儿心理健康促进工作着重于以下几个方面。
- 促进良好的语言表达。
- 促进能力感的建立。
- 促进想象性思维和创造性思维的发展。
- 促进独立性和坚持性。
- 促进同伴交往。

- 促进积极的情绪和情绪调控能力。
- 促进社会适应能力。
- 促进道德认知、情感和行为。
- 促进角色认同和性别认同。

三、给家长的一些具体建议

- 帮助宝宝发展语言表达：对宝宝说完整的句子，词汇丰富，复述故事、唱儿歌。
- 使幼儿知道自己的身份：全名、性别。
- 知道父母名字，知道家庭地址、家庭电话号码。
- 帮助幼儿了解安全常识，大致知道周围哪儿比较安全、哪儿有危险。
- 积极地与孩子做互动性游戏，并带孩子与外界互动。
- 鼓励孩子能独立做些事，并帮助别人做事情，例如：①会用毛巾、手帕或餐巾纸，会刷牙；②会自己穿、脱衣服，自己上厕所（大便后擦拭可以给予帮助）；③整理和保管好自己的东西，不乱扔，如将玩具放好；④能帮助家长做简单家务。
- 鼓励孩子坚持做事情：如坚持搭积木直至完成。
- 鼓励宝宝与其他孩子共同游戏，愿意将自己的东西与别人分享。
- 用故事和实例告诉孩子别人的感受。
- 见人愿意打招呼，有礼貌。
- 喜欢开口讲话，能进行日常性对话（聊天）。
- 初步能自我调节控制，不乱发脾气。
- 能识别情绪和理解常见感受，并用言语表达自己的心情。
- 会自我安慰缓解烦恼和害怕：如说安慰自己的话，抱着玩具使自己平静。
- 教给宝宝自我安慰和安慰别人的方法。
- 开始关心家庭以外的成人和儿童。
- 玩按规则或步骤做的游戏，如按规则和步骤下棋。
- 学习行为规范和遵守秩序，给宝宝做榜样：有礼貌、尊重别人、遵守公共秩序。
- 支持尝试、不怕失败，说鼓励尝试的言语：如"我试试"、"再做一遍"等。

第二节　促进3～4岁婴幼儿心理健康的指导方案

一、3～4岁婴幼儿心理发展特点概述

（一）认知发展的特点

1. 感知觉的发展　视觉发展方面，3～4岁幼儿能够分辨红、绿、黄、蓝、黑等基本颜色，但对于色调相近的颜色，如红和粉红、黄和橘黄等则易混淆。能通过手触摸物体，知道物体的凉热、软硬等特征。知觉发展方面，3岁幼儿能辨别上下方位，能区分白天和黑夜，4岁幼儿能辨别前后方向。

2. 注意的发展　3～4岁幼儿以无意注意为主，有意注意开始出现。注意时间短、容易分散、注意的范围小，并且经常带有情绪色彩，任何新奇的刺激都会引起他们的兴奋，分散他们的注意。同时，3岁幼儿一般只注意事物的外部较鲜明的特征，4岁幼儿开始注意到事物不明显的特征、事物间的关系。3～4岁幼儿有意注意在无干扰的情况下，集中注意时间可达到5分钟左右，最多能集中注意10分钟。

3. 记忆的发展　3～4岁幼儿以无意记忆为主，感兴趣的、印象生动强烈的事情容易记住，有意记忆开

始出现并逐渐发展起来。3 岁幼儿可以再认几个月以前感知的事物,可再现几周前发生的事情,4 岁幼儿可再现几个月前的事情。3～4 岁幼儿还未掌握一定的记忆方法。

4. 思维的发展　3～4 岁幼儿的思维仍带有很大的直觉行动性,但他们已经开始借助事物的具体形象或表象来进行,即由直觉行动思维向具体形象思维发展。3～4 岁幼儿只能掌握日常生活中具体概念,如实物概念、简单的数概念等,很难掌握抽象的关系概念、时间概念等。在推理判断时,常常以事物的外部联系为依据,而不是以事物的内在联系为依据。

5. 想象的发展　3～4 岁幼儿以无意想象为主,但有意想象也逐渐增长起来,这时的想象常以想象过程为满足,基本是自由联想,内容贫乏,数量少,不够完整。如看到玩具的方向盘就会手握方向盘,嘴里发出"嘟嘟,嘟嘟"叫着,车开到哪里不清楚、不确定。

(二) 语言发展的特点

3～4 岁幼儿已经获得了大部分基本的语音,但不能正确地发出全部语音,还不能辨别差别较小的音,不善于协调使用发音方法,存在发音不清楚的情况。3 岁幼儿的词汇量已基本达 1 000 个左右,名、动词占大多数。3～4 岁幼儿能用词组成简单的句子来表达自己的意思,但句子经常不完整,常出现没有主语的病句或颠倒的情况。经历了简单句向复杂句发展的过程,其主要是对话言语,回答简单的提问较多,也有时自己提问。幼儿自言自语中的游戏言语在 3～4 岁时出现,幼儿一边玩一边将正在进行的活动内容自言自语地讲出来。

(三) 情绪发展的特点

3～4 岁幼儿的情绪经常表露于外,很少掩饰,不善于控制和调节自己的情绪,意识性或有意性很低,容易冲动,同时非常容易受周围人的感染和影响,情绪表现具有很强的外露性、冲动性和易感性。

3～4 岁幼儿情绪逐渐具备了最初的认识他人情绪情感的能力,能在一定程度上理解他人的需要和感受,但他们经常把自己的感受、体验,投射到他人,有很强的自我中心性。逐渐开始了解快乐、悲伤、害怕等基本情绪的原因,在面对冲突情境或不如意事件,他们通常选择哭泣、顶撞等方法或等待他人的帮助。

3～4 岁幼儿的高级情感开始萌发,逐渐会对规则感兴趣,并越来越懂得遵守规则,幼儿对伤害到他人或明显引起他人不满的行为比较敏感,并体会出内疚。具有初步的对美好事物的欣赏力、艺术表现力和创造力,喜欢模仿有趣的动作、表情、声调,经常涂涂画画、粘粘贴贴。

(四) 个性及社会性发展的特点

3 岁幼儿"自我中心"的特点突出,看待事物从自己的角度出发,不愿意分享。逐渐开始能自觉地调节控制自己的情绪、行为以达到某种目的或适应环境的需要,例如克制冲动而服从要求,在不同情境中表达不同感受、需要和意见的能力增强,但自我控制的能力还不是很强。自我评价往往只是成人评价的简单再现,把成人的评价视为权威。3～4 岁幼儿独立意识逐渐增强,同时违拗行为也非常强烈,被称为"第一反抗期"。

一般幼儿在 3～4 岁的年龄达到性别稳定性,能够认识到一个人的性别在一生中是稳定不变的。3～4 岁的幼儿初步知道自己和他人是不同的,并且在玩具选择、活动特点上明显地表现出了性别倾向,如喜欢与同性别的小朋友玩,女孩喜欢娃娃、玩"过家家"游戏,男孩喜欢玩具汽车、搭积木活动。

3～4 岁幼儿同伴交往的机会增多,开始出现了对伙伴的关心、帮助行为,在需要的时候会给别人简单的帮助,如拥抱、安慰、鼓励,但并不明白友谊的含意并且持续时间较短。同时,3～4 岁幼儿当感到不安或挫折时会扔东西或用拳头打人,攻击的方式以躯体性攻击为主,很少用言语攻击(如骂人),攻击的目的主要是为了夺到某个东西,而不是故意要伤害对方。

二、促进认知发展的教养指导

(一) 教养指导要点和策略

1. 游戏中发展幼儿的认知能力　游戏是幼儿喜欢的活动,陈鹤琴先生说过:"游戏是一种儿童心理特征,游戏是儿童的工作,游戏是儿童的生命。"3～4岁幼儿用形象、动作来进行思考,在游戏中通过操作物体来感知事物。在游戏的过程中,引导幼儿认真观察,丰富感性认识,培养他们的专注力和观察力。同时幼儿通过回忆以往的经历,并把自己的经验应用到新的游戏中,锻炼他们的记忆能力,进一步激发幼儿的想象力。

2. 鼓励和保护幼儿的好奇心　好奇心是促使幼儿对新奇的事物去观察、去探索而获取经验和知识的一种内在动力。3～4岁幼儿具有很强的好奇心,成人应尊重并鼓励幼儿的好奇心。幼儿看似"破坏行为"的探索、操作正是他们在学习其中的知识,当幼儿提问时,成人要认真倾听,积极回应,给予积极的鼓励和肯定,同时根据具体情况进行引导。

3. 鼓励幼儿通过多种感官和动作进行探究　支持、引导幼儿通过多种感官和动作探究周围的事物,皮亚杰曾指出:"幼儿必须通过自身活动去发现、认识客观世界,不断构建、完善自己的认知模式。"观察事物时,要充分运用多种器官去感知事物各方面的特征,让幼儿用看一看、听一听、摸一摸、闻一闻等来认识周围的事物。

4. 结合具体情景和实际事物帮助幼儿建立联系　在积累经验、获取知识的过程中,要结合具体情景和实际事物帮助幼儿建立事物之间的联系。如折纸时,引导幼儿关注纸张形状的变化,感受几何图形的组合与分解,将一张正方形纸一边对折就变成两个长方形,对角对折就变成两个三角形等。

(二) 要特别关注之处

1. 幼儿爱拆东西怎么办　幼儿爱拆东西表明他们有着强烈的好奇心,旺盛的求知欲,他们常常接触到新奇的东西,表达自己想探究的愿望,是创造性的萌芽。①一定要理解幼儿的天性,不要大惊小怪、横加指责或打骂。②成人可以抓住这个机会与幼儿一起来拆拆看看,引导幼儿观察被拆的玩具,让幼儿通过实际操作来探究,获取感性认识,积累经验。同时,亲子合作加深了感情交流。③成人选择适宜的玩具给幼儿,有的玩具拆了可能就坏了,而有的玩具适合拆卸和重新组装,也可以利用家中废弃的钟表、玩具等物来进行拆卸,以满足他的好奇、求知、探索的欲望。

2. 如何看待幼儿的"谎言"　3～4岁幼儿的"谎言"往往都是无意说谎,大部分来之于幼儿内心的想象、愿望,是心理不成熟的表现。由于幼儿记忆的准确性差,容易把现实和想象混淆,有时会用自己虚构的内容来补充记忆中的残缺部分,或者夸大事实,会出现语言的表述与实际情况不符合的情况,这是幼儿心理发展过程中的正常现象。成人不必大惊小怪,正确对待这种现象,耐心地帮助幼儿把记忆材料与想象的东西区分开,提高幼儿的记忆力、辨别力、分析能力。

3. 适合3～4岁的幼儿的玩具有哪些　"娃娃家"的玩具、蒙氏感统训练的玩具、拼图玩具、交通工具玩具、拼插玩具、中小型的积木等发展幼儿感知觉。电动汽车、飞机等电动系列玩具,三轮车、大小皮球、沙滩系列玩具等发展和促进幼儿的动作。

(三) 教养具体方案

1. 发展听觉分辨力,培养注意力
游戏名称:辨别声音
游戏方法:成人在厨房做饭的时候,客厅里可让幼儿仔细听听厨房里的声音,如水声、切菜声……让他猜猜在干什么,还可带幼儿去验证声音来源。
分析:教育融入生活,利用厨房做饭时发出的一些声音,激发幼儿对声音的兴趣,通过辨别声音来发展幼儿的听力,同时培养幼儿的注意力。

2. 认识颜色,培养观察力
游戏名称:什么颜色
游戏方法:买菜过程中,买不同颜色的水果和蔬菜,如黄色的香蕉、红色的西红柿、绿色的辣椒……让幼儿指认、学习不同的颜色。
分析:结合日常生活,通过买菜的过程,使幼儿学会识别颜色,提高观察能力。还可以增加同色的配对游戏等,增加游戏的趣味性,同时,游戏时注意语言交流的有效性。

3. 认识图形,发展操作能力

活动名称:圆贴贴

活动目标:认识圆形,运用圆形创作造型,发展想象力及操作能力。

活动准备:不同大小的圆,圆形贴纸,蜡笔,磁铁等。

活动过程:

1. 展示图片,引起兴趣,引导幼儿观察。生活中有很多圆形,在哪里呢?大家来找一找。如"圆圆的气球"、"家中桌子上的闹钟"、"汽车的车轮"……生活中有很多很多的圆形。

2. 发挥想象,创意拼图:一起来利用手中的圆形色纸拼拼贴贴,开动大脑来看看可以拼贴出什么造型。教师启发引导,发挥幼儿的想象力。

3. 鼓励说一说,讲一讲:完成作品后请幼儿欣赏作品,鼓励幼儿说一说自己用圆形拼贴出了什么。

4. 涂一涂,画一画,让幼儿给圆形涂上自己喜欢的颜色。

5. 引导幼儿观察周围环境,想一想、说一说,生活中还有哪些东西是圆的。

分析:由幼儿熟悉的生活中的事物引入,激发幼儿认识圆形的兴趣,然后,让幼儿亲自动手操作,运用圆形进行创意,发展想象力及操作能力。最后,结合日常生活引导幼儿观察,发展幼儿的认知能力。

三、促进语言发展的教养指导

(一) 教养指导要点和策略

1. 创设语言环境,为幼儿提供说话机会　创设良好的语言交往环境,锻炼 3～4 岁幼儿语言能力的发展。陈鹤琴先生曾说:"注意环境,利用环境,环境是最好的教具。"创设一种幼儿敢说、想说、喜欢说的语言环境,如在各种区域游戏"娃娃家"等中,鼓励幼儿互相交流。成人带幼儿外出时,和他讨论看到的、听到的事,多给幼儿提供一些倾听和交谈的机会。

2. 帮助扩大眼界,增加幼儿的词汇储备　由于幼儿生活范围狭小,生活内容单调,组织丰富多样的生活帮助幼儿扩大眼界,增长词汇非常必要。成人带着幼儿走出幼儿园,走向社会,扩大幼儿的生活范围,开阔幼儿的眼界。成人可以一方面引导幼儿观看,一方面让幼儿把所见所闻用自己的语言表达出来。

3. 学会正确发音,促进幼儿语言表达能力　3～4 岁幼儿,发音器官尚未完善,常会发音不准,吐字不清,因此,教会幼儿正确发音是最基本的训练,注重培养幼儿听音、辨音和准确发音的能力,用完整的话说出自己的请求和需要等。成人可以通过看图说话,运用一些简单易懂的、幼儿感兴趣的图画,让幼儿把自己对图画内容认识讲出来,鼓励幼儿说话完整。

4. 注重成人语言规范的榜样作用　幼儿喜欢模仿周围人的语言,成人良好的示范榜样对幼儿潜移默化的影响是十分深远的。成人不要讥笑和重复幼儿错误的发音和语句,要有意识地引导幼儿模仿自己的规范语言,纠正错误。

5. 分享式阅读培养　分享式阅读能更好地激发幼儿对阅读的兴趣,幼儿非常喜欢成人为他阅读自己感兴趣的内容,陪伴幼儿进行分享式阅读是十分必要的。选择适合分享式阅读的图书,需要与幼儿的认知、言语发展水平相适应,贴近他们的生活和兴趣点,并能激发幼儿阅读兴趣的图书。分享阅读的方式可以是选择幼儿感兴趣的页面进行重点阅读,而不需要逐字逐句的读。

(二) 需要特别关注之处

如何为 3～4 岁幼儿选择书籍?3～4 岁幼儿很喜欢听故事,对书和阅读充满了好奇心,选择书籍时:①要与幼儿生活经验相关的主题,故事情节幼儿能够理解,故事是幼儿感兴趣的,能抓住幼儿注意力;随着年龄的增长可以增加故事情节稍微复杂的阅读内容。②可以选择图画色彩丰富、内容有趣,富于创意,并能发挥创造力和想象力。③选择书籍的题材可以多样化,童话故事、儿歌、童谣等,可通过有关植物、动物、亲情、友情等,帮助幼儿获得多元的知识和文化。

（三）教养具体方案

1. 学习用量词组词和即兴说话

游戏名称：咕噜

游戏方法：成人与幼儿面对面站立，每人双手握拳，两拳交错边绕圈边念："咕噜咕噜一（念到一出示一个手指）。"立即组词，成人说："一匹马。"游戏继续，再绕圈并念："咕噜咕噜二（念到二出示两个手指）。"幼儿说："两辆车。"依次说数字组词到十，游戏结束。

分析：通过游戏的方式让幼儿学会正确运用生活中常见的各种量词，游戏增加了学习的趣味性。同时，即兴说话的方式锻炼了幼儿思维的准确性和敏捷性，成人与幼儿一起游戏带给幼儿愉悦的情绪体验。

2. 练习运用形容词和方位词

游戏名称：捉迷藏

游戏方法：准备数张动物卡片，幼儿先认识这些小动物，并在名称的前面加上一个形容词，如大公鸡、花猫……然后，让幼儿闭上眼睛，成人把动物卡片快速藏起来，接着，让幼儿去找，找到的同时要用完整的句子表述动物在哪里，如"大公鸡在杯子里"等。

分析：捉迷藏的游戏是幼儿喜爱的，在游戏中加入形容词和方位词的学习，使幼儿的学习兴趣更浓厚，学习的动力更强，取得很好的语言学习的效果。

3. 学习儿歌，丰富词汇

小班语言：儿歌《手指头变魔术》

活动目标：学习儿歌，理解儿歌内容，丰富词汇，并鼓励幼儿根据儿歌大胆用手指头变魔术。

活动准备：动物头饰、词卡等。

活动过程：

1. 谈话导入，引起兴趣：老师提问导入，我们的小手可以干什么呀？小手有很多用处，而小手还有一个用处，可以变魔术，激发幼儿兴趣。

2. 师幼一起手指变魔术：老师伸出一个手指问，想一想一个手指可以变什么？——老师用一个手指做毛毛虫的动作，然后出示词卡。接着，提问"二、三、四、五"个手指又可以变成什么？（小白兔、小花猫、螃蟹走、小鸟飞），然后分别出示词卡。老师变完魔术，让小朋友一起来手指变魔术——手指真棒，都会变魔术。

3. 边念儿歌，边玩手指游戏：老师先念儿歌让幼儿听，然后，跟着老师一起念儿歌。接着，边念儿歌，边玩手指游戏。

4. 表演游戏：老师请幼儿戴上头饰边表演边念儿歌。

分析：活动利用游戏的方式来学习儿歌，理解儿歌内容，先进行手指游戏调动幼儿的积极性，激发学习兴趣。然后，进行表演游戏，通过角色对话、动作、语调等手段，创造性地进行手指游戏的表演，在幼儿游戏的同时丰富了词汇量，进而发展幼儿的语言能力。

四、促进情绪发展的教养指导

（一）教养指导要点和策略

1. 理解和接纳幼儿的情绪　3～4岁幼儿容易冲动，情绪不稳定，情绪控制能力较弱，情绪波动起伏较大，家长或者教师需要保持冷静，耐心倾听，理解和接纳幼儿的情绪。当幼儿出现哭闹、害怕、紧张等负面情绪时，成人要合理应对，因势利导，利用时机给幼儿提供一个实际面对和处理负面情绪的机会。

2. 帮助幼儿了解情绪，鼓励其恰当表达　利用生活情境，帮助幼儿去了解自己的情绪感受，能识别出自己的情绪，并了解情绪产生的原因是什么。如当看到幼儿伤心流泪时，可以问道"看你哭得这么伤心，一定很难过。今天是不是发生什么事了"。通过言语反映幼儿的情绪，帮助幼儿了解自己的情绪。同时，鼓励幼儿讲讲他们的情绪,交谈他们的感受,让幼儿学会把自己的情绪感受告诉别人。在日常生活中,可与幼儿谈论一些有关基本情绪及其产生原因的话题,帮助幼儿恰当地表达和调控情绪。

3. 设立行为规范,帮助幼儿学会控制情绪 无论在幼儿园还是家里,家长或教师应与幼儿共同设定一些规范,面对幼儿的各种需要,成人要对其客观分析,满足其合理需要,拒绝不合理要求。让幼儿既有需要得到满足的体验,又有需要得不到满足的体验,逐步培养他们遵守规范和控制情绪的能力。当成人发现幼儿不高兴时,及时主动地询问情况,不要置之不理,建议幼儿去看看动画片或玩玩喜欢的游戏等,运用转移注意力、开展运动及绘画游戏等方式来疏导、缓解幼儿的消极情绪,帮助幼儿学会控制和调控情绪。

(二) 需要特别关注之处

1. 幼儿入园哭闹怎么办 幼儿刚进入幼儿园,产生哭闹现象是正常的,也就是"分离焦虑"。分离焦虑通常的表现有焦虑、不吃不喝、想家、发脾气等,这其中需要一个适应新环境的过程。①减少幼儿园和家庭环境的差别,家长在幼儿上幼儿园之前适当改变家庭的生活状态,以便帮助幼儿减少适应幼儿园的难度。②教师通过游戏、故事、儿歌等形式,转移幼儿的注意力,吸引幼儿参与到活动之中。③可以让幼儿从家中带一个非常熟悉的物品到幼儿园,缓解这种陌生环境的焦虑感。总之,需要教师和家长互相协调,家园共育,使幼儿健康成长。

2. 幼儿爱发脾气怎么办 先要对幼儿有耐心,让幼儿冷静下来,找出幼儿发脾气的原因,针对性地解决问题。如果发现是无理取闹时,可以用冷处理让幼儿学会自我控制,等待他自然恢复平静后再和他谈,久而久之,幼儿就知道发脾气的方法没有效果了。之后,家长或教师要耐心教导,帮助幼儿学会自我控制情绪。

3. 幼儿怕黑暗怎么办 怕黑暗是幼儿普遍存在的问题,很多幼儿 3～4 岁时都害怕黑暗,不敢到比较黑暗的地方去,不敢在黑暗中入睡。针对幼儿怕黑暗的问题,成人切勿责备、嘲笑或愚弄幼儿,不要说幼儿是"胆小鬼"之类的话。先要弄清楚具体原因,然后帮助他克服。如果幼儿怕黑暗,可以多搂抱爱抚他,或者放一个玩具在他旁边陪伴他睡等。同时,成人创造条件有意识地锻炼幼儿,培养幼儿的信心,增强其安全感。

(三) 教养具体方案

1. 正确认知自己的情绪,学习用语言表达情绪感受

游戏名称: 表情娃娃

游戏目的: 认识高兴、生气、伤心 3 种表情,学习用语言表达情绪感受。

游戏过程: 成人作出高兴、生气、伤心 3 种表情,先让幼儿熟悉表情。然后,准备好表情娃娃,放在 3 个盒子里。让幼儿猜盒子里放的是哪种表情娃娃,猜对了,成人作相应表情,并说出一件这种表情的事情。猜错了,幼儿作相应表情,并说出一件这种表情的事情。

分析: 通过游戏使幼儿了解人的 3 种基本情绪,认识了高兴、生气、伤心的表情。并且,游戏中通过让说出与表情相应的事情,能根据生活经验来感受体验高兴、生气、伤心,使教育的效果更具有有效性。

2. 了解负面情绪,学会战胜害怕

活动名称: 我好害怕

活动目的: 学会用语言表达害怕的情绪感受,能够想办法消除害怕的心理,学会战胜害怕。

活动准备: 绘本《我好害怕》,情景画。

活动过程:

1. 借助绘本,引出害怕

(1) 教师展示小熊害怕的图片,让幼儿观察,看看小熊脸上是什么表情? 猜猜小熊可能遇到了谁? 可能发生了什么事情?（幼儿进行猜测）

(2) 展示黑夜的图片,播放狗的叫声,并提问:这是什么时候? 听,这是什么声音?（幼儿回答）

(3) 小熊为什么害怕?（天黑了,遇到恶狠狠的狗了……小熊会害怕）

2．展示情景画，了解生活中的害怕

（1）教师播放事前准备好的情境画，与幼儿一起观察，如果有你画的害怕的场景或动物拿过来，跟我们一起说一说。

（2）提问：你害怕的是什么？为什么会害怕？害怕的时候你心里是什么感觉呢？幼儿回答，教师进行总结。

3．展开讨论，找出克服害怕的方法　观看图片，并讨论：怎样才能让我们不害怕呢？与幼儿一起找出克服害怕的方法。幼儿展开讨论，教师进行总结。

4．一起帮小熊克服害怕

（1）你们想出了很多克服害怕的办法，那我们一起来帮助小熊想到了什么好的办法帮助它也克服害怕。（幼儿讨论）

（2）展示小熊开心的表情图片，并提问：现在小熊脸上是什么表情呀？为什么？

分析：在日常生活中，每个人都会受到一些如生气、难过和害怕等负面情绪的困扰。3～4岁幼儿往往不会向成人正确表达自己的情绪感受，不能很好地自我化解。活动中借助于绘本《我好害怕》小熊的角色，并结合幼儿的生活经验，让幼儿说出害怕的感觉，了解到每个人都会有害怕，并进一步讨论如何才能克服害怕。最后，与幼儿一起想出多种克服害怕的方法，帮助幼儿学会正确对待负面情绪，让幼儿体验到"我不害怕"的成功和快乐。

五、促进社会性与个性发展的教养指导

（一）教养指导要点和策略

1. 提供机会增强自尊心和自信心　注重幼儿自尊心、自信心的培养将是幼儿社会性培养的一项重要教育目标。幼儿喜欢参与各种活动，希望别人能注意自己，希望得到别人的夸奖。成人要给予幼儿支持性关注，关注幼儿的成长，关注幼儿的活动和表现，善于发现其优点，多给予肯定。成人应允许幼儿犯错误，当幼儿犯了错误时，要找出原因，耐心教育。同时，要对幼儿提出恰当的要求，并为他们提供展示才能的机会，使幼儿从中体验到成功的喜悦。

2. 创设环境培养社会交往能力　引导幼儿参加各种集体活动，体验与教师、同伴等共同生活的乐趣，学习初步的人际交往技能，鼓励与人友好相处。例如，通过表演游戏学习合作交往，交换自带玩具巩固幼儿的良好行为等，通过多样的共同活动、游戏等，有意识地为幼儿创造广泛合作交往的环境，提供积极表达交往意愿的机会，让幼儿感受到同伴间友好合作的愉快。另外，在提高交往能力的同时，帮助幼儿学会分享物品与角色，恰当表达自己的愿望，能与同伴共同分享等。

3. 加强教育指导促进自我调控　3～4岁幼儿自我控制能力差，易受外界刺激的影响，需要培养他们的自我控制能力。与幼儿一起制订明确的规则，限制不能接受的行为，采取措施鼓励幼儿坚持完成安排的活动，以及建立科学合理的生活制度，并在日常生活中认真贯彻执行，帮助幼儿生活有规律并且有乐趣，这些都可提高幼儿控制自身行为的能力。此外，还可以示范自我控制的言语："我感到很难过，但我不发脾气"、"深呼吸一下"等。

4. 正确认识自我学习自我评价　3～4岁幼儿还不会独立地进行自我评价，常常依赖于成人对他们的评价，他们往往不加考虑地相信成人对自己的评价，自我评价只是成人评价的简单重复。幼儿说自己是好孩子，是因为"老师说我是好孩子"；说自己不是乖宝宝，是因为"老师经常批评我"。由此，成人要时刻关注幼儿的行为表现，帮助对幼儿产生积极的正面评价，初步学会自我评价，避免产生消极评价，提高幼儿自我评价的能力。

（二）需要特别关注之处

1. 如何应对幼儿的第一反抗期　3～4岁的幼儿特别任性、固执、好强，经常和父母顶嘴、说反话、发脾气。这个反抗期是儿童心理发展的一个必经阶段，心理学上称为第一反抗期。第一反抗期是幼儿心理发展

出现独立性的萌芽,幼儿自我意识迅速成长的表现。不同的孩子在反抗表现中各有程度上的差别。

(1) 成人要正确理解幼儿在第一反抗期的种种表现,尊重幼儿的合理主张,如幼儿"自己拿"、"自己吃"、"自己穿"等,尽管他们还不熟练,成人应该让幼儿自己去做,并且给予适当的帮助和鼓励。

(2) 对于有些危险性的动作或者行为,可以采取转移注意力,善于诱导或让幼儿去做其他事情,不要用"不许那样"之类命令式的口气。

(3) 对于幼儿的要求要态度明确,是非分明。对于合理的要求,成人尽量地鼓励与支持,同时对于不合理的要求,一定不能听之任之或百依百顺,有时可用冷处理的方法来终止幼儿的不合理要求,否则,就会养成幼儿任性、骄横的性格。

2. 如何对幼儿进行性教育 幼儿在成长发育过程中,会产生"我是从哪里来的"之类的问题,也会发现异性器官不一样,并会产生困惑,这是很正常的。这就需要成人对幼儿早期的性意识进行引导,培养其正确而恰当的性别同一感。

在日常生活中家长或老师让幼儿进入正常的性别角色,教会幼儿逐渐认识自己身体的各个部分及其简单功能,教导幼儿保护自己,重视幼儿的心理健康教育和卫生常识教育,帮助他们积极向上地成长。

对于幼儿提出的问题或产生的困惑,家长或老师不应该回避,而应该给以必要的解答,不必答非所问,或遮遮掩掩等。例如,对于生殖器官可以解释,就像我们身上的手和脚一样,只是人的普通器官,以用幼儿更能接受的方式来回答,不用讲过多的科学道理。如果有幼儿会玩自己的生殖器,觉得很好玩,这时家长或老师应该组织有趣的游戏、好看的图书等,转移幼儿的注意力,并告诉幼儿那是小便的地方,摸弄它是要生病的,而不是简单训斥。成人的回答应平静、坦诚、自然,不要给幼儿造成心理压力,以免导致不正常的性神秘感和不正常的羞耻心。

(三) 教养具体方案

1. 练习简单社交礼仪,增加社会交往意识

游戏名称: 找朋友

游戏方法: 大家围坐在一起,幼儿边走边拍手念儿歌:"拍拍手,向前走,向前走,找朋友,找到朋友握握手。"念完,幼儿握住某人的手说:"我和你是好朋友!"成人就跟幼儿一起说:"好朋友,好朋友,握握手来点点头!"边说边做动作。接着,幼儿再重复念儿歌,找其他人做朋友。

分析: 结合幼儿的年龄特点,通过游戏的方式,学习朋友见面的"握手"、"点头"等简单社交礼仪,简单的游戏中增加了幼儿的学习兴趣,同时在日常生活情境中要巩固运用。

2. 学会分享,培养亲社会行为

活动名称: 一起来分享

活动目的: 了解分享的好处,学习如何与人分享,乐于与人分享。

活动准备: 水果盘、水果、小叉子、幼儿情景录像等。

活动过程:

1. 谈话导入:在幼儿园里你们都有朋友吗? 你的好朋友是谁呢? 那让我们玩一个找朋友的游戏?

2. "找朋友"游戏,感受分享:教师先示范一遍"找朋友"游戏。然后,随着音乐,教师与幼儿一起找朋友。小朋友们都非常开心,感受分享的快乐。

3. 播放情景录像:教师提问,还有什么事,小朋友可以一起做? 幼儿自由回答。(依次播放幼儿在一起玩的录像,请幼儿进一步认识可以分享的事物)

4. 分享水果,体会分享乐趣:幼儿分组坐在几张桌子旁,每个桌子上放一种切好的水果,让幼儿品尝。然后,启发引导幼儿把水果放在一起共同分享。

5. 活动延伸:鼓励在日常活动中多与小朋友一起玩,体验分享的快乐,乐于与人分享。

分析: 3~4岁的幼儿常以自我为中心,同伴之间交流的能力还缺乏,活动中通过"找朋友"游戏,观看情景录像,共同分享水果等活动,让幼儿通过了解分享,感受分享,实现分享,使幼儿能与人和睦相处、能与人分享,培养幼儿的亲社会行为。最后,鼓励幼儿在日常生活中多与人分享,体验分享的快乐。

第三节 促进4～5岁婴幼儿心理健康的指导方案

一、4～5岁婴幼儿心理发展特点概述

（一）认知发展的特点

1. 感知觉的发展 视觉发展方面,幼儿在4岁开始,区别各种色调细微差别的能力逐渐发展,开始认识一些混合色,能够将颜色与其名称联系起来。知觉发展方面,4岁幼儿具备准确掌握前后方位的能力,同时开始发展起时间概念,但很不准确,由于时间无法直接感知,所以需要借助与直接反映时间流程的媒介物才能认识它,如早晨起床、晚上睡觉。

2. 注意的发展 4～5岁的幼儿仍以无意注意为主,但由于认识的兴趣扩大,好奇心强,注意的范围也逐渐扩大,对他们感兴趣的活动能够较长时间保持注意,而且程度很高,被一件事情吸引时甚至对别的都置若罔闻。

3. 记忆的发展 4～5岁幼儿开始发展有意记忆,并且记忆和回忆能力良好,可再现几个月前的事情;可以开始用如复述、联想、组织等帮助记忆的方法,如在记忆过程中能够自动把没有规律的材料按类别整理,能把识记的零乱材料条理化,记忆恢复时按类别说出。

4. 思维的发展 具体形象思维阶段是4～5岁幼儿所特有的,即依靠事物的形象或表象,思维主要直接受所知觉的事物的显著特征所影响。如他们会认为染着白色头发的人一定是老年人。这时期儿童思维的另一特征是"自我中心",即看待事物是从自己的角度出发,他们不清楚事物之间的联系是具有一定根据的,而凭自己的意愿将两件毫不相干的事物或现象任意联系在一起,并且以为别人的感受和想法跟自己一样。

5. 想象的发展 4～5岁幼儿的想象仍以无意想象为主,但开始出现有意成分,表现在行动之前能够说出想做什么,行动能够按目的和计划进行。比如绘画,画前能够说出想画什么,而所画的图像基本上符合自己原先所说的。

（二）语言发展的特点

1. 语音逐渐发展成熟,语法结构开始掌握复合句 4～5岁时,幼儿对语音的意识也明显发展起来,他们开始自觉地、有意识地对待发音。他们喜欢纠正、评价别人的发音,并且特别专注自己的发音。另外,在使用简单语句的基础上,4～5岁幼儿语言逐渐连贯起来,复杂句的数量有所提高。他们能理解一些简单的复杂句,如并列复句。但是,对一些结构复杂的句子,如被动语态、双重否定句等则不能很好理解。

2. 词义的理解逐渐确切,交流能力逐渐发展 4岁左右是幼儿词汇量飞跃发展时期,词汇的数量和种类也在迅速增加。在本阶段大量获得具体物体和动作的语言概念的基础上,形成了一定的归纳抽象的能力。同时4～5岁幼儿能够主动、独立、大胆地讲述故事和各种事情,初步学会了有效交流的基本规则之一,即必须使自己的话语适应听者的水平。幼儿能在说者话语的字面意义提供线索很少的情况下,也能推测出说者的意图。同时4～5岁是幼儿内部语言发展的重要时期,他们在游戏中在遇到困难和疑惑时,常出现自言自语。

（三）情绪发展的特点

1. 情绪控制呈现主动性、稳定性及内隐性的特点 4～5岁幼儿对自己情绪的控制逐渐学会控制情绪冲动,逐渐由被动变为主动。同时幼儿对情绪的自我调节能力逐渐加强,情绪稳定性逐渐提高,行为受情绪支配的比例逐渐下降。另外,4～5岁幼儿逐渐能用口头语言、面部表情和肢体动作来表达内心丰富的情绪情感,以调节自己的情绪及其外部表现。例如:有的幼儿在幼儿园遇到不顺心的事情,他们会极力控制掩饰自己的情感,等到回家后见到亲人才表达他们的不满。

Children

2. 情绪理解能力进一步发展 首先,表现在共情能力的迅速发展。4～5岁的幼儿能对他人的情感产生共鸣,能将自己置身于他人处境,设身处地为他人着想,接受他人的情感,已具有较强的共情能力。第二,幼儿的情绪理解开始依存于所习得的社会知识。即更倾向于根据已有的社会知识对他人的情绪做出推测并做出相应的行为反应。第三,开始理解信念和情绪的关系,具体表现为能正确地判断许多基本情绪反应产生的原因。例如,"小红很高兴,因为今天她爸爸出差回来给她买了礼物。"第四,情绪理解表现出单中心性。4～5岁幼儿对别人情绪的理解较有限,往往根据别人的面部表情、外部行为认知别人的情绪,而对成人一些复杂的内心体验和表面上相互矛盾的情绪线索则难以理解。

3. 能够采用一定的策略进行情绪调控 随着幼儿自我意识的萌芽,4～5岁的幼儿愿意通过自己的行为来解决问题,去尝试自己想出种种解决问题的办法:①采用替代活动调节情绪。当要求暂时得不到满足、面临恐惧等消极情境时,4～5岁幼儿会更多地采用替代活动的方式,通过主动地投入其他活动来调节自己的情绪,如玩其他游戏、唱歌、想其他有趣的事等。②通过口语表达调控情绪。例如,小红看电视节目时看到一个恐怖镜头,她马上对弟弟说:"快把眼睛闭上,把耳朵堵上。"③通过自我安慰缓解情绪。例如,当小红在幼儿园焦急地等待妈妈的时候,她会对自己说:"妈妈很快就会来的。"以此缓解焦虑的情绪。

4. 进一步发展道德感和义务感 随着逐渐掌握一些概括化的道德标准,4～5岁幼儿的道德感便开始逐步发展,而且很关心别人的行为是否符合道德规范,并产生相应的情感。因此,这一阶段的幼儿经常会出现告状的行为。

(四) 个性及社会性发展的特点

1. 个性倾向性——自我中心,开始建立主动性 4～5岁幼儿继续保持以自我为中心,但同时是建立主动性的时期。如果父母鼓励孩子的独创性行为和想象,积极支持儿童的游戏和智力活动,就有助于儿童建立起健康的独创性意识和想象力,自信并具有主动性。

2. 自我概念发展——建立自尊感 4岁左右的儿童已经建立起有意义的自尊感,例如评价"我是个好(坏)孩子"时便会产生积极(或消极)的感受。

3. 性别意识——意识到性别差异 幼儿4岁开始,意识到性别的差异,更懂自己的性别身份,意识到同性别应有的活动方式、认同同性别家长。同时,对异性家长产生性好奇,如对异性家长身体、衣物、如厕方式感兴趣并有相应的好奇行为。

4. 同伴关系发展显著 4～5岁幼儿在游戏中开始逐渐结成同龄人的伙伴关系,他们不再总是跟着成人。他们用更多的时间和其他小朋友相处、一同游戏,只有遇到困难时求助于成人。

二、促进认知发展的教养指导

(一) 教养指导要点

1. 鼓励幼儿通过比较,探索事物的异同 比较是思维发展的基本过程。人对事物的认识常是通过比较来实现的,幼儿通过比较事物,在探索事物异同的过程中能够更好地理解事物与事物之间的关系。①在生活中多为幼儿提供操作比较的机会,如幼儿的玩具、生活用具、自然现象等,积极让幼儿动手摆弄,促进幼儿思维的发展。②进行思维方法的训练。如幼儿在接触事物时,首先要引导他看清"是什么",再要求幼儿将其与类似东西作比较,问幼儿"它们有没有相同的地方""它们有些什么不同",让幼儿比较事物的异同之处。③提供第三种物体,进行三方比较。在幼儿比较两种物体时,可以适时加入第三种物体,这样做有时会有助于幼儿确定两种物体之间的相似点和不同处。

2. 注意培养幼儿的记忆力 4～5岁是幼儿记忆发展的关键期,成人应注意培养其记忆的敏捷性、正确性、持久性和储备性。①发展幼儿有意记忆能力。通过游戏活动形式让幼儿明确记忆的目的、任务,向幼儿提出一定的记忆要求,让幼儿能完成识记任务。②利用幼儿的无意记忆,提高无意记忆效果。通过提供生动直观、具体形象的事物以及能引起幼儿极大兴趣的事物,发展幼儿无意识记忆的能力。③尽量在记忆过程中调动幼儿的各种感官,同时教给幼儿正确有效的记忆方法。例如,归纳记忆法、歌诀记忆法,自我复述法等。④对于记忆的内容让幼儿养成及时复习的习惯,巩固记忆内容。

(二)需要特别关注处

1. 当幼儿发出千奇百怪的问题时,如何应对　孩子发现问题、提出问题、寻求问题的过程,这是孩子探求未知、开启智慧、认识周围世界的必经之路。对于孩子千奇百怪的问题,可以采取以下措施:①以认真的态度对待孩子的问题。同时肯定他爱动脑、好提问的积极性,并用孩子能理解的话回答。②弄清孩子想知道什么,并和孩子一起寻求答案。孩子常常没有能力提出一个完整确切的问题,所以有时候成人的答案并不能令孩子满意。为了避免这种情况,在回答之前,成人可以先反问孩子一个问题:"宝贝,你是怎么想的呢?"弄清孩子想要知道的问题后再带着疑问与孩子一起进行探索,不但能使孩子获得提问和解疑的乐趣与能力,还能进一步激发孩子的求知欲。③妥善处理难回答的问题。当有些问题一时无法向孩子讲述清楚或无法回答时,老师或家长可以肯定地告诉孩子:"这个问题你问的很好。不过现在你还小,等你长大了,学会了许多本领,自己看书,就会找到答案了。"这样,既维护了孩子的积极性,又激发了他对提问的兴趣。

2. 如何为4～5岁幼儿提供适宜的玩具　①各种球类,如羽毛球、乒乓球、毽子、跳绳、自行车等,以发展小肌肉系统、完善各种动作的协调性、准确性和灵活性的玩具。②玩娃娃家的各种用具,如小锅、小碗、小家具、木工玩具;各种交通和运输工具,如大卡车、消防车、警车等;各种组装玩具,如积木,建筑模型,七巧板等;各种棋类,如跳棋、五子棋等。能够丰富幼儿生活经验、培养各种技巧、发展幼儿智力的玩具。③计算器、学习机、电脑、遥控汽车、电子积木等,以激发幼儿数学兴趣和科学爱好的玩具。④电子琴、铃鼓、木琴等,以培养兴趣、陶冶性情、发展审美能力的玩具。

(三)教养具体方案

1. 运用多种感官感知事物的特征,并能运用多种方法尝试探索事物的特征

活动名称:热水与冷水的秘密

活动目标:

1. 知道使热水变凉的一些简单方法。

2. 通过观察与尝试,感知到热水与冷水的不同,明白热水的溶解能力比冷水强。

活动准备:每组两个透明杯子,一个装冷水、一个装热水;装热水的杯子若干,装水的大容器一个、空杯子若干、冰块若干;两个大一点的透明杯子,一个装冷水、一个装热水,两包奶粉。

活动过程:

1. 感知热水、冷水的区别。引导语:你们的桌子上放了两杯水,哪杯是热水? 你是怎么发现的?(看到:热水冒热气、杯子上有小水珠;摸到:一杯烫烫的、一杯凉凉的)

2. 探索使热水变凉的方法

(1)引导语:口渴了,想喝水,我们喝热水? 冷水?(我们喝温水)那么,你知道有什么好办法可以让热水很快变凉,变成温水呢?(交流原有知识经验)

(2)教师操作并补充简单的方法:①放通风口;②热水里放冰块;③热水分装几个杯子;④热水连同杯子放进装冷水的容器内。教师让幼儿尝试感知哪种方法可以更快让热水变凉。

3. 通过实验,探索奶粉在热水、冷水中的溶解情况。

(1)引导语:现在老师要泡杯奶粉,要用什么水好呢? 这是为什么呢?

(2)小实验——热水、冷水泡奶粉。引导幼儿观察用热水、用冷水泡的两杯奶粉,讨论现象:在热水里奶粉泡得开、溶化了(溶解了);在冷水里奶粉泡不开,很难熔化(溶解)。

4. 活动小结及延伸:①幼儿交流自己在活动中学到的知识,教师总结。②延伸:将水的秘密放于区角活动中,让幼儿进一步探索有关水的其他秘密。(改编自百度文库:《中班科学活动——热水的秘密》)

分析:本活动首先通过让幼儿运用感官感知热水与冷水的不同,总结热水与冷水的特点,接着设置任务,让幼儿通过探索尝试各种方法使热水变冷,最后让幼儿观察奶粉在热水和冷水中的溶解状况的不同,进一步发现热水的溶解特点。整个活动的环节与认知任务的层层递进,符合4～5岁幼儿具体形象认知思维的特点,即通过观察比较热水与冷水所表现出来的具体不同现象获得有关热水的特点。

2. 认识生活中常见事物的颜色,初步总结常见事物的特征

亲子游戏: 我在想

目标:

1. 能够将颜色与相应名称联系起来。

2. 能掌握生活中常见事物的颜色。

准备: 各种颜色的卡纸(7种:红、橙、黄、绿、青、蓝、紫各1张,正面为7种颜色之一,背面均为白色)

玩法:

1. 回顾各种颜色及其名称——游戏"看谁先说出"。

(1)家长拿出各种颜色的卡纸与幼儿一起回顾各种颜色及其名称,速度慢一些,确保幼儿掌握每一种颜色的名称。

(2)游戏"看谁先说出":家长与幼儿说好规则,把所有的颜色卡片均翻到背面白色一面,然后随意翻出一张,两人比赛谁先说出正确颜色。可以以计分的形式记录输赢。

2. 认识生活中常见事物颜色。家长与幼儿一起回忆生活中常见事物的颜色,比如香蕉是黄色的,苹果是红色的;草是绿色的;经常坐的公交车是蓝色的等。

3. 游戏"我在想"。家长对幼儿说:"我在想一种绿色的东西,你猜会是什么呀?"然后,让幼儿猜绿色的东西的名称,直到猜对为止。游戏玩过几遍后,可以让幼儿说,家长来猜。

分析: 本游戏一方面巩固幼儿对颜色的认知,尤其是颜色与相应名称的配对,另一方面也锻炼幼儿总结归纳事物特征的能力,并且通过尝试回忆生活中的事物,锻炼了幼儿的记忆能力。最后,本游戏实施起来非常简易,随时随地都可以进行。

三、促进语言发展的教养指导

(一)教养指导要点

1. 注重早期阅读的指导 ①注重开展亲子阅读,进行阅读分享活动。在与幼儿共读的过程中,成人可以通过设置问题的形式帮助幼儿理解故事,同时有意识地将书面文字与口头语言进行对应,可以适当做认读文字的初步尝试。②为幼儿创造一个良好的阅读环境。首先,应给幼儿提供充足的、适合年龄特点的书籍、图画书,并适时进行调整和更换。其次,保证幼儿每天的自由阅读时间。只有时常进行阅读,才会利于幼儿养成良好的阅读习惯和阅读兴趣。另外,还应注意为幼儿营造愉快、宽松、充满阅读气氛的精神环境。

2. 在游戏与阅读中开展书面语言的教育 幼儿书面语言的学习主要包括识字学习和阅读学习。幼儿的认字必须注意在游戏活动中进行,在操作摆弄中进行,在阅读中进行。阅读中的认字强调先读再认,强调在理解阅读内容,学会用口语清楚表达的基础上,感知、认识阅读材料中一些规范的书面符号(字、词),并理解它们所表达的意义。

(二)需要特别关注之处

1. 4～5岁的孩子自言自语是否正常 4～5岁的幼儿经常会进行自言自语,属于正常现象。根据幼儿语言发展的特点,幼儿期语言正处在从外部语言向内部语言过渡的阶段,而自言自语正是这个阶段的一种过渡形式。儿童的自言自语能够帮助儿童调节自身的行为,掌握新的技能,通过努力渡过前所未遇的难关。幼儿自言自语有以下内容。①问题语言:成人在辅导儿童解决难题时,可以用语言提供指示和对策。在大人不在场的情境下,儿童则可以随之模仿大人的语气,将这类谈话中的言语运用到自言自语中去,依靠自言自语来引导自身行为。②游戏语言:孩子在游戏活动中,常常会伴随着游戏动作自言自语。这时候孩子还沉浸在具体的游戏活动情境中,与自我想象中的对方无拘无束地畅快交谈,通过自言自语表达了自己的情感。

2. 如何看待4～5岁的孩子学外语 很多家长会让幼儿学习外语,对于幼儿学习外语,需要正确看待。幼儿期是语言习得的关键期,不仅第一语言是如此,第二语言也是如此。在外语学习中,重要的是要清楚语言学习的目的。第一语言的掌握不仅是交流所需,更是思维所需,但第二语言的掌握对于大多数人仅是为了交流。此外,对第一语言的掌握可以促进第二语言的学习。因此,幼儿第二语言的学习应是建立在第一语言良好发展的基础上。若第一语言发展不良则第二语言的学习无从谈起,过早学习第二语言甚至会妨碍对第一语言的掌握。

(三) 教养具体方案

1. 感受经典绘本《猜猜我有多爱你》,大胆将爱表达出来

活动名称:绘本阅读《猜猜我有多爱你》

活动目标:

1. 倾听故事,感知小兔和妈妈之间真挚深切的母子深情。

2. 在集体面前大胆地讲述自己对妈妈的爱,表达自己的情感。

活动准备:绘本PPT;图片:星星、太阳、房子、围巾。

活动过程:

1. 活动导入:认识书名。这本书叫什么名字?这本书里的爱字在哪里?

2. 阅读图书,感知故事:①这个故事讲的是谁和谁的爱的故事?②我们一起听一听这个爱的故事。边讲解故事边进行提问:小兔子用了一个什么动作说明对妈妈的爱呀?小兔子为什么要把手张开?(因为她爱妈妈)提问:小兔子又用了什么方法来说明自己对妈妈的爱?(跳的方法;边跳边说:我跳得有多高,我就有多爱你;举手指头的方法,说:我爱你一直到我的手指头。)小兔子说着说着来到了哪里?他们看到了什么?花、山、树、小河、竹子……小兔子看到那么多的东西又说出了对妈妈的爱:妈妈,竹子有多高,我就有多爱你?你能把看到的东西比成对妈妈的爱吗?小草有多少,我就有多爱你?天有多高我就有多爱你?花有多漂亮我就有多爱你?

3. 大胆表达心中的爱:教师出示图片(星星、太阳、房子、围巾),你能用什么来说说看对妈妈的爱?围巾有多长,我就有多爱你?妈妈说:房子有多高就有多爱你,等等。说着说着小兔子累了,看着月亮说"妈妈,我爱你从这里到月亮那里",说着就睡着了,妈妈说:"傻孩子,妈妈爱你从这里到月亮那里,又从月亮那里回到这里。"这里的爱多吗?请把你的爱告诉你爱的人,你最爱谁呢?(改编自百度文库:应彩云,中班语言活动《猜猜我有多爱你》)

分析:《猜猜我有多爱你》是本非常经典的绘本,整个作品充溢着爱的气氛和快乐的童趣。本活动通过与幼儿一起分享这本绘本,使幼儿感受到作品中语言美,感受到大兔子和小兔子之间浓浓的情感,同时通过大胆表述心中爱的谈话活动鼓励幼儿将爱勇敢地用语言表达出来。

2. 亲子阅读欣赏绘本《彩虹色的花》,亲子共同表演故事内容

活动名称:绘本阅读《彩虹色的花》

活动目标:

1. 借助图文并茂,培养孩子仔细阅读的习惯,激发阅读兴趣。

2. 共同表演故事,锻炼幼儿的语言表达能力,深刻体验故事角色的心理、情绪情感。

活动准备:①绘本《彩虹色的花》;②7种颜色卡纸若干、小棍棒1个。

活动过程:

1. 感受欣赏绘本故事《彩虹色的花》

(1) 介绍封面,完整的念完题目、文字作者、绘画作者、译者、出版社。

(2) 封面上有一朵这么漂亮的花,请你说一说它的花瓣都有哪些颜色?哇——这是朵多么不一样的花朵啊!那么在它的身上会不会也发生着不一样的故事呢?一起去瞧瞧吧!

(3) 轻轻翻开封面,第2页是6条颜色带,都有哪些颜色呢?呀,与封面上的彩虹花的颜色一样呢!仔细看一看,这像什么?

(4) 进入正文部分,边讲故事的同时边进行合理的设疑,在每一个动物出来时都进行提问:彩虹色的花愿意帮助小蚂蚁(小蜥蜴、小老鼠、小鸟、小刺猬),可是他是怎么帮助它的呢?彩虹色的花还剩几片花瓣了?当彩虹花在寒风中掉落下最后一片叶子,当它消失在皑皑白雪里,它就永远地跟我们说再见了吗?那些得到过它的帮助的小动物们会忘记它的美丽吗?继续读绘本。绘本的最后一页,引导幼儿仔细观察新的一朵

彩虹花与原来的这朵一样吗?还是不是去年的那一棵呢?

(5)合上整个绘本,与幼儿一起聊天式地回味,其实是对整个绘本的内涵的概括提升。

2.亲子共同表演故事

(1)父母与幼儿一起制作彩虹花道具:用不同的纸画一朵不同颜色的花瓣、叶子,这样幼儿不会弄混颜色,而且方便制作。选择一根长度适中的小棍作为花的枝干,用剪刀将花瓣、叶子剪下,粘贴在枝干上。接下来制作太阳道具。

(2)分配角色:爸爸扮演太阳以及负责旁白部分、妈妈扮演太阳花、宝宝扮演5个小动物。

分析:《彩虹色的花》是一本风格极其独特的作品。厚重的纹理,大块的色彩,都给这本书带来一种原始粗犷的美,但它叙述的却是一个极其温柔细腻的故事。同时该绘本的角色较多,情节性较强,语言形象生动,适合作为儿童剧进行表演。可以与父母一起制作道具、共同表演绘本,促进亲子情感的交流,锻炼幼儿的语言表达能力,也能更深刻地体验故事角色的心理,情绪情感。

四、促进情绪发展的教养指导

(一)教养指导要点

1. 注重不良情绪的疏导　4~5岁幼儿的内部抑制开始快速发展起来,这一时期的幼儿需要既学会控制自己的情绪,又要做适当的疏泄,因为压抑过久的消极情绪不利于幼儿心理健康。①能暂时接受孩子的坏脾气。4~5岁幼儿的情绪控制能力忽强忽弱,在容忍孩子的坏脾气的同时,要弄清孩子发脾气的原因,根据不同的原因进行理性的处理。②教孩子学习用语言表达情绪:学会用语言来表达自己的情绪非常重要,有助于沟通,可以防止误会的产生。当孩子生气时,成人可以耐心引导孩子说出自己心中的不快,让孩子的情绪得到发泄。③让孩子学会评价自己的行为:培养孩子控制情绪的能力时,应坚持说道理,不仅让孩子知道"怎样做",而且知道"为什么这样做",并为孩子建立一套行之有效的行为准则,作为孩子评价自己、判断自己行为的依据,来增强孩子的情绪的自制力。④教给孩子控制情绪的方法,以防止不良情绪带来的过度行为。如教孩子在要发怒时默数"1,2,3,4……"或深呼吸并默念"我不发火,我能管住自己",这样做能暂时缓冲孩子的情绪,不做冲动的事情。

2. 有意识地培养幼儿共情能力　共情是道德情感发展的基础,是影响个体社会关系和社会交往行为的重要因素,因此需有意识地培养幼儿的共情能力:①学习正确地识别他人的情绪。在日常生活中引导孩子注意他人的情绪反应,观察别人的情绪状态。②注重情绪追忆,即用语言唤起孩子过去生活经历中亲身感受到的情绪体验,引起他们对当时情景的联想,加强情绪体验与特定情景之间的联系,从而使孩子产生共鸣。③尝试角色换位,即提供一系列社会情景,让孩子进行分析讨论和角色扮演,从而使他们能转换到他人的位置,去体验不同的情绪反应。

(二)需要特别关注之处

1. 如何对待幼儿的嫉妒心　一般的嫉妒心理在人类的情绪中是十分正常的,但是过分的嫉妒如果任其发展,成了习惯性的行为方式,会对幼儿的心理健康造成危害。要纠正孩子的嫉妒心理,可以下4个方面着手:①建立团结友爱、互相尊重、谦逊宽容的环境气氛,这是预防和纠正孩子嫉妒心理的重要基础。②适时适当地评价孩子,表扬得当,可以增强幼儿的自信心,促进他不断进步。如果表扬过度或过多指责都会使孩子对自己形成不恰当的自我评价,或盲目自大或自卑。③引导孩子树立正确的竞争意识,把孩子好胜心引向积极的方向。有嫉妒心理的孩子一般都有争强好胜的性格,应引导和教育孩子用自己的努力和实际能力去同别人相比,竞争是为了找出差距,更快地进步和取长补短,不能用不正当、不光彩的手段去获取竞争的胜利。④帮助孩子提高能力。如果发现孩子在某些方面不如别人的孩子,不要当面指责孩子不如别人,而应具体帮助他提高这方面的能力。

2. 如何对待"人来疯"的孩子　"人来疯"的孩子平时表现正常,但是有客人来时则像换了一个人似的,表现得异常兴奋而且不听劝告。幼儿表现出这种现象是由于大脑皮质发育尚不完善,稍加刺激就容易兴奋,同时又缺乏自我控制能力。另外,孩子有以自我为中心的弱点,客人来了,父母只顾照顾客人而冷落了他,这时孩子则会故意做些一反常态的举动表示不满。还有的则是孩子表现欲较强,喜欢在众人面前表现又不会掌握分寸所造成的。

针对以上原因,尝试以下方法:①扩大孩子与外界的接触,改变他们与陌生人的交往方式。经常带孩子外出交往,学习待人接物的方法及礼貌行为。在家中,则要培养孩子独立游戏、不纠缠大人、不妨碍大人做事的习惯。②给孩子适当的表现机会。对于表现欲较强的孩子,客人来后,在时间条件允许的情况下,也可以让他在客人面前表演一些小节目,或者让幼儿帮忙拿水果等。③给予幼儿一定的暗示。客人来后,可以向客人介绍一下孩子的一些情况,稍加夸奖与鼓励。如"我家孩子是个非常懂事的孩子,最会自己玩了"等。当孩子仍按捺不住自己的兴奋时,成人可以继续暗示道:"客人阿姨最喜欢听话的孩子,快去自己玩吧!"与此同时,可以用较严厉的目光或稍用力地拍孩子的肩膀,暗示自己的不悦。④根据幼儿的表现进行一定的奖惩。客人离开后,可以和孩子认真谈谈孩子刚才的表现,好的或知道做错的,应及时给予奖励,差的要批评或取消本来要带他去公园的约定等,给他一个深刻的教训。

(三)教养具体方案

1. 认识自己的情绪,能够保持良好的情绪

活动名称:认识我们的情绪

活动目标:

1. 对情绪更多的认识,知道人的情绪会变化,会用情绪温度计记录自己的情绪和程度。

2. 懂得保持良好的情绪对身体的好处。

活动准备:气温温度计一个;脸谱图:高兴、伤心;可调式情绪温度计若干;配上不同程度的笑脸和哭脸;《快乐舞》、《小熊的葬礼》音乐。

活动过程:

1. 出示温度计,导入活动。提问:"气温的变化用什么表示?"教师出示气温温度计,让幼儿知道气温的变化可以用温度计来表示。引出我们的情绪也可以用情绪温度计表示。

2. 认识情绪,知道人的情绪也会变化。

(1)请幼儿分别欣赏《快乐舞》和《小熊的葬礼》的音乐,感受自己的情绪变化。

(2)出示不同的情绪脸谱并认识:高兴、伤心,让幼儿说说自己有没有过这样的情绪。

(3)认识情绪温度计:知道情绪同气温一样会变化,可以用情绪温度计来记录自己的情绪。请幼儿操作自己的情绪温度计,请个别幼儿把自己的情绪温度计给大家看,猜一猜他的情绪是怎样?

3. 分享故事,了解情绪对健康的影响。讲故事《小兔过生日》、《长颈鹿丢了花帽子》,让幼儿懂得过分高兴和过分伤心对身体不利,最让人舒服、最利于健康的情绪就是"高兴"。

4. 活动延伸:鼓励幼儿平时用情绪温度计记录自己的情绪,让自己天天都有"高兴、开心"的情绪,这样本领会学得更好,身体会更健康。(改编自小精灵儿童网站:《认识情绪》)

分析:幼儿对自己的情绪有一定的感知,但往往对什么样的情绪对身体健康有益,如何调整自己不良的情绪还很缺乏认识,因此通过《认识我们的情绪》这样的活动,让幼儿通过观察感受不同音乐和故事中的情绪体验,认识我们会有哪些情绪,为什么会产生这样的情绪,最后通过交流讨论"什么样的情绪最让人舒服",让幼儿了解到积极的情绪对身体健康最有益。

2. 帮助幼儿掌握生气是正常的情绪反应,了解经常生气会影响人的健康

活动名称:生气汤

活动目标:

1. 能够仔细倾听,理解绘本中主人公心情转变的原因,学会合理排解自己的不良情绪。

2. 知道生气是正常的情绪反应,了解经常生气会影响人的健康。

3. 乐意表达自己的情绪情感体验,保持自己快乐的心情。

活动准备:幼儿有过生气的经验;《生气汤》绘本的PPT。

活动过程:

1. 导入:出示小主人公霍斯的图片,教师:今天老师带来了一个朋友,他的名字叫霍斯。看,他怎么了?

(在生气……)今天霍斯真的很生气,你从哪里看出来的?

2. 观看PPT,理解故事内容。

(1) 出示PPT,讲述故事。提问:霍斯为什么这么生气呀?你们有过生气的时候吗?生气的时候你有什么样的感觉?

(2) 教师:霍斯现在生气了,接下来会发生了什么事情呢?(出示PPT:霍斯气得想打人,还用力地踩了一朵花)妈妈看到霍斯这个样子会怎么做呢?霍斯是怎么对待妈妈的?他这样生气好吗?为什么?

(3) 教师:霍斯根本就不理睬妈妈,你们猜妈妈会怎么做呢?妈妈是怎么煮汤的呢?(引导幼儿观察画面一起说一说)妈妈的气消了,她对霍斯说:现在,该你了!把不开心的事情说出来吧。我们一起看看霍斯是怎么做的呢?

(4) 教师:这时水开了。妈妈开始大声说:"撒点盐、放点糖,左左左扭三下,右右右扭三下,喷出一口火龙气,呼!我快乐啦!"提问:现在霍斯还生气吗?你是怎么知道的?妈妈到底煮了什么汤,让霍斯变得这么开心?

(5) 教师:妈妈的本领可真大!在生活中,我们也会有生气的时候,你是怎么做的呢?(鼓励幼儿大胆交流自己的经验)

小结:你们的办法都不错,其实生气很正常,我们每个人都会生气,只要我们学会用各种方法,合理地来发泄自己的不开心,这样我们就会变得很快乐!

3. "生气汤"游戏。教师:那现在我们也来煮一锅"生气汤"吧!大家围成一个圆圈,做成大锅,每个小朋友对着大锅说出自己一件生气的事情,然后念一下咒语:撒点盐、放点糖,左左左扭三下,右右右扭三下,喷出一口火龙气,啊!我快乐啦!(改编自顾文文.中班健康活动:生气汤·学前课程研究,2009,(11):20~21)

分析:4~5岁的幼儿能够一定程度上控制自己的情绪,但是对于消极情绪的正确发泄还很欠缺。本活动通过绘本故事《生气汤》,可以非常生动形象地告诉幼儿面对不良的情绪时可以如何进行自我疏导。同时,通过故事的讨论也让幼儿认识到生气等不良情绪的产生是正常的情绪反应,但需要学会一些正确的疏导途径与方法。

五、促进个性与社会性发展的教养指导

(一) 教养指导要点和策略

1. 重视提升幼儿的自尊 ①用言语提升幼儿的自尊。言语是促进幼儿自尊、自信的重要媒介,成人应多说肯定性、鼓励性的言语,并且避免说负面、消极的言语,如:"你真笨"、"你很害羞"、"妈妈(老师)不喜欢你了"等,尤其不要当着别人的面评价幼儿"害羞"、"不喜欢说话"、"不大方",同时又赞扬其他孩子"××多聪明""很大方"。②鼓励幼儿做力所能及的事情,培养幼儿自理能力。如帮助妈妈准备餐具、帮老师拿教具等。成人应表示相信孩子,对于预期的损失或伤害应提前做好必要的安全防范措施。③多多鼓励幼儿,经常给幼儿一个拥抱或亲吻,对他(她)说"你真棒!"

2. 重视发展幼儿的自我认同和性别认同 在不同年龄阶段,根据孩子的理解能力,家长和教师要逐步给孩子讲以下内容:教孩子识别自己的主要身体部位,包括外生殖器;让孩子知道自己的全名;知道家长的全名;知道家庭住址和电话;知道自己的性别,告诉他们自己的性别和别人的性别,尤其在上厕所或洗澡时告诉最自然。学前的性教育,告诉孩子自己的隐私部位(外生殖器),以孩子理解的方式告诉男女孩的区别,知道要保护自己的隐私部位。

3. 重视游戏,积极进行同伴合作性游戏 游戏是儿童了解自己和环境、学习和与人交往的重要形式。同伴游戏能够培养孩子的相互交往、组织和协作的能力。幼儿4岁后应鼓励多与同伴进行合作性游戏、有主题的角色扮演游戏。

(二) 教养具体方案

1. 培养幼儿乐意与人交往、乐意与同伴分享的情感与能力
活动名称:认识新朋友

活动目标：

1. 愿意并喜欢交新朋友，知道名片的作用。

2. 能大胆地介绍自己，与同伴分享、合作。

活动准备：录音带：歌曲《友谊舞》《找朋友》；幼儿和家长一起制作一张名片，自带一件物品；请几位幼儿不认识的老师做客人。

活动过程：

1. 游戏《猜猜我是谁》，引入活动。提问：刚才参加游戏的小朋友，蒙上了眼睛，为什么都能很快猜出后边的小朋友呢？我们菠萝班的老朋友天天都在一起，你们快乐吗？为什么很快乐？那如果我们有了更多的朋友会怎么样呢？你们想认识新朋友吗？

2. 认识邻班教师（本班幼儿不认识的老师）。"当当当……"响起敲门声，老师打开门："真巧，一说到新朋友，现在就有新朋友来了。请进！"新老师与小朋友打招呼，并分别作自我介绍。

3. 幼儿做自我介绍。刚才我们认识了新老师，现在怎样让新老师认识我们呢？请幼儿分别用名片、口头介绍。名片上面有些什么内容？（姓名、电话号码、住址……）

4. 自主交往活动

（1）老师听说香橙班的小朋友也在寻找新朋友，老师和他们约好了在音乐厅见面，现在，让我们带上名片和礼物，一起去认识新朋友吧！音乐开始，两个班的小朋友分别从两个门进入。两个班老师分别作自我介绍。幼儿自主交往。

（2）老师：你认识了几个新朋友？你是怎么去认识的？你和新朋友一起做了什么？你感觉怎么样？

5. 音乐《找朋友》，结束活动。老师：认识了新朋友真高兴，现在我们和新朋友一起唱歌、跳舞吧！（改编自中国幼儿教师网：刘兴华，赖君.《幼儿园中班社会活动：我的新朋友》）

分析：本次活动属于班际间的一次交流活动，活动中，教师以情境表演的方式引导幼儿关注认识新朋友的方法，并设置情境让幼儿亲身参与到交朋友的活动中，幼儿情感、态度、认知、行为都有一定的发展。幼儿社会性中的交往、合作能力的发展是一个长期的过程，本活动中教师关注了"如何利用各种资源达成社会领域目标"的问题，教师善于发现和整合幼儿生活世界中的可利用的资源，即相同年级的邻班。同时，活动中以幼儿的兴趣为基点，立足于幼儿现实与长远的发展，以幼儿喜爱的方式，预设或生成一些活动，让幼儿在活动中、在原有的水平上得到发展。

2. 克服幼儿自我中心倾向

活动名称：不打扰

活动目标：懂得在家中或其他场所，不影响别人做事与休息。

活动准备：图片：家的背景（两个房间隔一道门）；贴绒：猴妈、小猴、兔妈、小兔、飞机、汽车。图片3幅（别人谈话时、妈妈休息时、爸爸工作时）。

活动过程：

1. 观看贴绒故事《客人在家时》，由教师操作贴绒教具在家的背景图片上讲解。

2. 提问：①猴妈妈批评小猴对不对？为什么说他没礼貌？②小猴的冤枉是什么？他哪儿做得对，哪儿做得不对？礼貌的孩子该怎么做？

3. 小结：客人来了，友好招待小朋友一起玩是对的，但要讲求方式。不能只顾自己高兴，而影响了别人做事，打扰别人谈话是没礼貌的行为。

4. 出示图片3幅，说说这些情况下小朋友应该怎样讲礼貌？为什么这么做？图一：两个大人谈话时，孩子站一旁插话。图二：妈妈下夜班休息时，孩子门外玩。图三：爸爸伏案工作时，孩子想和他玩。

5. 小结：礼貌的孩子知道什么时候该打扰，什么时候不该打扰。希望小朋友在家、在幼儿园、在公共场所要懂礼貌。（改编自幼教网：《中班社会教案：不打扰》）

分析：4～5岁幼儿继续保持以自我为中心，第一个发言，认为自己是世界的中心，往往在家里打断家长的话语，一味地要求家长满足自己。本活动通过故事的形式，非常形象让幼儿知道如何做一位有礼貌的孩子，知道什么时候该打扰，什么时候不该打扰。活动最后，通过展示一些生活中经常出现的场景，很好地让幼儿知道怎样做才是正确的做法，有利于幼儿获得相关经验。

Children

第四节 促进5~6岁婴幼儿心理健康的指导方案

一、5~6岁婴幼儿心理发展特点概述

(一) 认知发展的特点

1. 感知觉的发展 视觉发展方面,5~6岁幼儿完全有能力对颜色进行正确命名,并开始注意到颜色的明度和饱和度。知觉发展方面,开始具备以自身为中心相对固定地辨别左右方位的能力,如能正确地区别自己的左右手及脚、耳朵等,但不能理解左右的相对性。同时,能够掌握一周内的时序、一年内4个季节和相对时间的概念的认知,并且能够认识时钟。

2. 注意的发展 5~6岁的幼儿无意注意得到进一步发展,注意力会集中放在鲜明、生动的活动上。同时,他们关注的不仅仅是表面的特征,开始指向事物的侧面联系和因果关系,并且开始能独立控制自己的注意,集中注意的时间可以延长到15~20分钟。

3. 记忆的发展 幼儿在5岁以后能运用简单的记忆方法来帮助记忆,如重复、联想。但一直是机械识记占主要地位,无意记忆的效果优于有意记忆的效果。尽管学前幼儿容易学也容易忘,但在这时给孩子一些记忆训练,入学后面对大量需要记忆的东西则不会感到十分困难。

4. 思维的发展 5~6岁后,幼儿的思维逐步从以具体形象思维为主要形式到以抽象概念思维为主要形式,如比较大小、进行归类。"为什么"的问题经常困扰着他们,反映出幼儿正努力探索事物之间的联系,这个时期进入抽象逻辑性思维的萌芽阶段,并开始学会从他人以及不同的角度考虑问题,开始理解事物与事物之间的相对性,开始懂得"守恒"观念。

5. 想象的发展 5~6岁幼儿的有意想象和创造想象的内容进一步丰富,有情节,新颖程度增加,更符合客观逻辑。在这时期,想象的突出特点是喜欢夸张,表现在夸大和混淆假想与真实两个方面,幼儿常把自己想象的事情或自己的强烈愿望当成真实的事情,常被成人误认为是在说谎。

(二) 语言发展的特点

1. 语音的主动意识加强,语法结构更为严谨 5~6岁幼儿在语音方面,主动意识加强,言语器官已发育成熟,在成人正确的教育与引导下,基本上能够听清和发清楚母语的全部语音。同时,能实际掌握和运用许多规范的语法,在语言中反映事物简单的逻辑关系。语言中的复杂句大大增加,出现了"因为"、"为了"、"结果"、"要不然"、"如果"等说明因果、转折、条件假设等关系的连词,也出现了"没有……只有……","如果……就"等成对连词。

2. 抽象意义词汇增加,表达更加顺畅流利 5~6岁幼儿词汇量有大幅度增加,而且质量上也有明显提高,不仅掌握了名词、动词、形容词、数量词,还开始掌握一些常用副词和连词。同时口头表达能力进一步发展,能把一些思想、感情用简单的词表达出来。

(三) 情绪发展的特点

1. 情绪表达社会性增强,表达手段多样 5~6岁幼儿的情绪稳定性和有意性进一步增强,情绪反应的社会性也进一步加强。他们希望引起他人的注意,尤其是得到他们心目中的权威人物的重视;渴望与同伴游戏并建立较为稳定的友谊关系。另外,情绪表达的手段多样化,能使用语言、图画、音乐、舞蹈等来表达自己的各种情绪情感。

2. 情绪理解逐渐成熟,调节情绪方面更倾向于采用回避策略 5~6岁的幼儿情绪理解发展进入成熟期,首先表现为对消极情绪具有较好理解,对吃惊、伤心等消极情绪的认知比5岁以下的幼儿有了根本性的

质的跨越。其次,开始理解混合情绪。幼儿认识到同一情景可能会引发同一个体两种不同或矛盾的情绪反应。比如要放暑假了,他们能理解既能感受到假期的欢乐,又能感觉到与同伴分离的遗憾。另外,在进行情绪调节时更喜欢使用回避策略。他们在尝试解决问题失败以后或者在老师的教育之下,不愿意花费过多的时间去面对同伴的冲突,而是选择避开冲突,去寻找其他更有乐趣的事情,这也是幼儿社会性的一个进步。

3. 道德感进一步丰富、分化,义务感进一步扩展 5~6 岁幼儿的道德感进一步丰富、分化和复杂化,同时带有一定的深刻性和稳定性。幼儿晚期已经具有比较明显的和强烈的爱国主义情感、群体情感、义务感、责任感、互助感和对别的幼儿、父母、老师的爱以及自尊感和荣誉感。

(四) 个性及社会性发展的特点

1. 个性初具雏形,能独立进行自我评价 5~6 岁的幼儿个性初具雏形,思想情感已经不那么外露。如有个 5 岁半的幼儿很喜欢画画,可是从某天起突然不画了,家长和老师都不了解其原因,只听她说"不画了"。经过奶奶耐心谈话,才发现孩子由于老师没有把她新作的画贴出来,她误以为老师嫌她画得不好。自我评价方面,5~6 岁幼儿能够进行自我评价,能有意识地把自己同其他孩子比较,不仅进行独立的自我评价,还会评价他人,但幼儿的自我评价往往从情绪出发。

2. 性别意识逐渐稳定 5~6 岁的幼儿更加领会了性别的永恒性,遵循对性别的要求去做男孩应做的事情或女孩应做的事情,例如男孩不哭,女孩应文静。

3. 合作意识逐渐增强 在相互交往中,5~6 岁的幼儿开始有了合作意识。他们会选择自己喜欢的玩伴,也能与三五个小朋友一起开展合作性游戏。他们逐渐明白公平的原则和需要服从集体约定的意见,也能向其他伙伴介绍、解释游戏规则。这一时期的幼儿对于规则的认识还没有达到自律,规则对幼儿来说还是外在的,因此幼儿在规则的实践方面还会表现出自我中心。

二、促进认知发展的教养指导

(一) 教养指导要点

1. 设置问题情境,培养幼儿的思维能力 这一时期应注重培养幼儿的思维能力。首先,应注重丰富幼儿的知识与经验,如可以给幼儿多买一些动画书、卡片等。其次,经常让幼儿处在问题情景之中。问题是思维的引子,经常面对问题,会使大脑积极活动。幼儿提出问题,成人可以和他一起讨论、解释。成人也应该主动提出一些问题进行讨论。第三,培养幼儿独立思考的习惯。当幼儿发出问题时,不要直接告知答案,而是帮助幼儿寻找解答的方法,启发幼儿分析问题、查找资料的方法。另外,与幼儿共同讨论、设计解决实际问题的思路。在幼儿的生活中、学习中,经常出现各种各样的问题需要解决,成人应引导幼儿并与幼儿一起共同讨论、设计解决问题的方案,并付诸实施。

2. 开展多种形式活动,丰富幼儿的想象力 想象力是幼儿创造力的源泉,可以通过开展多种形式的活动丰富幼儿的想象力。首先,鼓励幼儿进行游戏。在游戏中幼儿可以自然地发挥自己的想象力。例如,在玩娃娃家的游戏中,幼儿模仿生活中的场景,把半个乒乓球当作"小碗"盛饭等。其次,开展添画活动。成人可以给幼儿画好一个几何图形,让他根据想象进行添画,如幼儿再添画几个三角形就形成了"松树",加横成了"跷跷板"。此外,鼓励幼儿根据意愿画画,也可以发挥他的想象力。第三,尝试续编故事。让幼儿续编故事,可以激发他的思维,发展他的想象力。但应当注意,不要要求幼儿编得一定跟故事的其余部分一样,只要合情合理,能够自圆其说就行了。第四,进行看图讲述活动。让幼儿根据画面上的人物、情景,联想画面上描述的是什么情节,它的经过是什么,既能考察幼儿的观察力,又能发挥幼儿的想象力。

(二) 需要特别关注之处

1. 是否需要提前学习小学课程 一些幼儿园让 5~6 岁的幼儿提前学习小学课程,内容多集中于拼音、汉字、计算 3 个方面,很多教学内容超出了幼儿的认知能力。让孩子提前学习小学课程可能会适得其反。孩子读一年级前就学习了这一年的文化知识,容易形成骄傲自满的心理误区,上课的时候就会不专心听课,一旦知识储备用完了,以后的课程很难跟上。因此,培养孩子良好的学习行为习惯,比提前学一些书本上的知识更重要,良好的行为习惯不仅关系到孩子的学习成绩,还会影响其今后的成长和发展。

2. 适合 5～6 岁幼儿的玩具有哪些 可以为幼儿提供不同功能的玩具:①运动型玩具:锻炼体能,如球类、跳绳、小自行车、沙包等。②技巧型玩具:锻炼小肌肉群及机体协调能力,如钓鱼玩具、画板和画笔、投球、套圈等;③智力型玩具:利于锻炼思维和动手能力,如拼图板、插塑积木、铁积木、橡皮泥、组装玩具、科学模拟玩具、电子积木玩具等。

(三)教养具体方案

1. 感知数量的守恒概念
活动名称:变多了吗?
活动目标:
1. 理解一份东西的总量不受其分割的份数和摆放位置的影响,初步感知数量的守恒。
2. 感受听故事的乐趣,愿意在讨论时大胆表达自己的想法。

活动准备:《再多给我点儿》图书一册、切片面包两片、香蕉一根、谷物脆若干、盘子两个、玻璃碗两个、塑料刀一把、垫板若干(人手一块)、自制三角形纸片若干(人手 4 个)、展示大黑板一块。

活动过程:
1. 故事导入活动:教师利用投影仪请幼儿边看图书边听故事,提问:猜猜蒙蒂这么高兴要去干什么,一下子从床上跳了起来? 他对香蕉满意吗? 他想怎么样? 蒙蒂看见麦片粥时怎么了,猜猜他会怎么说?

2. 幼儿讨论,教师操作,感知"到底变多了吗"。教师请幼儿回忆蒙蒂姐姐想的办法,提问:当蒙蒂觉得面包只有一片时,姐姐想了什么办法? 面包变成了几片? 面包真的变多了吗? 你觉得呢? 说说你的理由。姐姐对香蕉又做了什么? 香蕉真的变成了好多块,可是蒙蒂真的吃了更多的香蕉吗? 麦片粥不能切成更小的了,姐姐对麦片粥又是怎么做的? 教师亲手将实物切割并拼拢,演示给幼儿看。小结:一样东西分成了许多份,虽然看上去份数变多了,但每一份变小了,其实合起来的总量还是不变的。一样东西不管怎么分,总量都不会变得更多。

3. 实验操作,感知图形的面积守恒。①教师出示 3 张图形(分别用 4 个三角形拼成的正方形、长方形、三角形),提问:看,姐姐这次一下子拿出了三片面包,它们有什么特别的地方吗?(形状、都是用三角形拼起来的。)蒙蒂一定又想要最大的那片,帮他想想,你觉得这 3 片面包哪片最大? 怎么来证明呢? 这 3 片面包形状都不一样,怎么比大小呢? ②分发材料,幼儿操作比较,教师巡回指导。幼儿拿着材料坐回座位,提问:比下来结果怎么样? 你们的面包一样大吗? 来介绍一下你用的是什么方法。③小结:原来你们的面包不管是什么形状,都是用 4 个一样的三角形组成的,所以它们合起来的大小都是一样的。其实,这 4 个三角形还可以拼成更多其他的图案,我们以后试试吧。

分析:5～6 岁幼儿开始理解事物与事物之间的相对性,开始懂得"守恒"观念。本次活动即是通过故事的形式以及自己动手操作的形式感知量的"守恒"概念,直观形象,同时,活动中还很好地锻炼幼儿抽象逻辑思维能力。

2. 培养幼儿发现问题、解决问题的能力
活动名称:水妈妈要运水
活动目标:
1. 感知水会流动的特征。
2. 探索用不同的方法运水。

活动准备:水盆、水桶、杯子、空矿泉水瓶、海绵、塑料注射器(无针头)塑料袋、抹布、小筐、小勺、漏勺等。

活动过程:
1. 活动导入:请幼儿听水流的声音,引起幼儿兴趣。
2. 提供材料,进行运水尝试。
(1)教师:今天水妈妈要请小朋友帮忙运水,请你们把水从一个盆子运到另一个盆子里,你们想帮忙吗?

那应该用什么方法运水呢?(请幼儿自由说)

(2)教师提供材料并提出运水要求:一是不能将水宝宝丢到地上,否则它会迷路的;二是不能将水宝宝弄到衣服上;三是在搬水时不要碰到小朋友。

(3)幼儿分享经验:请你说一说你是用什么工具来运水的?

3. 幼儿尝试用不同的工具、不同的办法运水。

(1)教师再添加有漏洞的工具,请幼儿探索如何用这些工具运水。

(2)请幼儿将刚才用的工具分别放到两个盆里(能盛水的工具)、筐里(不能盛水的工具)。提问:为什么这些工具是不能盛水的?

小结:水是会流动的,因为这些工具有缝隙,所以不能盛水。像漏勺这样的工具虽然不能运水,但如果动脑筋,也是有办法的。

4. 活动延伸:了解水的用途,教育幼儿要节约用水。水妈妈告诉我们,水的用处可大了,那水都有什么用处呢?(浇花、做饭、洗车)(改编自小精灵儿童网站《水宝宝搬家》教案设计)

分析:本活动通过设置情景——帮水妈妈运水,让幼儿通过发现问题、思考、讨论交流解决问题的方法,一方面发展了幼儿的逻辑思维能力,另一方面通过小组合作的方式发展了幼儿的同伴合作能力。

三、促进语言发展的教养指导

(一)教养指导要点

1. 积极创设阅读的环境 首先,成人应为幼儿创设书本环境,如在各种物品上、墙上都贴上相应的汉字。其次,为幼儿购买优质图书,让他们自由地选择阅读,在成人直接或间接的指导下感受书面语言,增强阅读能力。最后,成人应该为幼儿做出看书学习的表率,积极参与幼儿阅读,提高幼儿阅读的兴趣。

2. 幼儿良好阅读习惯的培养 在早期阅读中,良好的翻书、看书的习惯是非常重要的。在听读中,要求幼儿"身体正、两手平、手指字、耳朵听、眼睛看、要用心"。每次阅读前都以游戏的口吻经常提醒、指导幼儿形成良好的阅读习惯。

3. 注重图文并茂的阅读方法 可以让幼儿看图画,在成人的启发引导下,理解画面内容。根据画面,由浅入深的提出问题,逐渐扩展幼儿的思维能力、想象能力,鼓励幼儿用语言描述想象的故事。调动幼儿学习的积极性,鼓励幼儿大胆讲述自己所创编的故事。

(二)需要特别关注之处

1. 5～6岁的孩子是否需要学拼音 在幼儿园阶段学习拼音,容易出现这种现象:部分幼儿园老师教孩子发音、书写方法不正确,造成小学老师难以纠正;有些孩子因为所学的拼音知识已全部在幼儿园里学过,失去对学习拼音的新奇感,因此上课时注意力不集中。

更重要的是,学前儿童较学龄儿童更难理解和学会拼音,学习拼音是小学阶段的学习任务,而在学前花时间和精力提前学习拼音无形中挤占了幼儿进行其他活动的时间,尤其是游戏和运动的时间,得不偿失。对于有兴趣的孩子,为了培养幼儿普通话的准确发音,可以让大班的孩子在入学前的暑期听听汉语拼音的磁带,配合儿童图书学习认识拼音字母,将拼音的学习融入孩子的生活中。

2. 如何为5～6岁幼儿选择书籍 ①以情节画面为主,并配有适当的文字。5～6岁幼儿的思维以具体形象为主要特征,抽象逻辑思维出现萌芽。这就决定了读物仍然以画面为主,图书中的文字具有具体含义并有一定的规律可循,帮助幼儿逐步完成从图画形象到文字符号的过渡。②图书内容丰富,并考虑为入学做准备。5～6岁幼儿即将入学,应选择一些社会适应准备的图书,如培养规则意识、任务意识、独立性方面的书籍;选择培养幼儿观察力、理解力的图书,如走迷宫、找错、拼图讲故事等。故事方面也要选择内容有较复杂的情节、有一定长度的书籍,如舒克和贝塔、木偶奇遇记等,有利于培养孩子的理解力和记忆力。③根据幼儿的特点有针对性地选择。如幼儿独立性较差,就可以选择"我很能干"、"自己的事情自己做"等;又如

Children

幼儿不善于观察,就可以选择"找错"的书籍等。另外,选择书籍时应考虑幼儿的兴趣,只有孩子自己感兴趣的书,他才会主动去看、去学。

(三) 教养具体方案

1. 欣赏、创编散文诗,提升幼儿文学素养

活动名称:散文诗欣赏——《落叶》

活动目标:

1. 理解散文诗的内容,激发欣赏散文诗的兴趣,感受作品优美的意境。

2. 能参照原作品进行联想、仿编。

活动准备:图片4张(大班上册15号挂图);配乐朗诵录音磁带,录音机;已学过歌曲《秋叶儿》;每人一张画有落叶的供添画用的纸,油画棒。

活动过程:

1. 全体幼儿齐唱歌曲《秋叶儿》,引出课题。教师:小朋友,你们想知道这些美丽的秋叶儿都飘到哪里去了吗? 秋叶儿飘到的地方可真多,今天,老师要请你们来欣赏一首散文诗,题目叫《落叶》。

2. 欣赏散文,理解散文内容。

(1) 教师有表情地朗诵散文诗一遍,并提问:散文诗说树叶都落到哪里去了?

(2) 教师配以图片再次朗诵散文诗一遍,并组织幼儿一起讨论幼儿提出的问题。如树叶落到沟里,为什么蚂蚁会把它当作小船呢? 树叶落到院子里,小燕子看见了,为什么说来信了?

(3) 请幼儿边看图边欣赏配乐的散文诗一遍。

3. 教师作仿编的示范,少数幼儿试编。散文诗里的树叶落到了地上、沟里、河里、院子里,被小虫、小蚂蚁、小鱼、小燕子看见了,并且把它们当作了屋子、小船、小伞、信,那请你想一想,树叶还会落到哪里,会被谁看见,把它当作什么呢? 引导幼儿相互讨论后仿编。如树叶落到草地上,小白兔看见了,把它当作扇子。

4. 结束活动。教师请幼儿将仿编的诗画出来后与其他幼儿进行分享。(改编自上海学前教育网:顾宜静.大班散文诗《落叶》)

分析:5～6岁的幼儿语言能力有了较好的发展,能够欣赏一些难度较高的作品。本活动中选取的是散文诗,通过让幼儿回忆秋天的场景,结合已有生活经验,理解赏析散文诗的内容。最后,让幼儿尝试创编散文诗,进一步提高幼儿语言表达能力,同时也发展了幼儿感受美、表现美的能力。

2. 掌握一定的句式与连词,发展幼儿语言表达能力

亲子游戏:听说游戏《上汽车》

游戏目的:

1. 学习正确运用连词"因为……所以……",说出连贯完整的因果句。

2. 按照事物逻辑关系归纳自己的语言经验,发展口语表达能力。

活动准备:用一个长的靠垫作汽车;幼儿对因果关系有一定的认识。

活动过程:

1. 情境表演"奇怪的汽车",引起幼儿注意,激发想游戏的愿望。家长扮演司机,口中念儿歌:"嘟嘟嘟,汽车开,我的汽车真奇怪;小朋友,要坐车,不要你把车票买;只要对上我的话,就能坐到车上来。"小朋友,你想上我的汽车吗?

2. 交代游戏规则。①司机必须用"因为"这个词向乘客编说原因。②乘客必须用"因为……所以……"完整地对上司机的话,才能上车,否则不能上车。③汽车坐满后,大家一起说:嘟嘟嘟,坐上汽车真开心。

3. 用"因为……所以……"的句型开展游戏。①家长做司机,带领游戏几次。②幼儿熟悉游戏规则后,幼儿做司机,家长做乘客。(改编自小精灵儿童网:大班语言:听说游戏《上汽车》)

分析:本游戏通过玩司机、乘客的方式,发展幼儿运用"因为……所以……"的句式,整个游戏生动有趣,幼儿在游戏的过程中学会相应句式,既轻松又有兴致,同时也能进一步提升亲子关系。

四、促进情绪发展的教养指导

（一）教养指导要点

延续之前对促进幼儿情绪发展的理念和活动,进一步加强以下方面的培养。

(1) 更多地懂得人的情绪种类和原因,理解"心情"的概念。

(2) 会适宜地表达自己的心情,管理自己的感受。

(3) 能认识并初步理解他人的情绪。

(4) 愿意与同伴分享快乐的情绪;会安抚情绪不好的同伴。

(5) 培养乐于助人。

(6) 促进美感、责任感、义务感、集体荣誉感。

（二）需要特别关注之处

1. 如何看待孩子的社交退缩　幼儿社交退缩是指幼儿不能主动与同伴交往,不愿到陌生的环境中去。社交退缩的孩子不仅是缺乏人际交往的能力,难以应付各种人际交往情境,也是缺乏自信的表现。帮助孩子克服自卑,树立自信对孩子的健康成长至关重要。①培养儿童独立自主的能力,让孩子学会自己管理自己。②鼓励孩子参加各种社会活动。多方创造条件,使孩子能和其他小朋友一起玩耍,一起做游戏,并多陪儿童一起参加社交活动,让儿童适应公共场所的活动。③对孩子不要溺爱,以免养成过分的依赖性,也不可粗暴,以免使孩子恐惧不安,害怕与人接触。④应对儿童在社交中出现的合群现象,给予奖励,逐渐增加他们的社会活动,克服退缩行为。

2. 孩子对兴趣班产生厌学情绪怎么办　孩子被迫学这学那对孩子的心理发育和学习兴趣的培养是得不偿失的。学龄前儿童本应在寓教于乐的氛围中逐渐增加对世界的认识和兴趣,逐渐促进孩子智力开发、技能发展和一些良好行为习惯的形成,此时的"学习"对他来说只能是一种游戏。否则就会形成一种"父母要我学习"的不良心理后果,这对以后的正常学习极为不利,也是小孩厌学的开端。家长应了解儿童的心理发展过程,重视心理素质的培养,客观评价小孩的各种学习能力,根据孩子的发展水平而安排兴趣学习,减少强迫性的"兴趣班",让孩子多一些自主的空间和时间。

（三）教养具体方案

1. 掌握基本情绪的特征与分类,学习情绪管理的策略

活动名称:认识我们的心情

活动目标:

1. 在体察、感知、理解中懂得人的基本情绪的特征、分类及成因。

2. 初步学习情绪转化策略。

活动准备:相关情绪场景的课件、色彩卡、背景音乐。

活动过程:

1. 感知不同情境下的不同心情:播放课件,理解每个人都有情绪。喜:一幼儿戴值日生手套后脸上露出甜甜的笑容。怒:一幼儿自带的图书被撕破后生气。哀:一幼儿因班中的小金鱼死了,表现得非常伤心。愁:一幼儿因不会系鞋带而发愁。提问:他们怎么了? 为什么?(丰富情绪词汇:喜、怒、哀、愁),平时你们会这样吗? 为什么呢? 小结:每个人在遇到各种各样的事情时,心里都会有不一样的感受,这种感受我们叫它心情。

2. 讨论交流不同心情的内涵

(1) 心情与色彩。导语:我们常说的好心情和坏心情到底有些什么呢? 你们平时心情好的时候多还是心情坏的时候多呢? 为什么? 为情绪配色:出示色彩卡,请幼儿为不同心情配色。通过简单操作,让幼儿感知心情与色彩的关系。

(2) 心情与态度。导语:在你心情不同的时候你的表现、对人的态度会一样吗?

观看多媒体课件。A.一群小朋友很开心地邀请贝贝参加游戏,贝贝因为心情不好而粗暴拒绝,使得这群小朋友也变得很不开心。B.佳佳在游园活动中得了奖,他将巧克力分给小朋友,让大家一起分享他的快乐。讨论:谁做得对? 你能做到吗?(重点:引导幼儿去理解贝贝——心情不好时确实不想参加游戏,但不能对同伴发脾气,影响别人的情绪。)谁愿意告诉贝贝怎样做好呢?

教师梳理:方法一:告诉小朋友"我现在不想玩,过一会儿再说"。方法二:直率地说"我生气了,我想去情绪角练练拳"。方法三:想一想"和小朋友一起玩一定会让我快乐起来",然后愉快地接受邀请。

讨论:如果贝贝很不礼貌地拒绝了你,你会怎么做?(重点:引导幼儿体察他人心情,学会宽容。)你喜欢谁? 他这样做好在哪里?(重点:引导幼儿懂得快乐、成功、友爱要让大家分享,让好心情像甜甜的糖一样甜到大家心上。)

3. 学会情绪管理:①问题一:当你不开心的时候,怎么办?(重点:初步懂得应妥善管理自己的感受,认识他人的情绪,并懂得分享快乐的道理。)②问题二:你有什么办法知道别人的心情?(看表情)出现课件中各种表情的脸,点击凸现发愁的脸。提问:他怎么了,可能因为什么事? 分别点击各种表情的脸谱,播放动画短片——点点发愁:发水灾家里被淹了,天气越来越冷,没衣服穿,没有饭吃,怎么办呢? 提问:看了短片,你们心情怎么样? 有什么办法让我们的心情都好起来呢?

4. 活动总结:出示课件(所有的表情都变为灿烂的笑脸,周围开出了五彩鲜花)。导语:小朋友,你们看,有了你们的努力和帮助,有了你们好心情的感染,他们变得怎么样了? 你们现在的心情怎么样了?(更开心了。)小结:心情是藏在我们每个人心中的小精灵,只要你少生气,多关心别人、帮助别人,就能天天拥有好心情,你的快乐就会变成大家的快乐,我们的身边就会充满快乐!(改编自百度文库《幼儿园大班健康教案:心情与表情》)

分析:本次活动通过向幼儿展示4种不同情绪的场景图片,让幼儿掌握人的不同情绪的种类、特征以及产生的原因。同时在感知不同情绪的时候,通过交流分享情绪管理的相关策略,特别是消极情绪的管理,如生气时候可以怎么做等,进一步提高幼儿情绪管理的能力,有利于幼儿情绪的发展。

2. 进一步提升幼儿的责任感与义务感,培养幼儿乐于助人的精神

活动名称:多做好事多快乐

活动目标:

1. 通过让幼儿亲自参与讲评自己周围的好事,加深他们对"好事"的理解。
2. 让幼儿知道帮助别人做事,会使别人快乐的道理。

活动准备:将小朋友中典型的好事绘制成若干张图片(内容为扫地、擦墙、大姐姐帮小弟弟系鞋带、关水龙头等);用纸盒自制"电视屏幕";歌曲《幼儿园里好事多》的录音,播放机;木偶小猴子一只。

活动过程:

1. 播放歌曲《幼儿园里好事多》,师生一起进行即兴表演,激发幼儿参与活动的积极情绪。

2. 出示木偶小猴子,告诉幼儿,小猴今天带来了一盘录像带,录像带中说的是小朋友们的事情,请大家评论一下:这些小朋友做了什么事,是不是好事。

(1) 出示每一幅图的内容,引导幼儿用评价的方法识别好事。①图片中的小朋友做的是什么事情?②他(她)做得是好事吗? ③为什么说是好事?(好事是给别人带来快乐、使人满意的事情)

(2) 播放幼儿的父母反映自己孩子在家做好事情况的录音,进一步加深幼儿对好事的理解。

3. 教师以小猴子的口吻说:小朋友在家里和幼儿园里做了那么多的好事,我很高兴。我们一起演唱《幼儿园里好事多》这首歌吧。表扬做好事的孩子,使幼儿再次体验到做好事的愉悦,初步体验到别人快乐我才快乐的美好情感。

4. 鼓励小朋友多做使别人快乐的好事。[改编自李群杰.幼儿园里好事多——大班品德教育活动设计.幼儿教育,1996,(1):42]

分析:5~6岁幼儿的道德感进一步丰富,已经具有比较明显的群体情感、义务感、责任感和对别的幼儿、父母、老师的爱以及自尊感和荣誉感。本次活动通过让幼儿看一看视频中有哪些好事、说一说自己做过的好事、什么是好事? 为什么做好事? 做好事后的心情怎么样等,进一步提高幼儿的义务感和责任意识,激发幼儿助人为乐的精神。

五、促进个性与社会性发展的教养指导

(一) 教养指导要点和策略

1. 注重提升幼儿积极的自我概念　①给予幼儿展现自己的机会。如给儿童提供分享关于自己、家庭和经历的机会,根据幼儿特点为每个孩子设计表现自己能力的机会。同时让儿童能独立选择他们的活动,如果选择有困难就限制选择范围,逐渐增加选择范围。②给予挑战并积极鼓励。提供适合幼儿发展水平的有挑战性的任务,让幼儿在完成任务时体会成功感。同时,不论是否成功,都要表扬、鼓励幼儿付出的努力,并给予具体的积极反馈,如"谢谢你帮助我拿东西"。另外,注重幼儿学会将自己的现在与过去进行比较,感知能力的进步最重要。

2. 积极发展幼儿亲社会行为　①培养幼儿见到别人痛苦和不高兴会表示同情或安慰,如说"痛吗"、"别生气"。②主动帮助别人,有好东西与别人分享。③教会幼儿根据场合主动调整自己的言行使之更恰当,如在公共场合有礼貌。④教会幼儿用交换东西的方式达到目的,如主动与小朋友交换玩具,能友好地与小朋友玩,如合作做游戏、一起讲故事。

3. 帮助幼儿学习自控　①告诉幼儿安慰或控制自己,如说"没关系"、"勇敢"、"小心"、"不能碰"。②告诉幼儿不随便插嘴、抢答,培养幼儿经过思考才回答。

(二) 教养具体方案

1. 能够客观的认识自己,认可自己、认可他人

活动名称:找找自己的长处

活动目标:

1. 通过故事,了解动物的长处。

2. 在交流、讲述活动中,进一步了解别人和自己的长处,相互学习,取长补短。

活动准备:活动前了解常见动物的长处及特有的本领;课件《小河马找长处》;有关人们长处的调查表。(事先和父母一起完成)

活动过程:

1. 故事《小河马找长处》导入活动:播放课件,出示故事中的小动物,提问:小朋友,看看谁来了?(小猴、小鸟、小鹿)这些小动物都有哪些本领?

(1) 欣赏第一段,提问:小动物都得了奖很开心;可小河马哭了,为什么?为什么没得到奖?你觉得它应该参加什么比赛?

(2) 欣赏第二段:小朋友帮忙想了很多办法,森林里的小动物也都想帮助它,我们一起来看看大家是怎样帮助它的。①分别欣赏第一、二、三小段图像,提问:谁来帮助了小河马?是怎样帮它呢?(幼儿看图像自由讲述)②看课件:那就来听听小动物们是怎样帮助小河马的。

(3) 小动物的这些本领都不适合小河马,小河马好伤心。它没精打采地来到河边,看见一只小松鼠来了想过河,怎么办呢?(帮助小松鼠过河)那怎么帮?

2. 幼儿讨论:动物的长处可以做什么?你还知道哪些动物有什么长处?可以为别人做什么?

3. 了解自己的长处。

(1) 小动物有自己的长处,我们每个人也都有自己的长处,谁来说说你有什么长处?鼓励幼儿大胆在集体面前展示自己的才艺,与大家一起分享。

(2) 你还知道哪些人有什么长处?(展示调查表,分别介绍、交流)教师小结:动物的长处是天生就有的(与生俱来的),而人类的许多长处往往是通过自己的努力得到的(就像运动员一样,他们都是通过刻苦努力才得到的),我们要努力哦! 使自己的长处更多更强,把别人的长处也变为自己的长处。

(3) 问问其他小朋友他们还有哪些长处?这些长处是怎么来的?去和小伙伴讲一讲,表演一下。(改编自张莉.《大班社会活动:我也有长处》)

分析:本次活动以故事中小动物的长处来引出人类的长处,幼儿通过找长处的活动,既能欣赏自己,又能欣赏别人。在正确认识自己的同时,也能看到别人的优点、长处。尤其是当幼儿将自己绘制的周围生活中人们长处的调查表向大家介绍时,那些图片、画面深深地吸引了幼儿的注意,更让幼儿深切地感受到了每个人都有自己的长处,让幼儿学会互相学习、取长补短。为幼儿树立自信心,形成乐观向上、积极健康的生活态度搭建一个轻松的平台。这一活动融游戏、语言、绘画等为一体,给幼儿一个发挥创造潜能、大胆表现自我的机会,打破了传统教学的模式,让幼儿充分体验自主学习的乐趣,发展多方面的能力。

2. 发展幼儿与同伴间的合作意识,提升责任感

活动名称:我合作,我快乐

活动目标:

1. 理解合作的重要性和必要性,增强合作的意识。

2. 体验合作的成功和快乐。

活动准备:课件:蚂蚁搬豆、猴子捞西瓜;易拉罐若干个。

活动过程:

1. 游戏《背靠背》导入活动。让幼儿玩一玩,试一试,看看谁最快。游戏《背靠背》:坐在地上,手拉手,背靠背。铃声一响,立刻站起。问题:想想为什么××最快?

2. 设置情景,体验合作的重要。

(1) 让幼儿观看课件,并想想问题。问题一:如果有一只蚂蚁不来搬豆,这颗豆能搬回去吗? 豆子搬回去了蚂蚁就会怎么样?(大家有食物、心情愉快、高兴)问题二:如果说有一个小猴不愿意捞西瓜,或者小猴子不合作,不搭成梯,能拿到水里的西瓜吗? 拿到瓜了他们会怎么样? 问题三:前面我们玩背靠背的游戏时,××为什么快(或慢)? 引导幼儿理解合作重要性。

(2) 谈一谈,论一论。进一步引导幼儿理解合作的重要性和必要性,让幼儿明白我们在生活中需要合作,愿意合作会给自己带来更大的方便,只有善于合作才能取得成功。

3. 开展合作游戏,体验合作快乐。

(1) 重新体验游戏《背靠背》。鼓励引导幼儿合作游戏和体验成功。

(2)《金字塔》游戏,玩二次、三次:以小组形式,想办法将空罐子搭高、搭稳,比一比哪组搭的"金字塔"又快又高。

(3) 教师引导幼儿发现合作的情况,找找成功与失败的原因(下面的根基要打牢,动作小心、有序、高处轻放)。

(4) 请幼儿互相参观金字塔,并在金字塔旁照相,体验共同成功,共同快乐。

教师总结:在我们的生活中,有很多事情要靠大家团结合作才能把事情办好,所以我们从小就要学会友好合作,这样你就会感受到更多的快乐。

请幼儿在金字塔前照相。(改编自 3edu 教育网:《大班社会:合作快乐》)

分析:"孩子具有合作与分享意识,不仅是他们智力发展、健康成长的需要,更是他日后生存和发展所必需的素质。"随着社会的进步、科技的发展,在现今生活的各个领域中越来越需要人们具备与人合作、与人分享的品质。5～6 岁幼儿在生活中萌发了初步的合作意识,一些幼儿也具有愿意合作倾向,但让他们真正了解合作在人生中的重要性,还需要教师的引导和幼儿的进一步体验和感受,而本次活动就是引导幼儿在活动中讨论、发现与人合作的重要性和必要性,懂得什么是合作,如何合作,培养他们的合作意识和能力,并感受合作带来的成功和快乐。

六、做好幼小衔接

"幼小衔接"指的是幼儿从幼儿园生活向小学生活过渡之间的衔接,也就是幼儿结束以游戏为主导活动的学龄前生活,走上以学习为主导活动的正规学习生活的过渡。幼儿从幼儿园到小学,从以游戏为主导活动到以学习为主导活动,这一跨度是很大的。成人应该帮助他们做好以下心理准备。

1. 做好生活习惯改变的心理准备　幼儿在家庭或在幼儿园里,生活的时间性不强,脑子里缺乏时间概念;而进入小学,幼儿首先要适应打铃上课,上课要坐在固定的座位上,要注意听讲,不许随便说话,上课时不能去厕所等。最好是在家庭中或在幼儿园对幼儿进行一段时间的训练,或者把学前的幼儿送到小学的学前准备班,使之逐渐适应学校的生活习惯。

2. 做好独立自理生活的心理准备　学龄前期幼儿的父母、家长都要有意识地锻炼自己的孩子学会自己穿、脱衣服、自己洗脸等独立自理能力,为他们进入小学做好准备。接近入学年龄时,就要培养他们管理自己的文具、书包,以及怎样使用这些文具。一些幼儿缺乏基本的自理能力遭到同学的耻笑而造成心理上的压力,以致不愿去上学,严重者发展为环境适应性不良或发生心理障碍。

3. 进行学习动机的培养　新入学的幼儿对为什么要学习并不明确,幼儿教师应通过各种方法,激发幼儿学习的兴趣与积极性,还要用生动的实例讲解读书、学习的重要性,讲时要结合幼儿的理想、愿望,而不要空洞地只讲大道理。可以把幼儿的理想愿望与好好学习联系起来,从而启发和培养幼儿明确学习的动机和具有积极学习的态度。

4. 进行角色的演练与转变　幼儿入学,是从"玩耍的孩子"转变为一名按时完成学习任务的小学生。家长和老师要在幼儿入学前进行这种角色转变的演练。如对他们的称谓上,在家庭中称作"孩子",在幼儿园里叫"小朋友",而在小学中,老师和学生都要称呼"某某同学",在家庭中或幼儿园、学前班进行角色演练时,家长、老师都要称幼儿为某某同学,来启发幼儿入学后当学生的角色意识,并可常常对幼儿讲:"上了学就是一名学生了,就要遵守学校纪律,和同学搞好团结,尊敬老师,爱惜公物等,这些都是学生要做到的"。

思考与探索

＊　1. 如何设计不同的游戏方案,促进幼儿的积极情绪?
＊　2. 在幼儿园中,当幼儿有不良情绪时,教师该怎么办?
＊　3. 试举例说明不同年龄段的幼儿在语言发展指导要点上有什么区别。
＊　4. 请设计具体活动方案,促进不同年龄段的幼儿社会性发展。

Children

第四章

学前儿童气质分析与指导

主要内容

1. 儿童气质的基本概念。
2. 托马斯和切斯气质理论中 9 个气质维度的含义。
3. 9 个气质维度的水平过高和过低的主要特点。
4. 如何对待 9 个气质维度的极端特点。

基本要点

为什么儿童的行为表现形形色色？有的好动、有的安静，有的敏捷、有的缓慢，有的固执、有的顺从，有的爱笑、有的爱哭……儿童自以出生就表现出与众不同的行为特点，本章介绍儿童气质的概念，儿童气质无好坏之分，以托马斯和切斯的儿童气质理论为核心，逐一分析儿童气质各维度极端特点的长处和短处，将儿童气质的理念应用在对幼儿的抚养教育中，根据气质特点采取相应的教养方式，且应与气质特点相调适。

案例

乐乐天生爱笑、活泼，见人主动打招呼，人见人爱。他会自得其乐地玩，也喜欢和小朋友亲近，跟陌生小朋友一会儿就熟悉了。刚来幼儿园时，乐乐很快就熟悉了环境，并且习惯幼儿园的饭菜、作息时间。他待人友好，如果小朋友要玩他手中的玩具，他会让给其他小朋友玩或邀请一起玩。小朋友碰撞了他，只要说声"对不起"，他会马上说"没关系"，很快就和好了。所以，小朋友都喜欢和他玩。

玲玲聪明伶俐，但话少、不合群、笑口难开。上幼儿园见到老师也不愿意叫，即使叫了声音也小得难以听清。在幼儿园里，玲玲喜欢自己玩，有时对其他小朋友的游戏虽然感兴趣，但只在旁边看着而不加入，老师甚至曾经怀疑她有"孤独症"。有时也会与一两个熟悉的邻座小朋友玩，但容易抱怨。家长没有满足她的要求，她可能很久都不开心、不理睬别人。但是，玲玲也喜欢听故事、看动画片，玩时也会开心地笑，只是太少见了。

3 岁的贝贝是一个情感外露的孩子，刚出生时就哭声响亮，以后一直就是个大嗓门，不论在家还是在幼儿园，哭起来声嘶力竭、难以哄劝，玩得高兴时连蹦带跳、兴奋地尖叫，他的表现有时令年轻的老师不知所措。

雯雯是个乖乖女，自己安安静静地玩，很少大声吵闹，高兴时咯咯地笑几声。如果受伤了、哪里不舒服，即使哭了也只是声音很轻，一会儿就哄好了。在幼儿园中，雯雯被爱打闹的小朋友故意推搡时显得很胆怯也不敢告诉老师。

同样都处于无忧无虑的童年，为什么幼儿们的差异这么大？而且从一出生就是这样彼此有别，是什么决定了他们的行为差异？

第一节 气质的概念和构成

决定儿童行为特征差异的就是儿童气质。儿童气质是个性特征之一,是儿童行为的外在表现方式,体现了行为的速度、强度、灵活性等特点,主要由生物学因素决定,相当地稳定而持久。根据美国儿童精神科医生托马斯和切斯的理论观点,儿童气质分为 9 个维度,即活动水平、节律性、趋避性、适应性、反应强度、情绪本质、坚持性、注意分散度和反应阈。又可根据其中几个与养育关系较大的维度的特点将儿童分为难养型、易养型和启动缓慢型 3 个典型类型,以及中间型。

气质对儿童良好个性的形成及身心健康发展有不可忽视的作用,对儿童的社会适应和教育能力的发展具有深远的影响。运用气质的知识可以辅助家长和儿童工作者采取适合儿童气质的教养方式,预防和干预行为问题,当教养方式能与儿童的气质特点"调适良好",则儿童可获得最佳发展。反之,如果"调适不良",则儿童与外界容易冲突,导致行为问题的发生。例如,儿童的睡眠、饮食、注意、多动等问题,爱哭闹的孩子不一定就是躯体问题,好动的孩子不一定就是多动症,而可能是因气质特点所致。怎样根据儿童的气质特点进行抚养教育是在幼教工作中不可忽视的。

在运用气质的实践指导中,大体经过 3 个步骤:第一步,了解什么是儿童气质,明确气质无所谓好坏,气质维度两端的特点有长处也有短处,目的是接受孩子的气质特点;第二步,分析各个气质维度的特点,以及自己孩子或班级中某儿童的气质特点;第三步,针对不同的气质特点采取什么样的教养措施,与儿童的气质特点相调适,对适应不良、情绪问题、轻度的行为问题等进行预防和干预。

第二节 气质特点的分析

每个维度的高水平和低水平都各有长处和短处,需要一分为二地分析和对待。

一、活动水平

描述儿童身体的运动量,如儿童洗澡、室内外活动、玩耍时的活动水平。

1. 活动水平高的特点　活泼好动。长处是:精力旺盛,喜欢探究;短处是:会影响完成需要安静的事情,干扰别人,容易忽视安全。

2. 活动水平低的特点　安静少动。长处是:不妨碍别人,小时容易看管,做安静的事可能比较踏实;短处是:懒得动,做事速度显得较慢。由于动作慢,大人常常替代孩子做事情,这样,孩子就更加行动慢、效率低,而且体质常不够强健、显得缺乏活力。

二、节律性

儿童反复性生理功能的规律性,如对饮食、睡眠、排便等进行评价。

1. 规律性强的特点　生理功能和生活作息(如大便、进食、睡眠)的时间很固定。长处是:容易抚养,大人能较容易地预见孩子的活动、事先做好准备,如果习惯突然改变能容易引起注意,长大后做事情较有计划;短处是:规律过强会显得刻板,一定要准时,有变化就会烦躁不安,容易出现适应困难。

2. 规律性低的特点　生理功能和生活作息时间不确定。长处是:生活显得比较随意,容易接受生活习惯的变化,适应性较强;短处是:生活习惯不易被大人掌握,对抚养造成麻烦,长大后做事缺乏计划性,参加活动经常不按时。

Children

三、趋避性

孩子面对陌生人、新环境、新东西或新事物的最初反应,是接近还是退缩。

1. 易接近孩子的特点　　长处是:主动、友好、容易交朋友,容易接受新事物、新环境,如容易添加辅食、喜欢尝试,刚入托儿所/幼儿园或上学时容易接近;短处是:接近不良事物或人的机会也可能增多,如果没有分清好坏、危险,就会受到不良影响,招来麻烦,甚至危险。

2. 退缩孩子的特点　　长处是:小心谨慎,受不良事物影响的概率减少;短处是:显得"怕生",不愿意尝试新东西,抗拒添加辅食,不愿意上托儿所/幼儿园,比较难接受新老师,刚开始学习时显得难以接受新知识。

四、适应性

描述儿童对新事物、新情境的接受过程是容易还是困难,如:刚上幼儿园或学校,转换新的幼儿园/学校,刚开学的时候是否能很快适应作息时间、饮食的变化。

1. 适应性强的特点　　长处是:比较容易习惯新的生活方式和环境变化,如顺利渡过辅食添加的过程,习惯幼儿园的新环境,上学后很快适应学校的环境和学习要求,适应性强在多数情况下是个宝贵的特点;短处是:同上述易接近的特点一样,易受到不利或不良影响,因为孩子小,分不清好坏是非或潜在危险,也可能学会一些不良习惯或受到伤害。

2. 适应性弱的特点　　长处是:不容易受不良事物的影响,渡过了适应期也能做得很好;短处是:适应新环境、新食物、新事物的过程比较困难,容易出现情绪和行为问题。刚上幼儿园,适应慢的孩子2、3个月才习惯,甚至每次开学后都需要至少1个月的时间重新适应。学习新知识的过程显得"入门慢",虽然智商不低但也可能跟不上学习进度。

五、反应强度

对刺激产生反应的激烈程度,包括正性情绪和负性情绪。

1. 反应强烈的特点　　不论是否高兴都反应强烈,高兴时手舞足蹈、大笑大叫,不高兴时大发脾气。长处是:很容易吸引大人们的注意,得到更多关注或容易被满足要求;短处是:动辄就大哭令人烦,可能会夸大事实、令人误解,照养人可能会失去耐心,或因哭闹而满足要求容易养成任性的特点。

2. 反应弱的特点　　这类孩子的情感反应似和风细雨。长处是:不惹人烦,照养时较省心;短处是:因为不善于充分表达自己的需要和感受而易被忽视,得不到应有的关注和照顾。不高兴的时候也没有明显的表示,导致家长不能察觉孩子的真实感受就不会予以足够的关心。

六、情绪本质

孩子在日常中的积极情绪和消极情绪,是以哪种为主要特色。

1. 情绪积极的特点　　长处是:快乐孩子总是受人喜欢,对人、对事的态度都比较积极看好,不容易消沉;短处是:有时会因过于乐观、评价过高而出现麻烦。

2. 情绪消极的特点　　长处是:不会出现因盲目乐观而带来的麻烦;短处是:这样的孩子经常显得不愉快、不够友好,表面情绪消极的孩子会让别人感到不快,也令大人们担忧,但实际上他们内心同样渴望快乐、与人友好。

七、坚持性

做事情的坚持程度,可以表现为持续做一件事情的时间长短,也体现在做事情遇到阻碍、困难时,是否能克服障碍继续进行的坚持程度。

1. 坚持性高的特点　长处是:如果坚持的事情是大人或环境所认同的,就被认为是执著、锲而不舍,如能长时间认真看书、遇困难不轻易放弃、学习新技能反复练习直到学会;短处是:一哭起来就难停止,如果孩子坚持的是家长不允许的事情,就会被认为固执、任性、犟脾气,容易与家长发生争执。

2. 坚持性低的特点　长处是:孩子容易听从大人的劝告,显得"听话"、"顺从"、"规矩";短处是:孩子不能长久地做一件事情,怕困难,遇挫折容易放弃,难以取得好成绩。

八、注意分散度

是否容易受外界的干扰而分散注意被称为注意分散度。每个孩子的注意分散度不一样,专心宝宝与分心宝宝各有长短。

1. 注意不易分散的特点　长处是:做事时不太在意周围发生的事情,专心致志,效率高,学习成绩好;短处是:在婴儿期显得难哄,若过于专注一件事也会忽视了周围的人或事情,甚至是一些重要的信息或情况,如果在户外专注于某件事情时就可能忽视了安全。

2. 注意易分散的特点　长处是:在婴幼儿期容易抚慰、好哄,能较快注意到周围的事情;短处是:专注于一件事情的时间短暂,易被周围的事情分心,上学后因为容易分心而会影响学习成绩。

九、反应阈

引起儿童产生可分辨反应的外界刺激水平,如声、光、温度等刺激。

1. 反应阈低的特点　各种感官可能都很灵敏,容易注意到各种变化或差异,比如声音、光线、质地、温度、味道、别人的表情。听觉敏感的孩子,听力好、可能很有乐感,但不喜欢大声喧哗;视觉敏感的孩子,对色彩的感受细腻,但不喜欢闪烁的灯光;触觉敏感的孩子,不喜欢别人碰自己、怕疼;社会性知觉敏感的孩子很会察言观色,在乎别人对自己的评价。敏感的孩子,有响声就难以入睡或容易醒来,易紧张,比较胆小,容易出现同伴交往问题,怕被批评。

2. 反应阈高的特点　各种感官可能不敏感。例如,不在乎声音大小、光线强弱,即使周围声音嘈杂也能安然入睡;吃东西不挑剔;皮肤的触觉不敏感,穿什么质地的衣服都不讲究,不怕瘙痒和疼痛;喜欢热闹,不怕拥挤,喜欢触碰别的小朋友;不善于察言观色,不在意别人的表情、语气。不敏感的特点可能会令他们忽视很多变化或遗漏一些有用的信息,如探究事物的线索、危险信号。

第三节　根据气质特点的教养指导

一、活动水平

1. 对活动水平高的孩子　训练保持一定时间安静,结合孩子的兴趣适当做一些静的事情,比如画画、拼图、听故事、看书等;同时也要适当安排运动量较大的活动,否则会烦躁不安。例如,进行一些有意义的体育运动,在家中帮助做"家务",在幼儿园中帮老师做事情,这样既满足了他们好动的特点,又培养了多种能力。此外,要对孩子加强安全教育。

2. 对于少动的孩子　要适当增加活动量,和孩子一起做有趣的运动游戏,不要代替孩子做他应做的事。急性子的家长和老师要非常耐心,鼓励他们做自己应该做的事情。

二、节律性

1. 对于规律性强的孩子　可偶尔特意地打破规律,在不规律的环境中按实际情况安排活动,逐步训练适应生活的变化,让他们的"生物钟"能更灵活地调整。

2. 对于规律性低的孩子　从幼儿期起要开始培养孩子规律地饮食、起居、活动,入幼儿园或上学后要学会制订作息和活动计划,合理安排时间,家长自己也要注意生活的规律性,以身作则才能培养好孩子的规律性,上学后也容易建立起一个良好的生活、学习习惯。

三、趋避性

1. 对易接近的孩子　家长需要经常提醒他们注意安全,教导他们识别危险信号,大一点后注意教导明辨是非,对什么样的人要保持警惕,什么东西不能碰,什么地方不能乱跑。

2. 对退缩的孩子　不要强迫他们立即接受,更不要指责,应耐心引导加鼓励,在见到陌生人或到没有去过的地方之前,先做好充分的准备,如提前告诉孩子将要见到谁、要去哪里、要做什么。多为孩子创造接触新事物和社会交往的机会,循序渐进地逐步接受新环境、新知识。例如,添加新的食物时鼓励宝宝先尝一点儿,若拒绝就过一段时间再尝试,如仍无效果则调换可替代类似营养的食物。平日适当调换口味、食物品种、家庭摆设等以加强孩子接受新事物的能力。上幼儿园之前,在家中有意识地鼓励孩子的独立性,自己穿衣服、吃饭,提前去幼儿园熟悉环境和老师。

四、适应性

1. 对于适应性强的孩子　要注意适应对象的选择,是否有不良的倾向或危险的倾向,让孩子多接触有意义的事情,避免与社会上不好的事情有染、接受不良习惯或观念。

2. 对于适应性弱的孩子　要掌握循序渐进的原则,多创造接触外界的机会,提前做准备,慢慢来,多找机会带他们接触外界,常去没去过的地方。避免在孩子没有思想准备的情况下强迫他们适应新环境,刚上幼儿园或学校时,让他们逐步适应,提前接触。刚上学时,给予充分的适应时间。相信只要给予孩子足够时间并使用恰当的方法,一旦渡过了适应期也能正常生活、学习,做得与别人一样好。

五、反应强度

1. 对待反应强烈的孩子　他们容易有挫折感,如果高压强制,可能暂时听话,但逐渐会形成逆反、违抗,关系恶化。所以,在他们哭闹的时候不要急于表态,强烈的情绪也许只是因一桩小事,弄清楚原因,可以先用分散注意的方法令其缓解,若无效则采取冷处理,耐心等待孩子的情绪爆发消退,同时注意安全,等孩子安静后再以平静的语气对孩子讲道理。照养人千万不能也歇斯底里地发怒,而是要深呼吸几次让自己先冷静下来。

2. 对于反应弱的孩子　注意孩子虽然反应不很强烈,但内心的渴望和兴趣可能并不微弱,受到伤害不大声哭闹不一定就是不严重,鼓励孩子以恰当的方式表达自己的感受,少用否定的语言拒绝孩子,因为反应弱的孩子长大后容易因为拒绝而更加不愿意袒露自己的感受。家长、老师要更细心、更主动地关心反应比较弱的孩子。

六、情绪本质

1. 对情绪积极的孩子　注意经常告诉孩子与其年龄水平相适应的社会道德、安全规范以及保护方法,指导他们做出恰当的评价,以免对危险或不良事物也做出过高的"积极"判断。

2. 对情绪消极的孩子　避免指责,要了解他们表达情绪和态度的方式,如以什么方式表达同意或真正的不高兴,鼓励孩子的积极情绪,如孩子高兴的时候要尽可能延长这种状态,大人们在孩子面前要多表现出积极的情绪。

七、坚持性

1. 对坚持性过高的孩子　如果所坚持的事情是不合理的,如抢小朋友的玩具、做危险的事情,就一定要坚持说服他们放弃,不论反应多么强烈,都不能妥协,但在这过程中要注意运用策略循循善诱地引导,如转移注意,满足另一个相对合理的要求。教孩子学习用替代、选择、言语协商等策略。对孩子的行为和反应要有预见性,避免发生不必要的冲突。

2. 对坚持性低的孩子　采用循序渐进的策略完成任务,坚持让他们完成并达到一定的要求和最终目标,在完成过程中可以暂停休息,休息后继续直至完成,逐渐提高要求,不断地予以鼓励。将大的任务分解成几个小任务或小步骤,在鼓励和奖励下逐步进行,让孩子享受到成功的快乐和自豪,他们才有兴趣继续。

有时家长或教师也很固执,不论是否合理,非要孩子服从自己的要求,否则就认为孩子不听话。其实,照养人也要反省自己的要求是否合理,真得非要孩子按自己要求做吗? 对于天性固执的孩子,如果没有好对策,就最好少些冲突,非原则性或重要事情(如涉及道德、品行、安全)就不必一定限制。

八、注意分散度

1. 对待太专注的孩子　如果他们在做一件事情时忽视了其他重要的事情,有必要给予提醒,让他意识到其他应该注意的事情,理解他们有时听而不闻的现象,不是孩子故意不听,而是的确太专注了。

2. 对待易分心的孩子　在开始学习时,需要帮助他们集中注意,如减少周围令其分心的事情,经常给予提醒,使他们从令其分心的事情上回到该注意的事情上,或叫他们回答问题,提高学习兴趣,以使其注意力保持在课堂上。经常进行短时间的注意训练,逐渐提高注意的时间。

九、反应阈

1. 对待敏感的孩子　大人要善于体会他们的心情,多给孩子鼓励和肯定,即使批评了孩子则之后也要给予其他方面的肯定,比如说:"你很细心。"逐渐训练孩子对感觉的耐受性,如与孩子玩敲鼓游戏、皮肤按摩、鼓励集体活动等。避免给他们突然的刺激(如大声、强光等),尊重孩子的感受,鼓励他们敏感的积极方面。

2. 对待不敏感的孩子　需及时弥补孩子的遗漏之处,如加强安全和社会规范教育。3、4 岁后帮助不敏感的儿童学习观察别人的表情,经常让他们说说图画书、电视里面人物的表情、感受。

思考与探索

　＊ 1. 将儿童气质的理念运用到幼儿教养中,从哪些维度评估行为表现的差异? 遵循哪几个步骤?

　＊ 2. 对案例中的玲玲,作为教师根据她的气质特点,在幼儿教育中采取怎样的方法?

　＊ 3. 对于幼儿的退缩、情绪消极、反应强烈、注意力容易分散、坚持性差、过于敏感,应分别设计什么活动有助于改善其消极的方面?

第四章　学前儿童气质分析与指导

Children

第五章

幼儿自我调控促进指导

主要内容

1. 了解幼儿自我调控发展的具体项目。
2. 学习幼儿自我调控能力的培养方法。

基本要点

通过学前儿童的自我调控发展项目了解幼儿具有哪些自我调控能力。老师和家长通过日常生活中的活动、家长榜样、游戏、讲解学习等途径在以下 7 个方面促进儿童自我调控能力的发展：①学习识别情绪；②发展亲社会行为；③学习自我控制；④发展语言/言语表达；⑤学习问题解决方法；⑥培养独立性；⑦培养学习计划和规则。

第一节　儿童自我调控发展特点

儿童的自我调控是对自己情绪和行为的调节控制能力，从出生不久就存在并逐渐发展起来，3 岁以后发展起真正的自我调控能力，可参考《3～6 岁儿童自我调控发展项目》进行培养，见表 5-1。

表 5-1　3～6 岁儿童自我调控发展项目

项　　目
1. 不高兴或害怕时，若不哄，也能较快缓解（1 小时内）。
2. 能清楚地说出自己的两种心情，如：高兴、不高兴、生气、害怕等。
3. 主动要求让自己做事情，如：扫地、摆碗筷、穿衣服。
4. 自言自语地安慰或控制自己，如说："没关系"、"勇敢"、"小心"、"不能碰"。
5. 喜欢自我夸奖，说"宝宝乖"、"宝宝聪明"之类的话。
6. 会根据场合主动调整自己的言行使之更恰当，如在公共场合有礼貌。
7. 会用商量或试探性语言，如"能让我……"、"……可以吗？"等。
8. 见别人痛苦和不高兴会表示同情或安慰，如说"痛吗？""别生气"。

项　目
9. 主动帮助别人,有好东西与别人分享。
10. 在家以外的地方(如幼儿园、公共场所)能控制自己不发脾气。
11. 兴奋时(如大笑大叫、奔跑跳跃)能容易停止下来。
12. 能觉察出别人高兴还是不高兴,看别人脸色行事。
13. 看别人怎么做,自己也学着做,如模仿大人、小伙伴或故事人物的言行。
14. 虽然不愿意但也能服从大人的要求。
15. 会为自己的失误做解释,如说"我不是故意的"。
16. 知道自己做错事后会主动道歉。
17. 会用交换东西的方式达到目的,如主动与小朋友交换玩具。
18. 经过讲道理,能让步或放弃。
19. 将自己的东西整理好,不会散得到处都是。
20. 遇到困难,会想办法解决(自己尝试解决或找人帮助)。
21. 会做简单的计划并执行,如计划周末做什么。
22. 能按规则或步骤做事情,如:按图搭积木,按规则下棋、做游戏。
23. 愿意多次尝试,如拼图时一种方法失败了则再尝试其他方法。
24. 若不被同意,会尽力与家长或小朋友"谈判"。
25. 若原来的要求不能实现,可以降低或换其他要求。
26. 不愿意服从时,会设法找理由拒绝或谈条件。
27. 提要求时会考虑对方情况,如家长是否有钱买玩具、是否有时间陪自己玩。
28. 若想要的不能全部得到,则能容易地在其中选择一种。
29. 会自己做决定,如选择穿什么衣服、怎样布置自己房间、进行什么活动。
30. 喜欢与小朋友玩,而且别人也愿意与他/她玩。
31. 能用语言说清楚自己的愿望。
32. 会掩饰自己的情绪,如虽然内心害怕或不高兴但显得若无其事。
33. 会将自己的东西分类整理,而不是随意混放。
34. 受惊吓时,虽紧张但没有过于惊慌。
35. 遵守行为规范和公共秩序,如:不乱动、排队、在安静场合不大声喧哗。
36. 能与小朋友轮流玩,如:按规则轮换游戏,轮流玩一件玩具。
37. 做游戏时能遵守规则。
38. 要求别人做事情时,使用礼貌或建议性语言。
39. 不随便插嘴、抢答,经过思考才回答。
40. 虽然别人伤害了自己但道歉了,就能很快(不到半小时)原谅对方。
41. 能友好地与小朋友玩,如合作做游戏、一起讲故事。
42. 当要求被家长拒绝,会追问原因,如"为什么我不可以……"。
43. 能理解别人的一般性感受,如知道别人在生气、高兴、伤心、失望。
44. 能说出至少2条自己的长处和不足或优缺点。
45. 能说出自己两种以上的感受,如我"失望"、"高兴"、"害怕"、"生气"。

C hildren

项　目
46. 无需大人陪伴,能自己入睡。
47. 用婉转的方式提要求,如:"我很喜欢这个玩具,别人都有而我没有。"
48. 愿意尝试,如说"让我试一试",失败时说"没关系,再做一遍"。
49. 能适龄地评价一些事情的好坏是非、应该或不应该。
50. 知道一些因果关系,会使用"因为……所以……"这样的因果句子。

第二节　儿童自我调控发展指导

通过日常生活中的活动、家长榜样、游戏、讲解学习,在情绪识别、亲社会行为方面促进以下能力的发展。

一、学习识别情绪

(一) 教养指导要点

- 指认情绪图片、真实面孔:识别高兴、不高兴、生气、伤心、失望。
- 学说情绪词汇,能清楚地说出自己的几种基本心情,如高兴、不高兴、生气、害怕。
- 根据情景理解别人的一般感受:为什么高兴、伤心、痛苦、失望。
- 能站在对方的角度体会、理解其心情。

(二) 教养活动案例

❋ **游戏活动 1　情绪胸卡**

目标:认识和体验不同的情绪。

准备:准备高兴、不高兴、生气、伤心、失望等基本情绪图片的胸卡。

玩法:1. 教师或家长组织幼儿一起认识不同情绪的胸卡,帮助幼儿理解记忆基本的情绪词汇。

　　　2. 依次请幼儿随机抽取一张情绪胸卡,说出相应的情绪词汇,并做出情绪表情。

　　　3. 请幼儿说出表达自己心情的情绪词汇并做出情绪表情。

分析:通过认识情绪胸卡,理解情绪词汇,帮助幼儿将情绪表情和情绪词汇建立联系,为幼儿正确表达自己的情绪奠定基础。

❋ **游戏活动 2　说说我的心情**

目标:学会正确表达自己的情绪。

准备:准备3分钟左右的描述幼儿不同情绪表达的视频或动画片;彩笔和白纸。

玩法:1. 教师或家长组织幼儿观看视频或动画片,一起分析其中人物不同的情绪表达的利弊。

　　　2. 请幼儿说说自己当前或今天的心情并做出情绪表情,说出为什么。

　　　3. 请幼儿画出自己知道的表情,教师总结分析要学会正确的控制和表达自己的情绪。

分析:通过看、说、画和教师的分析总结,帮助幼儿认识和体验正确控制和表达自己情绪的必要性。

二、发展亲社会行为

（一）教养指导要点

- 见别人痛苦和不高兴会表示同情或安慰，如说"痛吗"，"别生气"。
- 主动帮助别人，有好东西与别人分享。
- 会根据场合主动调整自己的言行使之更恰当，如在公共场合有礼貌。
- 看别人怎么做，自己也学着做，如模仿大人、小伙伴或故事人物的言行。
- 会用交换东西的方式达到目的，如主动与小朋友交换玩具。
- 喜欢与小朋友玩，而且别人也愿意与他（她）玩。
- 能友好地与小朋友玩，如合作做游戏、一起讲故事。

（二）教养活动案例

游戏活动 1　大家一起玩玩具

目标：帮助幼儿体验分享的快乐。

准备：让每个幼儿把自己最喜欢的玩具带一件到幼儿园。

玩法：1. 教师将幼儿分组，以小组为单位请每位幼儿向其他幼儿介绍自己玩具的特点及玩法。

　　　　2. 教师指导幼儿小组内互相交换玩具，大家一起玩玩具。

分析：通过介绍玩具、交换玩具帮助幼儿体验和大家分享玩具的快乐。

游戏活动 2　讲故事

目标：让幼儿学习体验如何与别人协商合作。

准备：准备画有人物、建筑、动物、植物、食物等各种信息的小卡片。

玩法：1. 教师请每个幼儿随机抽取一张小卡片。

　　　　2. 以小组为单位，每名幼儿介绍自己的图片，并讨论合作用组内的所有图片讲一个完整的故事。

　　　　3. 推选一名幼儿代表大家讲故事。

分析：在介绍、讨论的过程中可以充分地让幼儿体验如何与别人沟通、协商、退让、合作，学习基本的沟通交往技能。

三、学习自我控制

（一）教养指导要点

- 自言自语地安慰或控制自己，如说"没关系"、"勇敢"、"小心"、"不能碰"。
- 控制自己不发脾气。
- 不随便插嘴、抢答，经过思考才回答。
- 掩饰自己的情绪，如虽然内心害怕或不高兴但显得若无其事。
- 保持镇静：受惊吓时，虽紧张但没有过于惊慌。

Children

(二) 教养活动案例

❀ **游戏活动 1** **不发脾气**

目标: 学习控制并表达自己的情绪。

准备: 准备幼儿发脾气的视频或动画片。

玩法: 1. 教师组织幼儿一起观看幼儿发脾气的视频或动画片,并分析主人公发脾气的危害。

　　　 2. 组织幼儿讨论如何不发脾气,合理表达自己的情绪。

分析: 通过视频让幼儿观察、讨论发脾气的危害,合理表达自己情绪的好处。

❀ **游戏活动 2** **不插嘴**

目标: 让幼儿学习不插嘴,等待表达的习惯。

准备: 教师组织谈话活动情景。

玩法: 1. 教师组织幼儿谈话活动"周末趣闻",鼓励幼儿积极表达。

　　　 2. 教师引导幼儿学习体验轮流依次表达的习惯,不插嘴,不喧闹。

分析: 让幼儿在集体中体验不插嘴,轮流表达,等待表达的习惯。

四、发展语言/言语表达

(一) 教养指导要点

- 自我夸奖,说"宝宝乖"、"宝宝聪明"之类的话。
- 会用商量或试探性语言,如"能让我……"、"……可以吗"等。
- 会为自己的失误做符合实际的合理解释,如说"我不是故意的"。
- 知道自己做错事后会主动道歉。
- 用语言说清楚自己的愿望。
- 礼貌用语:要求别人做事情时,使用礼貌或建议性语言。
- 询问原因,如"为什么我不可以……"。
- 用语言表达情感:说出自己两种以上的感受,如我"失望"、"高兴"、"害怕"、"生气"。
- 说出自己的长处和不足或优缺点。
- 鼓励尝试的语言,如说"让我试一试",失败时说"没关系,再做一遍"。
- 用婉转的方式提要求,如"我很喜欢这个玩具,别人都有而我没有"。
- 适龄地评价好坏是非、应该或不应该。
- 学习因果关系,会使用"因为……所以……"这样的因果句子。

(二) 教养活动案例

❀ **游戏活动 1** **学习协商**

目标: 学会用商量或试探性语言。

准备: 日常生活情景。

玩法: 1. 家长在日常生活中就具体事情和幼儿沟通时,主动用并帮助幼儿理解"可以吗"、"行不行"、"能不能"等协商词汇。

　　　 2. 有意识创设情景帮助引导幼儿在生活中使用协商词汇。

分析: 在自然的生活中幼儿学习体验并使用协商技能的效果会更好。

目标：鼓励幼儿用语言表达自己，增强幼儿自主意识。

准备：日常生活情景。

玩法：1. 教师或家长引导幼儿表达"我会干什么"，鼓励幼儿有更多的表达。

　　　　2. 教师引导幼儿进行"我愿意干什么"，"我想干什么"等表达。

分析：让幼儿学习表达的句子，并体验表达的乐趣。

五、学习问题解决的方法

（一）教养指导要点

- 遇到困难，会想办法解决（自己尝试解决或找人帮助）。
- 学习多次尝试，如拼图时一种方法失败了则再尝试其他方法。
- 经过讲道理，能让步或放弃。
- 若不被同意，会尽力与家长或小朋友"谈判"。
- 若原来的要求不能实现，可以降低或换其他要求。
- 不愿意服从时，会设法找理由拒绝或谈条件。
- 若想要的不能全部得到，则能选择其中 1 种。

（二）教养活动案例

❋ **游戏活动** *1*　学习让步

目标：让幼儿学会人际交往中必要的让步。

准备：桌面玩具少量。

玩法：1. 教师给每组幼儿少量桌面玩具（少于每组幼儿人数），允许幼儿自由玩耍。

　　　　2. 观察引导幼儿学习协商、让步、轮流和等待等交往技能。

　　　　3. 教师总结如何一起玩玩具。

分析：在真实的情景中让幼儿体验协商、让步、轮流和等待等交往技能。

❋ **游戏活动** *2*　想办法

目标：培养幼儿尝试想办法解决问题的能力。

准备：桌面积木、积塑等材料。

玩法：1. 以小组为单位，用桌面上的材料搭建两个小屋，一个花园。

　　　　2. 教师到每个小组个别指导，引导大家想办法，如何用有限的材料完成任务。

　　　　3. 教师总结遇到困难不要轻易放弃，要想办法自己解决问题。

分析：在活动中幼儿可以体验通过大家的努力，想各种办法可以自己解决问题。

六、培养独立性

（一）教养指导要点

- 自己做事情，如扫地、摆碗筷、穿衣服。
- 练习自己做决定，如选择穿什么衣服、怎样布置自己房间、进行什么活动。

- 无需大人陪伴,能自己入睡。
- 不高兴或害怕时,自己想办法缓解,如玩玩具、抱自己的宠物、自我安慰。

(二) 教养活动案例

❋ 游戏活动 1 整理玩具

目标:培养幼儿自己独立做事情的能力。

准备:将幼儿的所有玩具放在一起以备幼儿自己整理。

玩法:1. 家长创设幼儿自己整理玩具的场景。

2. 请幼儿自己将所有玩具整理好。

3. 家长检查并进行评价引导。

分析:在整理玩具的过程中家长不要插手,让幼儿独立观察思考、归类整理,整理后家长进行正面的鼓励与引导。

❋ 游戏活动 2 我是值日生

目标:培养幼儿独立做事的能力。

准备:幼儿园每日餐点环节。

玩法:1. 教师每天安排两名值日生帮助教师发筷子、勺子及简单的餐点。

2. 过程中尽量不要干预,有益培养幼儿独立做事的能力。

分析:在日常生活的餐点活动环节,幼儿参与服务可培养幼儿生活自理能力、任务意识。

七、学习计划和规则

(一) 教养指导要点

- 学习做简单的计划并执行,如计划周末做什么。
- 能按规则或步骤做事情,如按图搭积木、按规则下棋、做游戏。
- 将自己的东西整理好,不会散得到处都是。
- 会将自己的东西分类整理,而不是随意混放。
- 遵守行为规范和公共秩序,如不乱动、排队、在安静场合不大声喧哗。
- 做游戏时能遵守规则。
- 能与小朋友轮流玩,如按规则轮换游戏、轮流玩一件玩具。

(二) 教养活动案例

❋ 游戏活动 1 我的计划

目标:学习做简单的计划并执行。

准备:彩笔和白纸。

玩法:1. 教师引导幼儿进行意愿画"我的一家",请幼儿讲一讲准备如何画画、画什么、怎么画。

2. 请幼儿按照自己的计划画画,画好后给大家讲解自己的画。

3. 教师总结要做好计划并按计划执行的好处。

分析:通过说、画和教师的总结让幼儿体验凡事做好计划并按计划执行的好处。

❋ 游戏活动 2 图书馆借阅书

目标:培养幼儿规则意识。

准备：创设"图书馆借阅书"的场景，在活动室或幼儿园图书室。

玩法：1. 教师给幼儿讲解并示范借阅书的规则。

2. 请幼儿排队借阅书，对违反规则的幼儿给予相应的惩罚措施（警告或暂时取消借阅资格等）。

3. 教师总结让幼儿体验排队、遵守规则的意义，违反规则的危害。

分析：在真实的情景中让幼儿体验如何遵守规则，培养规则意识。

思考与探索

❋ 1. 自选某幼儿园的部分幼儿，采用《3～6岁儿童自我调控发展里程表》对其自我调控行为进行评估，并撰写调查报告。

❋ 2. 可以从哪7个方面培养幼儿的自我调控？请分别从这7个方面选择儿童自我调控发展内容中的一项指导要点，设计相应的游戏活动。

第六章

学前儿童常见心理行为问题的处理

主要内容

1. 儿童一般行为的常用应对技术。
2. 学前儿童常见心理行为问题分析与应对。

本章要点

针对儿童的行为问题,本章主要介绍的应对技术有榜样示范和行为矫正技术。行为矫正技术包括强化、消退、行为塑造和暂时隔离。行为矫正的基本原理就是,当儿童的某种行为得到肯定或奖赏,这一行为就会持续反复出现。而当某种行为出现后没有奖赏或者甚至得到惩罚,这一行为就会减弱甚至不再出现。针对儿童不同的心理行为问题,需要针对问题的原因和本质,采取不同的行为管理办法和应对措施。

第一节　儿童一般行为问题应对技术

一、榜样示范

帮助儿童建立良好行为时,为儿童示范标准行为或树立榜样。家长、教师应首先为儿童做榜样,如有礼貌、不乱发脾气、乐于助人等。其他榜样应在孩子心目中是有威望的、共同的形象,如某个英雄、儿童的偶像,但不要随意将孩子与其他孩子比较。

幼儿也可用娃娃做示范,如排便训练。孩子表现出排便训练的准备后,用娃娃教给孩子上厕所的过程,如果娃娃裤子是干的以及每一个步骤都完成得好,就给予娃娃积极的强化。然后,让孩子反复用娃娃模仿该过程,用假扮父母的角色做强化物。最后,让儿童自己进行这些步骤,父母给予表扬和奖励。

二、行为矫正技术

在儿童教育中,我们常常会发现如果儿童的某种行为得到肯定或奖赏,这一行为就会持续反复出现。而当某种行为出现后没有奖赏或者甚至得到惩罚,这一行为就会减弱甚至不再出现。这些现象体现了行为矫正的基本原理。

行为学说强调教育与环境在儿童心理和行为的发展中起着重要作用,认为不良行为是错误学习的结果。通过一定的技术手段,加强训练,改变问题行为、重塑新健康行为就叫行为矫正。行为矫正关注人的外在行为,其程序和方法以行为学原理为基础,强调观察行为的改变,不对引发行为的原因加以强调,不对行为的可能原因进行假设。

常用的儿童行为矫正技术可大致分为强化、消退与行为塑造。

(一) 强化

案例

小鱼在幼儿园总是跟其他小朋友发生冲突,上课时拿椅子去招惹小朋友,上课之后又到处跑,不肯按规定坐在椅子上,怎么讲道理都不听,就要按照自己的意愿来,否则就不高兴、发脾气。给老师的管理、幼儿园上课带来了很多麻烦。后来,老师发现,小鱼特别喜欢坐在教室某个特殊的游戏角落,于是,老师就鼓励小鱼,如果她能够坚持一节课的时间不打扰其他小朋友,坐在自己的座位上,那么,休息时就奖励小鱼在这个特殊的游戏角落玩一会儿。小鱼特别喜欢这个角落,于是她尝试认真遵守纪律一节课,下课后就可以在自己的游戏区里自由地玩耍。有一次小鱼没忍住,又在课上捣乱,课后无论是恳求还是故意挑衅,老师就坚决不允许她去这个游戏区玩。于是,小鱼总算明白了,为了能去喜欢的游戏区玩耍,就必须上课遵守纪律。一开始小鱼也觉得忍得很辛苦,久而久之,就慢慢习惯了。

1. 奖励强化法　为培养良好的行为习惯,最常用、最有效的手段就是正性强化法,又称阳性强化法。如果行为得到奖励,那么该行为就会增加,故又称奖励强化法。

奖励强化如何具体操作呢? 首先,确认目标行为,目标行为应该是可从程度上进行观察与评价的,可被控制且能够反复强化的具体的行为,所以"不听话"不是一个合适的目标行为,"吃饭时离开座位"则是一个合适的目标行为。确认目标行为后,则应选择有效的强化物,也叫奖励物。奖励物一般大致分为三大类:物质性、活动性和社会性。物质性奖励(强化物)包括零食、玩具、拼图、少量零花钱、儿童读物等;活动性强化物包括到特定的地方去玩、和父母一起做游戏、看动画片、看电影、请朋友到家里来玩等;社会性奖励(强化物)包括口头表扬、点头、微笑、拥抱、亲吻、握手、拍背、关注等。针对儿童具体情况,选择有效奖励,才能达到确实有效的强化与矫正的目的。

在开始实施之前,应与儿童进行沟通,取得理解和积极配合。沟通内容包括:要改变什么具体行为,采用何种矫正形式和方法、确定应用何种强化物等。

矫正过程中,每当良好行为出现,应立即给予强化物,不能延搁时间,并要向儿童讲清楚奖励的是什么具体行为,使其明确今后该怎么做。一旦良好行为建立时,应逐渐撤除可见的奖励物,而以社会性强化物及间歇强化的方法,使良好行为得以巩固和维持,并防止出现强化物过度使用而失效。

2. 惩罚　假若做了某件事之后,儿童得到的结果是失去了享用的奖赏物,或者得到了惩罚物,则再做这件事情的可能性就会降低,它可以部分减少或暂时抑制不良行为,不能完全消除。惩罚可以是剥夺权利的形式,也可以是直接施加的惩罚。在实施中应多使用剥夺式惩罚,少使用施与式惩罚。在实施前应让儿童知道惩罚的行为标准,让儿童明白对事不对人。应避免戴有色眼镜,或者盲目相信棍棒底下出好人,避免讽刺挖苦挫伤儿童自尊。惩罚应慎用,使用不当会激起不良情绪,破坏双方的关系,对儿童本身及旁观者都是不良的示范,内向的儿童会更退缩,有攻击倾向的儿童则容易模仿。

3. 代币制　这是一种条件强化。代币制是指出现良好行为后使用贴五角星、记分数、积卡片等代币作为强化物,稍后可以换取某种活动、某种物品或某种特许,以发挥其正性强化作用而实施的行为矫正技术。代币制不但可以个别实施,也可用于团体的每个成员,且较少产生由原始强化物所带来的饱和现象。

代币制的基本步骤:①确定目标行为,目标行为必须可操作、可观察,何时、何地、何事、何种标准。②选择适当的代币,代币必须是立即可以使用的,不容易复制,不可转让的。③选择奖赏方式,通过"奖赏清单"

让儿童表达自己所喜欢换取的活动、特权、物品的意愿,如在特定时段里看电视、自由活动、新玩具、麦当劳、喜爱的衣服或鞋子、涂鸦、当小老师、免除几次作业、参加竞赛、周日睡懒觉等。④将上述要素整合,指出何种行为可以获得多少代币,代币必须立即兑现;给所有的特许、活动、物品规定一个价值,儿童知道须赚取多少代币才能获得;指定时间和地点进行交换,并有郑重的监督。

须注意随时调整目标,从易到难,逐渐增加换取代币的良好行为的数量或难度。期待行为出现后立即兑现代币。作为强化物的奖赏决不能自由享用。代币系统不能太复杂。经常调整强化物清单,以防止饱和与厌倦。一旦目标行为日益稳定,应逐渐延长交换的时间。在交换时同时给予表扬。

(二) 消退

案例

> 小麦不喜欢自己动手穿衣服,小时候父母每次教他自己穿衣,他就不高兴,发脾气。后来每天早上只要没人帮他穿衣服,他就大声哭闹。一开始奶奶很心疼,觉得也不是什么大事,就一直帮小麦穿。现在小麦已经是中班的孩子了,他的同学都会自己穿衣服,但是他就是不愿意自己动手,每天午睡起来也是哭闹不止,非要老师帮他,这对幼儿园老师和其他小朋友造成了不好的影响。于是小麦的父母决定好好地处理下这个问题,他们决定,无论早上小麦如何哭闹发脾气,都不理他,只是将衣服放在他面前,告诉他自己穿上就可以了。一开始小麦哭闹不止,大声喊叫,甚至后来哭得声嘶力竭,大发脾气,将衣服扔得满地都是。奶奶几度都快忍不住了,父母却坚持不要去理小麦,不要满足他的无理要求。后来小麦哭累了,发现也没什么效果,就只好乖乖自己穿上衣服。再后来的几天,小麦的父母坚持不理会他的哭闹,坚持让他自己穿上衣服,小麦发现,无论怎么哭闹都没有作用,于是哭闹的时间逐渐缩短,偶尔会大闹一次,但父母都坚持住了,不予理会。一个月后,小麦早上能很顺利地自己穿好衣服起床了。

所谓消退是指若儿童的某一行为连续发生多次,都未能带来满意后果,无法达到其目的,这一行为就会逐渐减弱直到消失。简言之,就是有意忽视不当行为,对之不直接作反应。上述例子就是消退的例子,当然,如果消退法使用不当也会让儿童的良好行为消失或让其不良行为恶化,比如,睡觉时间到了童童向妈妈道晚安,妈妈没有反应,时间一长童童就不再跟妈妈道晚安了。又如涛涛欺负小同学,老师熟视无睹,涛涛欺负同学的行为就会愈演愈烈。

消退应与强化结合,对不满意行为不予理睬,而满意行为给予奖励,消退才能取得最佳效果。但是,当儿童的行为具有危险性,例如玩火,这样的行为应予以控制而不是选择故意忽略。

1. 消退爆发行为　一旦行为不再得到强化,其频率、持续时间或强度经常在减少和最终停止前会暂时地增加,即爆发行为。消退爆发会使问题行为的频率、持续时间或者强度可能暂时地增加,可能发生异常行为和情绪反应,甚至是攻击行为。

2. 自发恢复行为　问题行为可能在停止发生一段时间后又再次发生,这被称为自发恢复行为。在与问题行为消退之前类似环境的条件下再次发生问题行为的倾向。如果行为消退过程仍然在进行,一般自发恢复行为就不会持续很长时间。

(三) 行为塑造

良好的社会适应能力和行为习惯,都是由细小的行为累积而成的,在儿童发展任何新行为的过程中,逐步强化与目标行为有关的一连串反应,循序渐进,以养成目标行为的整个过程就叫行为塑造。

具体步骤是:①确定目标行为,目标行为明确,容易引发,应以能在生活中应用者为主。②确定与目标行为有关的初始行为,也就是最接近目标行为的具体行为。③细分目标,尽可能详尽,以免实施困难。④选择奖励物,个体化因地制宜选择奖励物,保证量少有效,多用社会性奖励物,可结合代币制进行。⑤实施行为塑造。

行为塑造过程中应注意只有接近目标行为的反应才应被强化,若出现接近目标行为的细小行为,都应被强化,小步循序渐进,使其更接近所期望的终点行为。须每个步骤训练成功后,才可进入下一步骤,不可操之过急。如果无法建立次一步骤的新行为,须即刻回到前一步骤,然后再继续训练。也不宜进展太缓慢,如某一步骤训练时间太长过分强化,反而使得下一步骤的行为不易出现。目标行为建立后,奖励物可间歇性给予,逐渐增加时间间隔,直至完成行为塑造。

(四)暂时隔离法

在该方法的执行过程中让孩子必须单独坐在一个枯燥乏味的地方(一间并不黑暗或吓人的房间里,但不是卧室,没有电视和玩具)待一会,这是改变不当行为的好方法。暂时的隔离对孩子是一个学习的过程,最好用于当孩子出现一种或几种不恰当的行为时。暂时隔离的步骤如下:①一致同意孩子的错误应受到暂时隔离;②将错误给孩子解释;③隔离时间为每岁1分钟(最长5分钟),时间到达之前孩子擅自离开或不安静,应再回去,重新开始计时,不超过3次;④当到了规定时间,照养者要问孩子为什么被隔离,问时不要发怒或指责,如果孩子不能回忆出正确的原因,可简单予以提示;⑤隔离后,照养者应及时表扬孩子好的行为。

三、放松法

放松疗法是通过一定的方法训练达到精神和躯体上的放松,从而缓解紧张、焦虑、恐惧、冲动等状态。放松训练要求有一定理解、接受能力和行为控制能力,所以对于儿童,一般适宜于4岁以后。

放松的方法很多,如呼吸放松、肌肉放松、生物反馈辅助下的放松、音乐辅助下的放松等。

基本放松方法的主要步骤:①平卧或坐位,保持一个安静舒适的姿势;②闭上眼睛;③从头面部开始逐渐到脚,按顺序放松肌肉;④调整呼吸,平稳而缓和;⑤幼儿每次持续5分钟左右,结束时睁开眼睛静坐一会再起来。

放松方法应由专业人员教授。

四、暗示法

孩子摔了一跤,其实并不很重,但如果家长马上将他抱起来,面露紧张地问"摔痛了没有",那么这时孩子很可能就会大哭起来。相反,如果家长显得很镇静,用鼓励的眼光看着孩子并说"勇敢点,自己爬起来",那么孩子很少会哭。孩子的反应就是家长的表情、语气和行为暗示的结果,前面的例子中,前者是一种消极的暗示,后者是一种积极的暗示。

暗示的方法多种多样,可以通过语言、文字、表情、手势等,可以在清醒状态下进行也可以在催眠状态下进行,可以他人暗示也可以自我暗示。

儿童的被暗示性比成人高,因此更适合接受暗示。例如,一个平日受宠爱的孩子因要求没有满足,就大闹不休,而后出现双下肢无力、不能行走的现象,父母十分着急,来到医院,医生对他进行各项有关检查未发现有器质性问题,就严肃地对孩子说:你的腿不能走路必须马上治疗,否则你以后就不能像原来那样跑跑跳跳、也不能上学了,我现在给你进行按摩,按摩的方法非常神奇,按摩时你会感到肌肉发热,按摩完你就能起来走路了。果然,按摩后孩子马上就起来走路了。暗示时一定要表现出真诚地关心,注意谈话的艺术。

第二节　学前儿童常见心理行为问题分析与应对

1. 喜欢吃手、将东西放在嘴里一定要制止吗?

三岁前的婴幼儿经常将手、玩具、安抚奶嘴等能拿在手里的东西放在嘴里吸吮,这种行为很正常。首先,婴儿只有手的精细动作和手眼协调性发展到一定程度,才会将东西放在嘴里,这是以后自己学习喂食的基础。其次,这也是婴儿最初探索外界、开始学习的途径,口腔是敏感的器官,可以感知物体的性质,通过吸吮玩具,婴儿逐渐了解到每种物体的特点。此外,这种现象也是婴儿自我安慰的表现,是一种自我调控能力,婴儿会自我安慰、自得其乐就不会麻烦大人,减少发脾气、哭泣这些消极情绪。吸吮就是婴儿最初的自我安慰,他们喜欢吸吮安慰奶嘴、吸吮手指等,只要吸吮拇指就会停止哭泣。

1岁以前,几乎所有正常的婴儿都吸吮过手指,1岁后很快减少,到4岁仍然有1/4儿童有自慰式的吸吮行为。这类行为不应强行制止,强行制止会带来亲子冲突和焦虑。当然,要注意安全和卫生。可采用分散注意方法,将其对吸吮手的兴趣转移到其他能接受的行为上,如抱个娃娃。对大龄儿童应同时讲道理。

2. 如何看待孩子的自我安慰行为?

最初的自我安慰是婴儿的吸吮,吸吮安慰奶嘴、吸吮手指等,婴儿只要吸吮拇指就会停止哭泣。一般而言,绝大多数1岁以内的婴儿都吸吮过手指,1岁后很快减少,1/4~1/2的1~4岁儿童仍然有自慰式的吸吮行为。随着年龄的增长,又发展出了其他自我安慰行为,例如,在6~10个月间的婴儿会出现有节律性的摇摆身体、撞头或摇头,或是有节奏地敲击甚至敲打自己,这类现象与婴儿的发育特点有关,节奏可以令他们感到愉快或是缓解不愉快的情绪。2岁以后的幼儿喜欢摸着或抱着一件东西入睡,任何小玩具如填充布玩偶、长毛绒动物,以及非玩具的物品如手帕、枕头、毯子甚至柔滑的丝袜等柔软的面料都可能为自慰的"依恋物",多数孩子只是在特定的时候才用,如睡觉、疲乏、生病以及感到不安时候。如果孩子的自我安慰行为是无损害性的,则不必制止,4、5岁时这些行为会自然消失,但如果家长非要限制或指责孩子的这些行为,例如不让吃手,反而会与孩子发生消极冲突,更强化了吃手行为,吃手的时间更长。

通过抚弄或摩擦自己的外阴获得愉快的感觉是比较特殊的自我安慰行为,俗称手淫。在1岁婴儿中即可出现,多发生在2岁以后。告诉家长不必紧张,先检查是否有局部炎症、裤子过紧、被子过热等外界刺激所导致,缩短清醒时在床上时间,转移其注意,帮助找到其他可以自慰的东西。少数5、6岁男孩的抚弄或摩擦外阴是因为阴茎勃起,若经常出现则需要就诊治疗。

3. 为什么孩子容易烦躁?

当原本安静的孩子变得烦躁、爱哭闹时,要检查有无刺激性因素的出现,需要辨认孩子发脾气的原因,针对不同的原因采取应对措施,避免惩罚或吓唬孩子。常有几个原因:①基本需求没有满足,如饿了、累了、困了、病了感到不舒服的时候;②幼儿很敏感,比一般儿童更容易感到不安、烦躁;③活动被限制;④想要影响别人;⑤以哭闹来试探或操纵家长;⑥失败,感到挫折。

如果是因为生理的基本需要,就在合理的范围内尽快满足基本的需要,尽量少说任何可能导致冲突、令孩子烦躁的言语。

对敏感的幼儿,尽快将引起孩子烦躁的东西拿走,不要多说什么。例如,孩子抱怨衣服太紧、太热,不喜欢衣服的式样或颜色,还不会表达的孩子只会用手推的动作拒绝衣服并显得烦躁,这时,换件孩子感到舒适的衣服,不必坚持孩子穿他们不愿意穿的衣服。

因能力、活动受限:有时候是孩子有能力但被大人限制,尤其对于活动量大的幼儿,由老人照顾或父母的性格喜静、怕危险,更容易发生冲突。检查是否对幼儿的活动限制过度。有时候是幼儿要显示自己的"本领"但"自不量力",可以找些替代性的活动让他们选择,供选择的活动也应能显示出孩子的"本领",让孩子有能力感。

试探或操纵家长:通常没有合理的原因,所以家长要坚持原则不让步,冷处理,直到孩子平静下来。

如果孩子不能说出原因,则可让孩子画画或游戏,通过对他们绘画和游戏的观察可以评价出孩子的状态。

4. 怎样培养儿童的注意力?

培养儿童的注意力应当从婴儿期就着手,循序渐进,可从以下几方面进行。

(1) 提出具体的要求,明确目的:孩子做游戏、画画、收拾东西时,以及要求他们应该完成但又并非符合兴趣的事情时,都要向他们讲清目的,提出具体而明确的要求和指导,使他们知道做什么、应该怎样做、达到什么目的。但是,要求不宜过高或过多,应适合孩子的年龄和能力,培养他们做事能够有始有终。如搭积木时先要求搭一个小桥,搭完后再搭一个小房子。

(2) 排除外来干扰,创造安静环境:在孩子看书、绘画、做事情的时候,大人们要为孩子创造一个安静的环境,不要在他们身旁大声讲话、将电视和音响的声音放得很大或经常做些易分散孩子注意的事。

(3) 使活动富有趣味性:富有趣味的事情容易使孩子产生兴趣,吸引孩子的注意,而对枯燥的事情则很快失去注意。

（4）结合孩子的表现，采取讲故事，树立榜样的方法：对于学前儿童可给孩子讲有寓意的故事，教导孩子应当做事专心，不要三心二意。如《小猫钓鱼的故事》，大猫专心钓鱼，一会便钓到一条大鱼，而小猫不专心，见蝴蝶来了就去捉，结果一条鱼也没钓到。对于学龄儿童可树立能够使他们信赖的榜样，按榜样来要求自己。

（5）有意注意时间不宜过长：儿童能够集中注意的时间比较短，集中注意的时间过长若超出年龄特点，会引起大脑疲劳，注意分散，所以在学习中要有适当的休息。

5. 孩子为什么在家和幼儿园的行为不一致？

有的儿童在家中与在幼儿园中的表现不一致，在家与在公共场合表现不一致，像个"两面派"。往往是在家中放任、脾气大或活泼话多，但在外面则非常乖巧、少言寡语甚至一言不发，这与孩子的气质特点和不同情景中教育方式的分歧较大有关。这样的孩子实际比较敏感，有较强的自我克制能力但调节能力较弱，他们在外能克制自己遵守规则，但在备受宠爱的家中则尽情发泄，而家长对孩子缺乏恰当引导，形成了孩子这种里外不一的行为方式。有的孩子即使在家中，面对严厉的家长和放任的家长，其言行也有很大区别。

对待这种幼儿，家长应注意教养方式，既鼓励孩子的自主性、社会交往和积极情绪，又对孩子的不恰当行为有一定的制约，家庭要求与幼儿园的要求、不同家长之间的原则应保持一致性。

6. 孩子为什么喜欢"破坏"？

儿童的"破坏性"的行为多种多样，虽然结果都是东西被毁坏，但动机并不一样，有的是无意性毁坏，有的则是故意的破坏，常有以下几种情况。

（1）好奇驱使：好奇促使儿童探索，如电动玩具为什么会自己跑，于是在探索过程中表现出喜欢拆卸东西，但由于能力有限，拆后往往不能重新装上，被视为"破坏"。有时虽是好奇，但不考虑后果，如用剪刀剪床单。

（2）失误所致：随着幼儿独立性增强，希望自己独立做事，如1岁多的孩子要自己拿杯子，但动作发展还不很协调，难免摔坏东西。活泼好动的幼儿，注意力不集中，经常无意间损坏物品。有的孩子因知识所限，不了解真相，如对于一些电器不知道如何使用而出现误操作。

（3）冲动、发泄：幼儿的情绪控制能力较差，遇到挫折、心情不愉快时就摔东西发泄愤怒。受到家长指责后不服气，为了报复将家里的东西毁坏。有时孩子的这种发泄行为是从成人那里学来的。

（4）不知爱惜物品：这样的孩子都是从小受溺爱，家长只知道不停地给孩子买玩具，却忽视培养孩子爱护东西的好习惯，孩子根本不在乎玩具坏了、丢了，从不爱惜玩具发展到不爱惜其他物品。

（5）为了吸引注意：当孩子感到寂寞或是受到冷落，有时会以摔东西或破坏东西来吸引别人对自己的关注。

7. 如何对待孩子的破坏行为？

孩子的每一次"破坏"都可能有不同的原因，不能不分青红皂白地斥责，家长要冷静处理，先要了解孩子"破坏"的动机是什么，然后根据不同原因采取不同的解决方法。

对于因好奇而导致的"破坏"行为，不要太计较一时的物质损失，即使孩子出于好奇而拆了家中生活用品也不应指责，先肯定孩子的这种探索精神，满足他们的好奇感和求知欲，然后因势利导，引导他们应该怎样做，给孩子予以必要的讲解，指导孩子如何将拆卸的东西安装起来。大人们有计划、有意识地创造让孩子多动手的机会，并将一些没用的东西给孩子拆卸，买玩具时购买适龄的可拆装玩具，这不仅有利于孩子的智能发展，也会降低"破坏"行为的发生。

对于发泄，家长平时就要注意以身作则，自己不拿孩子或东西做出气筒，鼓励孩子说出自己的感受，教孩子用适当的方法克制或发泄自己的怒气，如深呼吸、听音乐、体育运动、离开令孩子恼火的地方等。

对于不知爱惜物品的，应从小就注意培养儿童好习惯，限制玩具数量，惩罚故意破坏行为；对于无意的失误，家长应将易损坏的东西放到安全地方，并且经常提醒孩子不要碰坏东西，告诉孩子有关知识。

对于以摔东西来吸引注意时，应明确表明不喜欢这种破坏行为，要求孩子捡起来放好，必要时采取剥夺性惩罚，但同时及时鼓励孩子好的行为。

8. 怎样应对幼儿的攻击行为？

幼儿用拳头打人、拉头发、掐、咬、踢人等伤害别人躯体的动作是攻击的表现，骂人、虐待动物也属于攻击行为，躯体攻击在幼儿更为常见。幼儿攻击的原因可以有以下几种。

Children

（1）与不安或受挫折后的愤怒有关：得不到想要的东西或不能做要做的事情，又不能清楚地表达出来，因而发生攻击行为，并不是故意要伤害谁。教给孩子调控情绪的策略，例如，愿望得不到满足时找个替代物品，会讲话后学习用语言表达愿望和愤怒的情绪。

（2）与表达行为不恰当有关：宝宝高兴/兴奋的时候常敲打妈妈的头或拉妈妈头发，这与他们还不会使用恰当的表达方式有关，不知道这样的行为会给别人带来痛苦。对此，要教幼儿学习表达喜悦的方法，如拍手、拥抱。

（3）与强化有关：攻击出现后达到了目的而且未受到惩罚，如将小朋友推倒后抢到想要的玩具，没有受到对方的反抗和大人的惩罚，这就强化了幼儿的攻击意识，以为攻击是解决问题的有效方法。对此，应坚决地及时制止，最好在攻击出现之前就能发现迹象予以制止。

（4）吸引别人对自己的关注和注意：当以攻击来吸引注意时，之前很可能是大人们忽视了宝宝发出的非攻击性信号，惹怒了孩子，而当孩子出现了攻击行为才被注意并得到关照，于是强化了孩子的攻击行为。因此，应及时关注孩子恰当言行的表达并做出回应。

（5）与模仿有关：有时儿童攻击行为是由于模仿而获得的，如家长体罚儿童或电视中攻击性的镜头，应限制幼儿看这种节目。

（6）与先天性因素有关：基因特质、脑发育状况、神经递质等神经生理因素均决定了先天的攻击性强弱，先天因素导致的攻击性过强具有病理机制，这类人从小就可能表现出情绪唤醒度较高或是冷漠无情特质。

随着幼儿的沟通能力、自我调控能力的增强，一般的外在攻击性会降低。但是，病理性的攻击行为需要采用精神医学或医学心理学的方法治疗。

9. 怎样对待孩子的逆反心理？

2岁以前的幼儿通常显得很顺从，但随着对自主性的追求，2、3岁时他们就不那么顺从了，经常说"不"，反抗家长，这是与自主性发展有关的现象，与此同时，发脾气也有所增加。幼儿发脾气，主要是由于他们独立行动的愿望受到成人的过多限制，与家长的要求发生冲突，而幼儿的言语表达和控制能力较弱，就以发脾气来对抗限制，令家长感到孩子很不听话、不顺从，出现了所谓的3岁"危机期"或"第一反抗期"。此外，当幼儿要学习掌握一项技能时，遇到失败的挫折也会引起发脾气。在脾气发作的时候，采取分散注意、"冷处理"、"隔离"的方法是缓解发脾气的较有效措施。更重要的是家长要能善于引导，鼓励孩子独立性和能力的发展，减少限制，便会顺利渡过这个时期，逐渐发展积极的个性品质；家长处理不当，幼儿的非理性自主要求就会发展为任性的消极品质。孩子经常发脾气，暗示着家庭和孩子均可能存在着问题，需要干预。

10. 孩子为什么爱啃手指、咬指甲？

咬指甲、啃手指是儿童时期较常见的现象，原因并不很清楚，如果长期存在则成为一种行为问题。孩子出生6个月左右开始经常吸吮手指，有人认为是出牙期间牙龈痒而形成的习惯，另据推测可能与要求获得一种自我安慰的心理有关，正如吸吮奶头或奶嘴一样，吸吮手指可以给婴儿带来一种满足，正常的需要若得不到，如饥饿、缺乏母爱、不被关注，则以吸吮手指来获得安慰，时间长了形成习惯，即使年龄大了，但当受到挫折、内心矛盾或恐惧不安时仍然用小时候的办法来获得自我安慰。

短时间内一过性的咬指甲、啃手指不需特别纠正，会随年龄增长而自然消失。如果此类行为持续较久，后者对孩子平时的生活、学习、身体健康产生了影响，则需要干预。以行为矫正为主要治疗方式，可用转移注意、游戏的方式减少孩子的刻板行为，或者寻找替代物，学习无伤害性的替代行为。

避免给孩子造成紧张、孤独的情况；不要老是盯着孩子吃手或咬指甲的行为指责甚至打骂，这样虽然孩子表面上克制住不做，但背着父母却可能更加严重。应让孩子手中多做一些有趣的事情，以丰富多彩的活动和与同伴的交往吸引孩子的注意，让孩子的生活充实起来，多进行手工活动，学会放松技巧。在行为矫正过程中，要持之以恒，家长不要面对孩子表现出过分着急的样子。必要时可予以一定的药物治疗。

11. 怎样消除儿童的害怕恐惧？

每个人都有害怕、恐惧的经历，有的时候成人可能都难以应对，更何况孩子。因此，我们需要了解孩子可能害怕的东西、原因，帮助孩子克服害怕恐惧的方法。不同年龄的孩子害怕恐惧的内容会略有所不同。小年龄的孩子容易害怕陌生人，所以当需要给孩子引见陌生人时最好有熟悉的大人在场，在孩子见到陌生面孔而感到不安时给予适当的安抚。再大一点的孩子，有时会害怕被父母遗弃，有时当父母上班未归，或者因为有事延误未能按时到幼儿园接孩子时,孩子都可能会产生被遗弃的恐惧感,因此这一阶段,父母尽量避免不辞而别。学龄前期的孩子开始接触各种各样的东西,因此害怕恐惧的对象也开始多了起来,例如电闪雷鸣、凶恶的动物、黑暗、流血、恐怖的电影镜头等。

当孩子害怕的时候,首先要做到的是,切勿责备或嘲笑孩子。骂孩子是胆小鬼,或者吓唬孩子不许哭,这都不是好办法。不要强迫孩子否认或隐藏自己的恐惧感,可以安慰孩子"很多像你这么大的孩子都会害怕,这很正常",不要让孩子为此感到难为情,然后再帮助孩子消除这种恐惧心理。

可以向孩子讲明事情的真相,教孩子正确认识各种自然和生活现象,告诉孩子他所恐惧的事物究竟是什么,当令人毛骨悚然的怪物被你一语点破,孩子的恐惧感也许就会自然消失。例如,孩子害怕闪电,就可以告诉他闪电是怎样形成的,距离我们真正有多远,我们该怎么做来避免闪电造成的伤害等。

可以通过示范作用来帮助孩子消除恐惧,例如,家长示范如何克服害怕,或者给孩子讲一些英雄鼓起勇气克服恐惧的故事,都能培养孩子的勇敢精神。反之,如果家长总是在孩子面前大惊小怪,畏畏缩缩,那么也可能使孩子难以鼓起勇气面对恐惧。

尽管儿童对某些事物存在恐惧感是正常现象,但家长仍然需要注意避免让孩子承受过多不必要的刺激,因为惊吓和恐怖会给儿童的精神带来创伤,影响孩子的生活和行为。因此,不要带太小的孩子去环境阴郁或有可能产生突然刺激的场所,如火葬场、墓地、游乐场所中一些恐怖刺激的项目等,日常生活中也应避免让孩子观看充满暴力、血腥、恐怖、惊悚的画面。

总的来说,注意培养孩子的独立感和坚强感,让孩子对自己处理问题的能力比较自信,懂得遇到挑战时,能够镇静自若地去处理应对,能够自己鼓励自己"我是勇敢的,我是安全的,我能应对的",那么,也会减少孩子产生恐惧的心理。

12. 孩子为什么不愿上幼儿园?

当孩子不愿去幼儿园时,首先是尽量弄清楚原因所在。对于刚刚准备上幼儿园的孩子来说,可能的原因有环境和老师伙伴的不熟悉,给他们带来陌生感,从而产生恐惧的心理,也有可能是孩子从个体、相对自由的生活方式过渡到集体、有规律的活动方式,难以接受。如果是已经在幼儿园正常待过一段时间的孩子,突然不去幼儿园,或者一提到去幼儿园就头痛、肚子痛等不舒服,那么原因相对复杂一些。可能是因为他在幼儿园遇到了困难,受到了挫折,可能因为他在幼儿园的要求没有得到满足,或者他生病、放假等原因隔了一段时间未去幼儿园,面对重新适应感到很困难,也有可能因为家里的一些事情让孩子不愿离开家人,还有一些可能家长和老师都很难意识到的因素,造成了孩子拒绝去幼儿园。

针对不同的情况,应该有不同的应对方案。对于刚刚准备上幼儿园的孩子来说,家长主要帮助孩子做好入院前准备工作就好。例如,多给孩子讲幼儿园有趣的故事,带孩子事先参观幼儿园几次,熟悉环境和老师同学,让孩子先初步感受一下幼儿园生活的氛围,家里的作息安排和生活规定可尽量贴近幼儿园的要求,以帮助孩子能尽快适应幼儿园的要求。此外,就是多鼓励孩子,让孩子能自愿地、轻松地去幼儿园。

对于去过一段时间幼儿园而又拒绝再去的孩子,尽量寻找原因后,对症处理。如果是在幼儿园遇到困难的,可以帮助孩子寻找克服困难的方法,鼓励孩子有勇气、坚强面对。如果孩子觉得幼儿园没满足他的要求,则判断一下,合理的要求可以尽量满足,不太合理的,则讲明规则和原因。如果孩子确实是身体不舒服,可以暂时在家休息,也可以送去幼儿园后跟老师说明情况,以便老师必要时给予照顾安排。对于休息后就不愿重返幼儿园的孩子,家长事先耐心做好准备工作,然后对于送幼儿园一事持之以恒,没有特殊情况则无须特意中断,避免孩子一哭闹就不送幼儿园。

总的来说,多鼓励孩子与伙伴交往,多与老师沟通寻找孩子的闪光点,帮助孩子在幼儿园感到自信、快乐,融入了集体生活,那么,孩子去幼儿园就会变得顺利许多。

思考与探索

* 1. 在幼儿园里可以用哪些方法作为奖励?
* 2. 幼儿园中怎样采用代币方法?
* 3. 怎样用行为矫正技术管理儿童的破坏性行为?

Children

第七章

学前儿童常见心理行为障碍

主要内容

- 儿童心理行为问题的防治方案。
- 常见儿童起病的发育障碍。
- 常见儿童情绪障碍。
- 常见儿童行为障碍心理因素相关的生理障碍。
- 儿童的忽视和虐待,留守儿童的心理。

基本要点

首先,以家庭和幼儿园为基础介绍在预防和初步干预幼儿心理问题过程中应注意的问题,如教养方式等。然后,介绍幼儿常见的发育行为问题和心理障碍的种类和概念,如精神发育迟滞、孤独症谱系障碍、注意缺陷多动障碍、焦虑障碍和适应障碍的成因和临床表现,并简要讲解注意缺陷多动障碍、焦虑障碍和适应障碍的防治方法或处理原则。此外,幼教人员还应关注儿童的忽视、虐待和留守儿童的心理。

案例

兰兰的家庭三代同堂,爸爸是记者,妈妈是律师。作为知识分子,他们一直在家庭生活中贯彻民主自由的理念,主张和孩子做朋友,凡事都按兰兰的喜好来安排,习惯跟兰兰讲道理,从来不责骂孩子,爷爷奶奶对兰兰更是百依百顺。可是,他们渐渐发现兰兰虽然聪明能言善辩,但比较固执,常常不听指令,管教起来非常吃力,父母跟她讲道理,她往往针锋相对,讲的道理比父母还多,在幼儿园也不懂妥协和忍让,碰到些小麻烦后就气呼呼地不肯去上学了。

分析:父母该不该跟孩子做朋友呢? 尊重孩子如何把握"度"? 怎样的教养方式才是最合适儿童成长的? 幼儿园老师又该如何引导防止孩子出现心理行为的偏差? 以上问题可能是每位学前儿童父母以及幼教工作人员所关注的。如何在日常生活中和幼儿园的日常教学中因势利导促进幼儿健康,如何早期识别和干预幼儿可能存在的心理行为问题,将是本章重点阐述的议题。

第一节　儿童心理行为问题的防治方案

学前期儿童身心发展迅速,对今后的健康成长具有重要意义。许多成年期出现的精神障碍可起源于儿童青少年早期。健康的心理行为不仅是学前儿童智力发展、健康成长的需要,更是他们将来生存和发展所必需的素质。因此,防患于未然,早期发现早期干预儿童的心理行为问题对儿童心理健康促进具有非常重要的意义。以下将就预防和治疗两个方面对儿童心理行为问题的防治方案进行阐述。

一、学前儿童心理行为问题的预防

预防儿童心理行为问题有3个关键因素:①培养儿童的自尊、社会性和自主性;②创造温馨和谐的家庭氛围和学校氛围,教养态度一致;③建立鼓励儿童个人竞争技巧发展的社会支持系统。家庭和幼儿园协调教育方法,统一教育要求,是促进幼儿心理健康的重要保障。

(一)家庭中幼儿心理行为问题的预防

家庭是幼儿生活最长的场所,父母的言行对幼儿具有重大影响,幼儿的家庭结构不完整,家庭成员之间的关系不够融洽,父母的教养方式过于独断或过于疏忽,以及亲子关系不良等家庭环境因素对幼儿心理行为问题有重大影响,甚至成为幼儿心理与行为问题的主要原因。

1. 适当的教养方式　就教养方式而言,首先要重视的是家庭成员必须有一致的教养态度和教养方式,不同的教养方式会造成幼儿无所适从、引发两面讨好说谎等问题。

(1)教养方式的类型:具体的教养方式可分为以下4种典型类型。

1)权威型:权威型的学前儿童家长给予孩子适度的关爱与限制,能以平等的身份与孩子进行交流与沟通,并能接纳孩子们合理的意见和想法。他们互相尊重,彼此关心。孩子虽小,但也有较强的自尊心,父母应尊重他们的权利和需求,对儿童的兴趣加以引导,挖掘他们的潜能。尊重孩子是家庭教育的首要原则;爱而不娇,严而有格,宽松而不放任,自由而不放纵,在家庭教育中把握好"度"是家教成功的秘诀。

2)专制型:专制型的父母操纵子女的一切,用权力和强制性的训练使孩子听命,享有无上的权威,很少考虑子女的思想感受,只从自己的主观意志出发,代替子女思考,强迫子女接受自己的看法和认识,子女必须按照父母的认识和意志去活动,不能超越父母的指令。这种类型的父母对子女要求过分严厉,有过高的期望,缺少宽容,限制太多,教育方法简单,态度生硬。这种教养方式下的孩子被动压抑,缺乏自制能力,可能形成两种截然不同的个性:一种表现为顺从懦弱、退缩压抑,缺乏独立判断和处理问题的能力,面对挑战采取回避的态度;另一种表现为逆反心理强,遇挫即表现出敌对的反应,冷酷无情、有暴力行为。

3)溺爱型:溺爱型父母一般很少向子女提出要求或施加控制,对孩子的爱缺乏理智和分寸,即使子女提出过分的要求,往往也采取"听之任之"的态度。这一类型的父母对子女怀有过多的期望与爱,为孩子提供无微不至的帮助和保护,但是却忘记了孩子社会化的任务,对孩子百依百顺、有求必应。对于孩子不合理的要求与缺点既不制止,也不纠正。长期的溺爱型教养会导致孩子懒惰、自理能力差,一切以自我为中心,不进取,不努力,自我控制能力差,当要求他们做的事情与愿望相背时,他们不能控制自己的冲动,常以哭闹等方式寻求即时的满足,对照养者表现出强烈的依赖和无尽的需求,而在任务面前则缺乏恒心和毅力。

4)忽视型:忽视型父母对孩子既缺乏爱的情感和积极反应,又缺少行为的要求和控制,亲子互动少,对孩子缺乏基本的关注与了解。这样的父母认同"树大自然直"的观念,对孩子漠不关心、放任自流。这种现象多存在于工作繁忙、交际应酬多、业余时间少的父母,父母一心扑在自己的工作学习上,少与孩子交流沟通,忽视孩子的内心世界和需要。忽视型教养方式下的儿童容易形成冷漠、自我控制力差、易冲动、不遵守纪律、具有攻击性、情绪不稳等不良的个性特征,在青少年时期容易发生不良行为问题。由于与父母之间的互动很少,这种成长环境中的孩子出现适应障碍的可能性很高。交往中产生挫折后,易对立、仇视,从而发生攻击行为。

以上4种家庭教养方式中,权威型是值得鼓励的,既尊重儿童的独立的天性,又善尽父母教育之责,其他3种教养方式均不可取。

(2)如何树立正确的教养方式:儿童的良好行为和个性特征不是一朝一夕形成的,需要父母树立良好的教养观念并给予孩子正确的教养方式。需要父母从以下4个方面进行努力。

1)以身作则,合理管束:有言道"没有规矩,不成方圆"。父母应立下一定的规矩去管理约束孩子,"言传不如身教",作为父母更应当以身作则,严格要求自己做孩子的表率。言行一致,才会树立威信,对孩子的教育才会有力量。

2)接纳孩子,适当期望:应充分尊重孩子的个性,孩子在成长的路上不断尝试常会有错,父母应该理解并赏识孩子的长处。不是总担心孩子做不好,处处过问事事代劳,应该相信孩子在生活中学会克服困难,养成良好的独立能力和自信心。同时,也应当引导孩子树立适当的目标,目标不应该过高也不可太低,让孩子稍加努力就能做到,跳一跳就能够得着,并且帮助孩子在树立长远目标的同时把目标具体化并落实到每一天并帮助孩子持之以恒地努力,养成不怕困难、积极进取的心理品质。

3)感受关爱,适当挫折:父母应当尽量营造和谐的家庭氛围,让孩子感受家庭的温暖,学会热爱父母,进而热爱集体和自然。另一方面,父母也应该有意识地让孩子感受适当的挫折,如忍受饥饿、失败和批评等,锻炼其心理承受能力和自我恢复的能力,平等竞争及合群、协作的素质。

4)平等沟通,循循善诱:父母应细心关注孩子成长过程中的情绪、行为的微妙变化,给孩子以理智的关爱和适度的控制。尊重他们的权利和需求,对兴趣加以引导,挖掘潜能。遇事平等协商,给孩子启发式的帮助。在家庭中预防幼儿的心理与行为问题,除了努力营造和谐、宽容、融洽的家庭氛围,采取科学、合理的教养方式,建构良好的亲子关系之外,家长也应该关注幼儿心理的健康成长,反思家庭中潜在的问题和家庭教养方式,改善亲子关系,努力守护和促进幼儿健康成长。

(二) 幼儿园中幼儿心理行为问题的预防

在幼儿园促进学前儿童心理健康发展的途径多样,可以通过优化幼儿园环境,加强家校的同步教育,寓教于乐,在日常教育活动中潜移默化、注重引导,有效促进儿童心理行为健康发展。

在幼儿园情境中,教师应利用环境因素预防问题行为的发生,并促进幼儿亲社会行为的形成。应注重物理环境的设置,良好的物理环境一方面能提供给幼儿较安静和舒适的空间环境,另一方面有利于培养幼儿之间积极的创造性互动。具体可以在幼儿园内种植草坪、花卉、修建嬉水池、改建沙地等,在日常活动中为幼儿提供充分活动和表现能力的机会,让幼儿在轻松的环境中进行学习和探索,培养爱自然爱劳动,乐观合群,善于寻求帮助等良好的品质;对教室应进行合理布置、合理设计和划分活动区域。

除了设置各种有益于幼儿身心发展的硬件设施之外,构建良好的软环境也是重点。首先,幼儿园教师要提高自身的心理健康水平,用健康的心理和健全的人格影响和促进幼儿的健康成长。教师是幼儿的支持者、合作者和引导者,建立良好的师生关系,不仅是现代教育对教师的要求,也是预防幼儿心理行为问题的重要内容。

在日常教学中,教师平等对待每个幼儿,潜心了解每个幼儿的个性特征以及能力差异。尊重每个幼儿的兴趣和需要,评价孩子时尽量采用鼓励的语气。帮助他们获得正确的交往技能,减少自我中心,协调同伴关系。安排好常规活动,制定合适的教学进度表。教学进度表、常规活动的合理安排也可以预防问题行为的出现和发展。固定的进度表能使幼儿预见下一步要发生的事情,并按照清晰的规则进行活动,获得预期的结果,这有利于幼儿形成自我调节的技巧。

开展适合幼儿发展水平、有趣又富创造性的活动既有利于幼儿的发展,也可以较好地防止问题行为的发生。教师还可以通过与幼儿积极互动,引导幼儿积极行为的出现。对幼儿偶然出现的问题行为,教师应避免过多强调"问题",而是尽量对其行为中的积极部分给予肯定和鼓励,并给幼儿明确的、可理解的行动方向,不仅告诉他们不要做什么,同时应告诉幼儿去做什么,为他们的积极行为提供积极引导和参考。对于逐步增强的不良行为,应积极观察和监控。

发展良好的同伴关系不仅是幼儿社会性发展的重要内容,也是预防幼儿心理行为问题的重要途径。幼儿园是幼儿最早接触的集体环境。在家庭规模小生活节奏快的当代,幼儿园成了幼儿社会化的重要场所,幼儿可以通过与同伴交往、合作、分享,掌握社会交往技能,养成良好的社会性行为,进而形成良好的个性心理,若同伴关系不良,会出现退缩不合群、多抱怨、攻击性强等心理行为问题。

二、学前儿童心理行为问题的干预

学前期是行为问题开始出现和初步发展的时期,虽然与年长儿相比,学前儿童行为问题的发生率、复杂程度和严重程度都相对较低,但是对于这一阶段行为问题的干预和治疗却有重要的意义。这是因为:个体的问题行为具有连续性,早期的问题行为若不能得到及时的干预,会增加日后适应的困难,而且随着时间的推移可能会转化成慢性的失调。另一方面,发展早期的问题行为的影响因素与作用机制相对简单,因而干预相对容易取得成效。具体可采用的干预治疗方法如下。

(一)游戏疗法

游戏是儿童的天性,在游戏中幼儿以最自然的方式表达自我、学习外界事物并逐渐认识和发展自我。游戏疗法是一种利用非语言手段来实现心理健康促进的心理治疗技术,是幼儿心理行为干预最常用的方法之一。

游戏疗法的目的是对儿童的内心世界进行再整理,对儿童在日常生活中的适应过程起到整合作用。

根据幼儿心理行为问题的类型、严重程度,以及幼儿的兴趣和气质特征,可选择不同的游戏疗法,如音乐疗法、绘画疗法、沙盘疗法、心理剧等。也可根据干预的目的而分为发展性游戏疗法和矫正性游戏疗法。发展性游戏疗法主要侧重于促进幼儿的认知水平和社会性发展,而矫正性游戏疗法则针对幼儿的心理行为问题。幼儿通过游戏探索自己的情感、态度和行为,获得积极的体验和适应周围环境的能力,进而解除紧张的情绪,提高自我意识、自我表达能力、自尊水平和处理人际关系的能力,进而提高整体心理健康水平。个体性的游戏治疗(如沙盘游戏治疗)对由学前儿童本身的情绪而导致的问题较有效,而集体性的游戏治疗则对由社会适应困难而引起的问题较为有效。

家庭治疗亦发展出一套指导性的游戏治疗,教导父母与孩子进行游戏治疗,称之为亲子游戏治疗。

(二)感觉统合训练

人类生存所需的最基本且最重要的感觉包括听知觉、前庭平衡觉、本体感觉、触觉和视知觉。各神经系统传导的不同感觉在脑干组织统合,中枢神经的各部位才能整体工作,从而使个体能顺利地与环境接触。

幼儿因大脑皮质各部分区域兴奋程度不一样,神经活动的兴奋和抑制过程不平衡,部分区域或细胞核团功能相对活跃,这就造成了大脑皮质的协调性差,整合功能紊乱,儿童感觉统合训练是心理行为专家评估和诊断幼儿的感觉统合失调程度及智能发展水平,运用滑板、秋千、平衡木等游戏设施对儿童进行训练,对幼儿心理行为问题进行干预的方法。其目的不在于增强运动技能,而是改善脑处理信息的"脑的神经功能"。

感觉统合训练的关键是同时给予儿童前庭、肌肉、关节、皮肤触摸、视、听、嗅等多种刺激,并将这些刺激与运动相结合。它涉及心理、大脑和躯体三者之间的相互关系,而不只是一种生理上的功能训练,儿童在训练过程中获得熟练的感觉,增强自信心和自我控制的能力,并在指导下感觉到自己对躯体的控制,由原来焦虑的情绪变为愉快,在积极积累经验的基础上,敢于对意志想象进行挑战。

(三)行为矫正

行为矫正是根据学习的原理运用奖赏的方法改变或消除不良行为,并塑造学前儿童顺应社会的良好行为的方法。常用的有消退法、隔离法、惩罚法、榜样法、系统脱敏法、代币法等。

与其他干预的方法相比,行为矫正更注重干预目标的明确化与具体化。干预过程通常包括界定问题、调查背景、确定目标及相应的手段与具体的实施步骤,以及事后的评价等。

行为矫正应事先制订周密的计划,确定阶段性目标及相应的手段,在面对幼儿心理与行为问题时要综合考虑生物、心理、社会诸方面的因素,在解决某一问题行为时要全面考虑各种具体方法的综合运用。

Children

（四）家庭干预

家庭结构、家庭氛围、父母的个性特征、婚姻关系和亲子关系都会影响幼儿的心理健康。良好的家庭环境有利于幼儿心理的健康发展。家庭干预通过会谈、行为作业和其他非语言技术以促进个体和家庭成员心理健康的心理治疗方法。家庭干预时应首先对学前儿童进行心理障碍的评估和诊断，再对问题儿童进行家庭干预。

家庭干预既可以是发展性干预，也可以是矫正性干预。发展性干预重在培养幼儿良好的性格特征，如自信心、责任感、尊重他人、尊重自己、独立性等；矫正性干预则重在消除不良行为，如吸吮手指、咬指甲、攻击性行为等。

（五）团体干预

团体干预是一个既可以加强团体成员关系，同时又可以有效消除不良行为的方法，主要特点在于随着时间的进展，团体成员自然形成一种亲近、合作、相互帮助、相互支持的团体关系和气氛，彼此观察、互相帮助来解决心理行为问题，促进身心发展。

儿童心理健康预防和干预工作是一项系统工程，必须采取综合措施。只有家长、教师、专业人员共同努力，才能取得理想效果，才能确保儿童心理健康工作顺利开展，确保儿童身心健康、素质全面成长。

第二节　儿童期起病的发育性障碍

一、精神发育迟滞

案例

4岁的男孩宣宣，到了要上幼儿园的年龄了，可是现在走路还不太灵活呢，也不太会说话，学起什么东西来比其他的孩子也要慢很多，大小便也常常拉在身上。老师了解到他来自一个普通家庭，妈妈和爸爸生他的时候年龄偏大了，他出生时有些窒息，新生儿评分也不好，在医院住了一个星期才出院，后来抬头、翻身、坐、爬、走都比别的孩子晚；到3岁左右才会叫爸爸妈妈。尽管如此，爸爸妈妈还是很爱她，宣宣虽然说话不好，但是性格温和合群。妈妈带她到医院检查过了，宣宣的智商是55，社会适应能力也不合格，头颅磁共振检查显示他的脑白质发育异常。老师知道这些情况后，对他实施了特殊教育，鼓励其他小朋友帮助他。半年过去了，宣宣有了不小的进步。

分析：精神发育迟滞是常见的儿童精神残疾。一般在早年（18岁以前）就表现出发育的落后，语言、社会性发展和生活能力等方面也落后于一般同龄儿童。智商测试和社会适应能力评估提示存在精神发育迟滞，部分患儿可能表现出特殊的面容和身体的残疾，可查出脑影像学检查、遗传学检查等异常，也可能无任何器质性异常。如进行细致耐心的教育，尽可能促进其功能康复，可使其健康快乐地成长。

（一）概述

精神发育迟滞（mental retardation，MR）正在被更名为智能障碍（intellectual disability）或智能发育障碍，在国内外曾有过很多不同的名称，如大脑发育不全、精神幼稚症、精神发育不全、精神低能、智力薄弱、弱智等。它并非单一的疾病，而是很多先天或后天的因素造成的精神发育受阻或者不完全。临床表现为显著的智力低下伴学习困难及社会适应能力欠缺。一般认为是本质缺陷，是不可逆的，也不大会进行性发展恶化。

一般认为必须满足以下3个条件才能诊断：①智力明显落后；②适应功能受损；③在发育阶段（18岁

以前)起病。精神发育迟滞的概念曾数次调整,最新概念为智能障碍,但始终在这一框架下进行。

概言之,精神发育迟滞是由于遗传的、先天的或后天获得的种种有害因素,在胎儿期、围生期或出生后直至 18 岁前损害了大脑的结构、功能,造成精神发育受阻或不完全,是一种症状复合体,临床特征是显著智力低下伴儿童学习困难及社会适应能力欠缺,一般是非进行性的。

精神发育迟滞是致残的主要原因之一,患病率约 3%,农村高于城市,可能是由于农村卫生保健条件较差,造成脑损害的因素较多。此外,在偏远地区近亲婚配较多。男童患病率略高于女童。

(二)病因

精神发育迟滞的病因十分复杂,出生前、围生期和出生后的任何引起大脑损伤或影响大脑发育的因素都可以造成,多种致病因素可共同出现。

1. 出生前病因 遗传代谢病,如苯丙酮尿症、脂质沉积症、黏多糖病、脑白质营养不良等。染色体异常,如 21-三体综合征、脆性 X 综合征、Turner 综合征等。先天性颅脑畸形,如先天性脑积水、神经管闭合不全、脑膜脑膨出等。

2. 母孕期病因 孕期母亲在妊娠期中感染巨细胞病毒、风疹病毒、弓形虫感染、先天性梅毒;妊娠前三个月受感染对胎儿脑发育危害更大。母亲酗酒、吸烟、吸毒,接受放射线。母亲营养不良、内分泌异常、缺氧、妊娠中毒症、严重躯体疾病、高龄初产、先兆流产,多胎妊娠等。

3. 围产期和出生后病因 出生过程中早产、难产,出生后中枢神经系统感染、缺氧、外伤、中毒。早年因为贫穷或被忽视、虐待导致严重营养不良,与社会严重隔离、缺乏良性环境刺激、缺乏文化教育机会。

虽然医学技术发展,检查手段已有很大进步,至今仍有 30%~50% 的精神发育迟滞病因不明。

(三)症状表现

精神发育迟滞主要临床症状是智力低下及社会适应能力欠缺。其程度轻重不一,心理测试的发展使智力水平有了量化的工具,按国际疾病分类标准可分为以下 4 级:IQ 50~69 为轻度;IQ 35~49 为中度;IQ 20~34 为重度;低于 20 为极重度。

仅按智商划分程度轻重是不够的,患者常有社会行为异常,表现为适应环境能力、处理人际关系能力及学习和职业能力等欠缺,并可伴有情绪行为异常,如冲动行为、刻板动作、强迫行为等。

1. 轻度 占 75~80%,早年发育差,语言发育迟缓,有一定表达能力,往往在幼儿园后期或入学后才发现有学习困难,理解、抽象概括能力低下,分析综合能力欠缺,思维简单,经努力勉强可小学毕业,有一定社交能力,成年后具有低水平的社会适应及职业能力,智力水平相当于 9~12 岁正常儿童,表现温驯,缺乏主见,缺乏环境应变能力。

2. 中度 约占 12%,自幼语言及运动功能发育均缓慢,词汇贫乏,不能完整表达意思,理解力、抽象概括能力等均差,学习能力低下,经过长期教育训练,部分可有简单的读写计算能力,成年后智力水平相当于 6~9 岁正常儿童,不能完全独立生活,经耐心训练可在监护下从事简单工作。

3. 重度 约占 8%。婴幼儿期语言、运动发育更落后,只能学会简单语句,难以建立数的概念,不能接受学习教育,不会识辨危险,情感幼稚。长期反复训练可学会部分简单自理技能,终生需人照顾。成年后智力水平相当于 3~6 岁正常儿童。

4. 极重度 占 1%~2%,多数患儿因严重躯体疾病等早年夭折。发育极差,走路很晚,部分终身不能行走,完全没有语言能力,不能分辨亲疏,不知躲避危险,仅有原始情绪反应,以哭闹、尖叫表示需求或不良情绪。偶有爆发性攻击或破坏行为,完全缺乏生活自理能力,终身需人照料。

精神发育迟滞患者多无躯体症状,但某些病因所致者则可有躯体、颜面、皮肤、手指(足趾)甚至内脏畸形,可有视听觉障碍、癫痫发作、肢体瘫痪等神经系统体征。

(四)治疗

1. 病因治疗 多数精神发育迟滞不能进行病因治疗。对于一部分遗传代谢病、先天颅脑畸形的婴幼儿,如能早期诊断及早治疗干预,可改善病情避免发生严重智力障碍。益智药无肯定疗效。

Children

2. 教育及训练　对于多数轻度精神发育迟滞患者,随着年龄增长,脑功能亦有缓慢改善,故特殊教育及耐心辅导能帮助其功能提高,以适应简单职业需要,不少最终能够自主。对此类患儿,最好能设立特殊学校,专门教师,通过长期、耐心的教育和辅导,很多患儿成年后仍可过接近正常的社会生活。重症及极重症患者需终身照料,但仍可通过长期训练,使其具备简单卫生习惯及基本生活能力。

(五)预防

(1) 宣传教育:加强宣传教育,禁止近亲结婚,鼓励适龄生育,避免高龄妊娠。

(2) 遗传咨询和产前诊断:对于家族中有精神发育迟滞患者或者已生育精神发育迟滞患儿的父母来说尤其重要。产前诊断可判断胎儿是否异常,是否需要终止妊娠。

(3) 加强孕期保健和儿童保健:母孕期有害因素可损害胎儿脑发育,故孕期保健对预防精神发育迟滞非常重要。母孕期应注意营养,尽量避免接触有害物质,戒烟戒酒,避免服致畸药物,预防感染,做好产前检查。婴幼儿及儿童早期的疾病及意外所造成的脑损害,容易引起严重精神发育迟滞,故应避免发生脑缺氧、预防中枢系统感染、中毒,避免脑外伤,慎用药物以避免损害视、听神经等。应早期对婴幼儿及儿童进行语言教育及智力开发,重视儿童入学学习。

(4) 对可以治疗的遗传性或内分泌障碍疾病及时诊治可避免影响正常发育,减少精神发育迟滞的发生。

二、孤独症谱系障碍

(一)概况

有这样一类儿童,极端孤僻,不能与他人发展人际关系,言语发育迟滞,缺乏用言语进行交往的能力;重复简单的游戏活动,并维持原样不变;缺乏对物体的想象及灵巧地运用它们的能力,如缺乏想象性游戏,特别喜欢刻板地摆放物体的活动。这些现象被称为孤独症,又称自闭症,多发病于3岁前,是一种较为严重的发育性障碍。有的患儿生后不久就表现异常,有1/3~1/2则在生后1~2年发育基本正常,以后逐渐表现异常。

(二)主要症状

孤独症的主要症状为:①社会交流障碍:不少患儿在婴儿期表现出回避眼对眼的注视,缺乏面部表情,对父母缺乏情感,不愿被抱起,无依恋,父母外出回来也无愉快表示。喜欢独自玩耍,不与其他小朋友交往。对正常儿童的喜好无兴趣,却对某种东西特别感兴趣,如迷恋一块石头而时刻不能放开。②语言交流障碍:少言语或沉默不语。有的患者从小言语即未发育,有的则是2~3岁前有言语表达,而随着病情发展,语言能力日渐减退甚至完全丧失。不会与人交谈,自言自语,或莫名其妙的言语。分不清"你、我、他"。重复及模仿言语,语调平淡,有时无故尖叫。不会运用手势、姿势或表情表达自己的要求或态度。③重复刻板行为,固执于自己的行为方式,不愿或拒绝改变,如出门一定要走某条路线,遇到障碍和积水也不绕道。行为刻板、重复,喜旋转,常做出双手拍打、身体前后摇摆等特殊动作,甚至有自伤、自残行为如撞头、咬手等。

典型的孤独症主要体现为在社会性和交流能力、语言能力、仪式化的刻板行为3个方面同时都具有本质的缺损,即所谓的"三联症"。不典型孤独症则只具有其中之一或之二。但是,还有很多疑似孤独症儿童不一定在3个方面都有明显的缺损,而且表现够不上典型孤独症标准,在社会性和交流能力方面还是有比较明显的缺陷,难以用一个特定的"标签"来命名,所以引入"孤独症谱系障碍"这个概念,把相关行为表现看成是一个谱系,程度由高到低,从典型孤独症到仅仅表现为社会性和交流能力方面的缺陷。

除了核心症状的表现,孤独症还有一些外围症状,比如消化系统、免疫系统、感觉系统以及情绪行为异常等方面的问题:①感知觉障碍:孤独症患者对各种刺激均可表现出异常,过强、过弱或有不寻常的体验。感觉迟钝者可对疼痛无反应、"听而不闻"、"视而不见"、久转不晕。感觉过敏者,如对光敏感,听到稍大的声音就烦躁不安、捂上耳朵。②智力障碍:25%患儿轻度精神发育迟滞,50%为中重度精神发育迟滞,适应和生活自理能力普遍较低,有的患儿在智力普遍低下的背景中,有某种超常能力,如背诵、识字、记名称、计数、推算、音乐感强等,这些儿童被称为"白痴学者",他们的机械记忆能力极强但理解性记忆能力较差,可以速算多位数的加法但不会应用。③其他:存在便秘、尿频或小便失控、消化不良和营养偏差、皮肤易生湿疹、易感冒、睡眠障碍等;其他常见的行为问题包括多动、注意力分散、发脾气、攻击、自伤等。

（三）病因

虽然孤独症的病因还不完全清楚,但目前的研究表明,某些危险因素可能同孤独症的发病相关。引起孤独症的危险因素可以归纳为:遗传、感染与免疫和孕期理化因子刺激等;一般认为孤独症是多种生物学原因引起的广泛发育障碍所致,不是任何单独的社会心理因素引起的,可发生在任何阶层的家庭中。

（四）治疗和处理原则

教育训练是孤独症的主要治疗方法之一,教育的目标是教会他们社会交往、自助能力、与环境协调配合及行为规范、利用公共设施等基本的生存技能。在交流交往的训练中,注视和注意力训练是最基本的,要及早进行。训练还要注意个别化,针对具体情况制订详细的计划和步骤,将要达到的目标分解成非常小的步骤一步一步让患儿掌握,做到坚持和长期性。

行为和康复治疗能让孤独症儿童学会社会适应、认知以及行为方面的基本技能。重点应放在促进孤独症儿童的社会化和沟通能力上。治疗方案应个别化,帮助其尽量把在医院或学校习得的技巧移植到家里或其他场合。通过训练父母和特殊教育老师,让他们来实施行为治疗可取得最佳效果。

药物治疗尚无法改变孤独症的基本症状,但可通过用药改善情绪、注意力、多动、刻板行为。

第三节　情绪障碍

案例

萌萌的爸爸妈妈经常因家务事争吵,妈妈经常一生气就回外婆家了,这使得萌萌总担心妈妈离开自己。如果妈妈不辞而别,她就会在幼儿园不安心,常常发呆。中午也要阿姨带自己去找妈妈,阿姨通常会婉拒之后安慰她,她就会哭闹。最近一周爸爸妈妈又大闹了一次,萌萌就坚决不肯上幼儿园了,一步也不离开妈妈,妈妈安慰她多次保证不再离开她,萌萌还是不放心,怕妈妈走了。

分析:萌萌表现不安、烦躁,不愿与妈妈分开的强烈担心影响了她的生活和学习。终日焦虑不但会对儿童的社会功能造成影响,时间一长也会导致儿童性格成长出现问题,如过分敏感、自卑、恐惧、犹豫,过分注意自身的不适和变化。

日常情况下儿童有些情绪反应如痛苦、悲伤、愤怒、烦恼等多是正常的,几天过后就会恢复正常。有很多的儿童情绪问题是情绪发育阶段的突出化,不构成十分肯定的质的变化。儿童的情绪障碍却不同,可能持续时间长达数周数月以上,环境改善后仍不好转,并可能影响到他们的日常生活、学习和交往。临床上常见的儿童情绪问题表现有焦虑、抑郁、恐惧、适应障碍、强迫症、癔症等等。如果这些情绪问题的严重程度和持续时间达到相应的诊断标准时,则成为障碍。

儿童情绪障碍不易明确分成不同的临床类型。一般认为特发于儿童期的情绪障碍较少延续到成年阶段,发生在这两个年龄阶段的情绪障碍大多无必然的关联。由于儿童心理和生理均未发育成熟,且所处环境不同,儿童情绪障碍与成人相比有较大差异。

一、焦虑障碍

1. 概述　焦虑障碍是最常见的儿童情绪障碍,以不安和恐惧为主,无明显原因的或不现实的、先入之见

Children

式的情绪反应,伴恐惧、不安的认知和心慌出汗等自主神经活动亢进的躯体不适症状。小年龄儿童的焦虑易发生在与父母分离时,他们拒绝与父母分开,不愿上幼儿园,担心分开后父母不要自己、父母发生意外等;学龄儿或较大的儿童中尤其性格胆小、多虑的孩子则常过分担心完不成作业、害怕表现不好,或为一些在别人看来微不足道的小事而紧张、担忧。特发于童年的焦虑障碍主要包括儿童分离性焦虑障碍、儿童恐惧性焦虑障碍、儿童社交性焦虑障碍(儿童社交恐惧症)、儿童广泛性焦虑障碍等。

2. 病因 生物学因素、家族史和环境因素对焦虑的发生、发展都有重要作用。父母的性格敏感、缺乏自信、易紧张、易焦虑,孩子也自幼对躯体和外界变化较敏感、容易紧张,因而在不利的环境因素刺激下就易发生焦虑,广泛性焦虑障碍儿童的生物遗传学因素更为明显。家庭和环境因素有:不恰当的教养方式(溺爱、忽视、虐待)、不安全性依恋、父母离异,与父母分离,亲人亡故,学习负担过重,受惊吓以及周围环境突然出现的较大变化等应激生活事件和创伤经历。

对焦虑症状的病史采集,需要来自多方面的信息,包括儿童本人气质特点、家长或抚养人、老师等长期相处的人。焦虑是否是与特定的刺激有关,社会和家庭中是否对症状的存在有强化因素。症状的严重程度,如果症状导致了回避性行为(如日常生活受限),严重程度就达到了临床的显著性和功能受损。了解儿童的生长发育过程、家庭教养方式和社会环境情况,包括焦虑障碍的家族史、个人成长经历中的相关事件,环境和同伴交往情况以及社会能力。家庭中是否存在经常强化焦虑的情况,例如,儿童没有被鼓励要适当地分离,反而奖励不分离(如当儿童拒绝离开时被给予过多地关注)。要区分在儿童发育过程中可能出现的害怕、恐惧,这些害怕是切合实际的害怕(如与抚养人分离、怕陌生人)还是不太切合实际的害怕或过分担心。

3. 临床表现 焦虑表现在情绪、行为、生理反应3个方面。

(1)主观焦虑体验:没有明确对象和具体内容的担心,整天惶惶不安,提心吊胆,总感到似乎大难临头,危险迫在眉睫,不能明确存在什么危险和威胁,不知为何如此不安。年龄较大的儿童可能会诉说自己的紧张不安和烦躁,而幼小的儿童则只会以哭闹来表示。

(2)行为表现:烦躁、哭泣、吵闹而且难以安抚,或是胆小、黏人、惶恐不安,大龄儿可表现为紧张、恐惧、抱怨、发脾气、摔东西、不主动与人交往、不愿上学、注意力不集中、坐立不安等。

(3)躯体和自主神经功能表现:气促、心慌、胸闷、多汗、口干、头晕、恶心、呕吐、腹部不适、食欲减退、尿频、遗尿或便秘、睡眠不安、多梦、肌肉紧张、颤抖、抽搐等。儿童的主诉及自主神经症状均较成人少。

4. 焦虑障碍的治疗 采取综合干预措施效果较好,一般以心理行为治疗为主,药物治疗为辅。家长参与治疗过程很重要,对儿童的治疗应与家长教育结合起来。一般情况下,家庭、老师、心理医生三方协同积极合作才能得到有效的解决。

(1)心理行为治疗:以支持性和认知行为治疗为主。行为治疗,如系统脱敏法、榜样示范法、角色扮演、想象、行为奖励、放松训练、游戏疗法等。对3~4岁后有一定认识领悟能力的幼儿,教给积极的自我言语如"我可以控制""我会好起来""没关系"、矫正不恰当的信念,教给应对策略。鼓励进行有规律的体育活动。

(2)家长教育和家庭治疗:面对孩子的焦虑,家长不要也显得紧张不安,更不要对孩子或是百依百顺或是训斥,而要尽力保持镇静,弄清楚产生焦虑的原因,采取相应的处理方法,给儿童提供一个稳定和支持性的家庭环境对预防和治疗焦虑有重要意义。家长要参与治疗过程,了解焦虑的发生和持续原因,明确治疗目标、过程和预后。教给父母和其他主要抚养者应对儿童焦虑的策略和如何给做榜样,尽量减少心理社会应激或创伤事件。

家庭治疗:经过家族史和家庭情况的了解,家长本身有心理问题者要同时进行治疗,改变家庭成员的精神躯体症状、焦虑、抑郁等问题,改变管束过多关心过少,过分保护苛刻要求的不良教养方式和不良的家庭功能。

(3)学校和社会治疗:了解与儿童在学校适应不佳,拒绝上学有关的学校和社会因素,判断与分离无关的拒绝上学的原因,如被欺负或担心学业失败、学习困难等,给予相应处理。

(4)药物治疗:严重焦虑时,可选择药物治疗。学前儿童尽量不用药。

5. 焦虑障碍的预后 分离焦虑和恐惧性焦虑预后良好,症状往往随着年龄增长而减轻或消失。社交性焦虑和广泛性焦虑如果得到早期、有效的治疗,则预后良好,但仍有以后发生同类或其他类型焦虑的倾向。

6. 学前儿童常见的焦虑障碍

（1）分离性焦虑障碍：分离焦虑是一种相当常见的焦虑障碍，在年幼儿常见，与分离或依恋对象（如主要的照养人、亲密的家庭成员）分离或将要分离时产生过度的焦虑。多发生于 6 岁前，但实际上 6 岁以上儿童也经常出现。

案例

3 岁的明明是妈妈一手带大的，他跟妈妈很亲，一天到晚寸步不离，一没看见妈妈就到处找，让他一个人待在房间里玩也不行，这天午睡时妈妈出门买东西了，明明一醒过来没看见妈妈就哇哇大哭，要叫奶奶带着去找妈妈，要给妈妈打电话，反复问妈妈什么时候回来，要妈妈保证一定马上回来。电话挂上没多久，他又要奶奶拨妈妈手机。妈妈想送他去托班，可是到了幼儿园门口，明明硬是哭着闹着抱着妈妈的脖子不肯下来。试了一个月都不行，所以妈妈只好把明明带在身边。

明明的妈妈和老师应该怎样帮助他克服困难顺利入园，不再那么黏人呢？

1）症状表现：对分离的恐惧构成焦虑的中心，通常表现为明显的焦虑症状：不现实地和反复地担忧依恋对象的安全，担心与依恋对象分离时受到威胁。没有主要依恋者陪伴就不肯入睡，面临分离时过分忧伤（如发脾气），做与分离有关的噩梦，非常想家（被分离时渴望回家或联系抚养人），常伴有腹痛心悸等躯体症状。并持续相当一段时间不能改善而且社会功能受损。

2）处理：发现过分依恋的倾向就应开始预防分离焦虑和拒绝上学的出现。如每年咨询检查，教给家长健康的分离技术，处理家庭应激和同伴关系的方法。对有心理问题的家长进行咨询和治疗。如改善家庭和幼儿园、学校环境，创造有利于儿童适应的环境条件，减轻儿童压力，增强儿童独立自信的能力。放松、游戏、音乐、绘画和讲故事有助于儿童减轻紧张，调节情绪。

（2）社交性焦虑障碍：对陌生人的持久或反复的害怕或回避，其程度超出了与其年龄相符合的正常范围，并出现社会功能失常。但同时仍选择性地与家人和熟悉的人保持正常的交往。

案例

月月从小就胆小，在家里跟爸爸妈妈和爷爷奶奶在一起显得轻松活泼，问东问西话也不少，可是一带她出门，她就蔫了，见到陌生人直往家人身后躲。在游乐场和小区里见到别的小伙伴她也不会走近前，总是远远地看着，只肯自己玩不能和其他小朋友玩互动的游戏。她现在 3 岁了，妈妈想把她送到早教班，可她总说不要去。

妈妈也知道月月怕生人，怕人多的地方，但是总畏缩不肯上幼儿园就让家人头疼了，医生说这是"儿童社交恐惧症"。

1）症状表现：幼儿经常对自己有消极的先占观念，对其行为有自我意识，表现出尴尬或过分关注，如怕自己说话或行为愚蠢，怕当众出丑、怕被同伴拒绝、怕说话脸红、怕当众失败等。对新环境感到痛苦、不适、哭闹、不语或回避，同伴关系、学校功能和家庭功能因社交恐惧而受损。年幼的儿童往往不能认识到自己在社交场合的过分不安，而是表现为行为问题，如不肯离开父母、让他们见人就发脾气、拒绝与朋友玩、以躯体不适为由回避社交场合。在学校和在家中的恐惧有不同的表现。

2）治疗和注意事项：心理治疗是最常见的治疗手段，系统脱敏对年长儿童效果较好，对年幼儿童则应注意发挥家庭和父母的作用，对父母进行儿童管理培训，增加技能训练，增加儿童自信，常规体育锻炼，开展集体活动，鼓励儿童参加社交有助于幼儿增强应对能力，克服社交焦虑。

要注意的是，很多人都会经历短暂的社交羞怯和焦虑，遇到陌生人年幼儿会经历一段时间不能放松，这是在某些正常发育阶段的特征，但仍应加以注意，儿童社交焦虑如不得到适当应对和处理可能会持续其整个青春期。社交焦虑儿童也会拒绝上学,但拒绝上学有多种原因(如分离性焦虑),应仔细评估儿童拒绝上学的动机。

(3) 广泛性焦虑障碍:简称广泛焦虑症,是持久、过分和不现实的担心,没有特定的对象或情景。伴有自主神经功能兴奋和过分警觉。可以发生在学前阶段,但较青少年少见。生物学、家族史和环境因素对该障碍的发生、发展都起着不可忽视的作用。女性多于男性。

1) 症状表现:幼儿烦躁不安、整日紧张、无法放松,常眉头紧锁、姿势紧张,并且坐立不安,甚至皮肤苍白,手心、脚心、腋窝多汗、颤抖。存在不能控制地对多种事件或活动的过分焦虑和担心,至少已 6 个月。在同样的环境中,这类儿童比其他儿童更过分地担心自己的成绩和能力,担心个人和家庭成员的安全,或担心自然灾害和将来要发生的事件。担心的内容有多种,可以变换,而且这种担心很难转变。过分担心使儿童的日常生活、学习和完成其他活动的能力受损。不安全感导致儿童经常反复寻求保证,干扰了他们的个人成长和社会关系。广泛性焦虑儿童的个性经常过分顺从、完美主义、自我批评,坚持重复做不重要的事情以达到他们认为"好"的标准。担心的焦点不符合焦虑障碍的其他诊断特点。

2) 应对方法:放松训练,如胸、腹式呼吸交替训练,音乐疗法,绘画和沙盘游戏均能缓解焦虑促进身心发展。注意不给孩子贴标签,对孩子进行积极关注。鼓励孩子从事体育运动和手工活动,学会表达情绪和需要。

(4) 恐惧性焦虑障碍:恐惧也属于焦虑范畴,是对某些物体或特定环境产生强烈的害怕和回避,这些物体或环境种类很多,因年龄而异,可同时恐惧几种事物,常见的有:猫、狗、毛毛虫等动物,去到高处、学校、黑暗和人多的场合等情境。根据恐惧对象的不同,将恐惧症分为 4 大类:①动物:狗、蟑螂、老鼠、蛇;②自然事件:黑暗、乘电梯、密闭空间、洪水、高空;③损伤:死亡、流血、疾病;④社交:害怕发言和人多的地方。

案例

小强特别怕狗,看狗的图片和狗的玩具他也会紧张,看到动画片里有狗就会大叫起来,白天看到大狗晚上睡觉也会做噩梦。有一次妈妈送小强上幼儿园的路上,远远地见到一只狗在穿马路,小强顿时大气都不敢出,脸都吓白了,直往妈妈怀里躲,一步也不肯往前走了。

其他人都说小孩一般都胆小,怕猫怕狗也正常,但是妈妈认为小强对狗的担心和紧张远远超过其他同龄孩子的水平。也带他到心理门诊看过了,医生说小强这种情况是"儿童恐惧症"。

通常这些物体和环境并不一定是有危险的,但当儿童的害怕和回避大大超过了客观的危险程度,并因此产生回避和退缩,对儿童的生活、学习和交往造成明显的影响,这可能就是异常的恐惧了,达到了恐惧性焦虑障碍的程度。

需要注意的是,恐惧是儿童期常见的一种心理现象,发育过程中某一段时期几乎每个儿童都有恐惧反应,不同年龄阶段有不同的恐惧对象,0~2岁害怕很响的声音,和养育者分离、陌生人和大的物体;3~6岁害怕黑暗、雷鸣闪电、动物昆虫、独自入睡、想象中的事物;7~16岁害怕更为现实的事件,如损伤、疾病、成绩、死亡、自然灾害、暴力事件等。但随着年龄增长,时过境迁,恐惧会自然好转,并不影响儿童的社会功能,用分散注意力的方法可以缓解,不能称之为恐惧症,是儿童发育过程中的正常现象。

恐惧的产生和儿童的气质以及意外事件发生等有关,间接接触到不良事件也会触发儿童的恐惧体验。内向胆怯依赖性强的儿童容易产生恐惧,车祸、被袭击等意外事件也是恐惧的重要诱因。

1) 症状表现:幼儿的恐惧主要表现在情绪、认知、行为和躯体症状方面。

● 恐惧情绪:如遇到恐惧对象或事件,儿童立即会出现恐惧情绪和躯体反应。恐惧程度因人而异,一般来说离恐惧的对象越近,恐惧的程度就越强烈,当无法逃避时,恐惧更显著。

● 认知症状:会过于担心自己受到所害怕对象的伤害,如"狗咬我,我就会死掉了"等,但年幼儿往往说不出自己的这类担心。

● 回避行为:因为恐惧,儿童会极力回避恐惧的对象或事件,从而影响日常生活和社会功能。

● 躯体症状:心慌、心跳加速、气促、胸闷胸痛、颤抖、出汗、窒息感、恶心呕吐、站立不稳、眩晕、不真实感、失控感。除流血恐惧外,一般不会真的晕倒。

2) 应对方法:在生活中尽量避免在儿童毫无准备的情况下,突然受到惊吓和刺激。避免恐吓孩子,以及在孩子面前过于夸大一些事物的潜在风险。儿童恐惧症需综合干预,以心理治疗为主。

支持性心理疗法,通过疏导、鼓励、耐心地询问其担心与害怕,做出解释和指导,教给其放松技术。行为治疗包括系统脱敏法、冲击疗法、暴露疗法、正性强化法、榜样法等,结合支持疗法、松弛疗法、音乐与游戏治疗等,可取得较好的效果。症状严重者可考虑药物治疗。以下列举5种具体方法。

● 支持疗法:理解和接受儿童的恐惧情绪,对害怕的对象进行解释说明。例如,对看见闪电、听见雷声就害怕的儿童说明产生电闪雷鸣的原因,就会帮助他们减轻对雷电的害怕。教给其深呼吸和做愉快想象等放松方法。

● 榜样法:为儿童呈现行为榜样,以引起儿童模仿良好行为的一种治疗技术。儿童的许多行为是通过观察和学习而产生的,模仿与强化一样,是学习的一种基本形式。可以通过一个正面的榜样,如动画片中的虚拟人物,也可以是身边的模范,不仅能使儿童获得良好的行为习惯和品质,还能帮助儿童克服害怕的情绪。

● 树立信心和寻找方法:儿童的害怕经常是由于缺乏克服害怕的信心,以及处理特殊情形的经验。例如,害怕独睡的孩子往往从小呵护较多,不知如何独自应付环境或事件,或受到过负面的暗示(如听说有坏人、听恐怖故事、看恐怖片等)。需要对孩子进行积极的暗示和指导,让其感觉自己有能力独自入睡,在独睡时应怎样做,遇到特殊情况怎么处理。独睡的时间可以由短到长、由同床到同屋再完全独睡,但家长不可因孩子害怕而放弃培养其应对的能力。

● 抵消法:让能引起害怕的刺激与能使儿童愉快的活动并存,以愉快活动产生的积极情绪克服由害怕刺激引起的消极反应。例如,对怕猫的小儿,在让他看猫的时候,同时给他最喜欢吃的或玩的东西,以抵消其恐惧情绪,如此反复,恐惧会逐渐减轻。

● 系统脱敏法:根据儿童害怕的对象设计一个引起害怕程度由轻到重的等级表,让儿童在放松的状态下逐级训练。用图片、录音、录像、言语或其他方法向儿童呈现害怕的对象,并要求儿童想象害怕的对象,想象的同时放松,直至此级的害怕消失,再升级想象更害怕的内容,最终使最害怕的刺激变得中性化。

二、适应障碍

案例

4岁的珍珍上幼儿园已经半年多了,可是每到周日晚上想到第二天要去幼儿园,还是会精神紧张,不安哭泣。要去上幼儿园的早上早饭也吃不下,恶心呕吐,跟爸爸妈妈说不想去幼儿园,好说歹说勉强送到幼儿园门口却不肯进去,爸爸妈妈走了之后她会站在幼儿园门口哭泣,勉强被老师领进去之后还是不能够安静下来。而到了周六周日和节假日则完全没有紧张不安,心情好、睡得香、早饭也吃得很好。

珍珍这是在装病吗?还是因为没有适应好幼儿园的生活呢?

随着幼儿年龄增长,不可避免要从家庭的个体生活走向外界,走向幼儿园集体生活,由于环境和接触的对象不同,行为方式和生活方式的必然变化会让儿童感到不习惯、不适应,甚至产生胆怯和恐惧的心理。有的幼儿出现哭闹、回避,甚至连进食和睡眠都受到影响。此外,当儿童的生活有突发事件、不良事件发生,如转学、改变居住环境、亲近的人突然长期离开或死亡、自然灾害、突发事故,儿童也可能因此出现情绪和行为紊乱和适应不良,一般不超过6个月。适应问题的发生还与儿童的气质特点和家庭教养方式有关,那些气质偏退缩、适应能力弱,在家中被过分溺爱、很少与外界接触的幼儿,容易发生适应困难。

1. 症状表现 适应问题的表现多样,情绪上可为焦虑、抑郁,感到不能应付等;行为上可以表现为,重新出现幼稚行为(尿床、吸吮手指、说话稚气),或发脾气、冲动攻击行为,多数有适应问题的儿童还会拒绝上幼儿园或上学。

儿童的适应问题较多的表现在新入园时对幼儿园环境的适应困难,即所谓的入园适应困难。多数幼儿刚上幼儿园会有哭闹等不适应的表现,但随着时间推移能较好适应,个别幼儿会在数月后仍哭吵难安,无法配合幼儿园的作息和活动。

2. 治疗和注意事项　治疗应以心理治疗为主,一般的方法如心理支持、疏导和认知调整。

如何帮助学前儿童较好地适应幼儿园环境呢,需要做好以下工作。

(1) 提前熟悉幼儿园:在幼儿正式入幼儿园之前应允许提前进入幼儿园中熟悉环境,预防入园适应困难,尤其对气质退缩、适应能力弱的幼儿。

(2) 正面引导,放宽要求:带着走走、看看幼儿园的环境,如参观活动室、玩具橱、游戏室等,体验幼儿园小朋友们欢乐的活动场面,让适应良好的小朋友多陪伴和感染,让其对幼儿园产生肯定和信任;对短时间内适应困难的儿童,可适当放宽要求,循序渐进,最终完全适应。

(3) 耐心鼓励,循序渐进:对幼儿和蔼可亲,给予言语鼓励,先单独给孩子讲故事、玩玩具,再请一两名其他小朋友来一起玩,直到逐渐适应。对于哭闹严重的儿童,可以让家长陪孩子上幼儿园半天,直到孩子适应。

(4) 家校联合,培养能力:为减少学前儿童对幼儿园生活制度的不适应,可建议父母在家安排与幼儿园相适应的作息时间,早睡早起,每天睡午觉等。向父母强调培养自理、自立能力,自己吃饭,自己大小便,自己脱衣上床睡觉。在家适当参加家务劳动,剥豆、取物等;外出时,有意让其多接触人和事,减少依赖性。

3. 一般的预防原则

(1) 加强适应性培养、生活技能训练和承受挫折的能力。

(2) 在改变环境之前做好充分的心理和行为准备。

(3) 在改变环境后的适应期中给儿童更多的关心和支持。

(4) 对适应性低的儿童尤其应重视循序渐进、逐步进行强化训练。

(5) 在重大的突发事件、灾难中,应及时在专业人员指导下采取保护儿童的应急措施和干预。

三、儿童抑郁症

案例

　　轩轩今年5岁上幼儿园中班,他记忆力好,学东西快,但是敏感易哭。可是近两个月,家人和老师都发现他显得特别烦躁,容易生气,跟小朋友也容易闹别扭,哭得更频繁了,说自己很笨,抱怨没人喜欢自己,恍恍惚惚注意力也不集中,对参加幼儿园的活动也没了兴趣,说话少了,吃饭少了,睡觉也容易醒来。

　　学前儿童会患抑郁症吗? 他们的抑郁症表现和成人又有什么相同和不同呢?

精神医学领域几十年来众说纷纭,有相当部分学者认为儿童不表现明显的抑郁症状,直到20世纪80年代才对儿童抑郁症有了一致的看法。儿童抑郁症是以情绪低落为主的一组心境障碍,约有20%的儿童会出现抑郁症状,4%左右符合抑郁症临床诊断。多发生于青少年,少见于8岁以下儿童,有年轻化的趋势。女孩较男孩多见。儿童的抑郁往往是通过与其年龄水平相当的行为问题表现出来。

1. 病因　儿童抑郁与遗传、环境、个体特征、不良事件等多种因素有关。其危险因素如下:生物学因素,如慢性病、女性、父母抑郁家族史、使用某种药物;社会心理因素,如儿童期虐待、社会经济地位低下、失去亲人;其他,如焦虑障碍、学习困难等。

2. 症状表现　儿童抑郁与成人抑郁有较大不同。由于学前儿童的情绪发展、语言和认知发育尚不成熟,较少能讲清楚自己的内心体验,往往表现为哭泣、退缩、活动减少、游戏没兴趣、食欲下降、睡眠障碍等。部分也会表现出头痛、腹痛、胸闷气促、疲劳、食欲下降等躯体不适症状。另一类较明显的症状是行为异常,如攻击行为、破坏行为、多动、逃学、说谎、自伤等。请注意:因为儿童抑郁表现不典型,且难自述、少求助,父母难以察觉,如果病史仅依靠对儿童的询问,有约1/4的患儿会被漏诊,如果仅靠询问父母,有一半会被漏诊。

(1) 婴儿期抑郁:主要是由于婴儿早期母子分离对婴儿的情绪行为影响所致,婴儿6个月以后已经和母亲建立起依恋关系,此时若分离可出现不停啼哭,若能行走和说话则四处寻找父母,易激动,约一周后这种抗议情绪减少而表现出抑郁、退缩,对环境没有反应,失去兴趣,食欲缺乏,体重减轻,发育停滞,睡眠障碍,对疾病抵抗力下降。这又称婴儿依恋性抑郁症。

(2)学龄前期抑郁:由于学习和认知能力在这一年龄还未充分发展,主要通过非语言的表达来观察抑郁情感,如不愉快的面容(视线向下、嘴角下垂),身体的姿势,声音的音调,语言的速度和活动的水平等。儿童对抑郁的体验能力有限,其抑郁心境主要为感受不到快乐,兴趣丧失,对过去喜欢的游戏也没有兴趣,食欲下降,睡眠减少,不与小朋友玩耍,常常哭泣、退缩、活动减少。

(3)学龄期抑郁:除了与学龄前期儿童相同的临床表现之外,还可以有自我评价低,自责自罪,注意力不集中,记忆减退,思维能力下降。活动减少,兴趣减退,拒绝参加学校活动,丧失对玩耍的兴趣,或玩耍活动的次数减少。可产生抱怨厌烦情绪,如抱怨没有朋友,反复出现自伤自杀的念头。此期儿童已经能述说感到不愉快和有自杀的想法,以及对活动缺乏兴趣,注意力不集中,睡眠减少等。

3. 治疗和注意事项　部分学前儿童的抑郁情绪可在数周内自然好转,有的却在数月后仍没有明显改善。若儿童抑郁症状明显且症状持续,则需要医学干预。常见的治疗方式有抗抑郁药物治疗和心理行为治疗。

心理治疗在儿童抑郁症中有重要作用,常用的有支持性心理治疗、行为矫正治疗、认知治疗和家庭治疗。

支持性心理治疗对儿童所表现的困惑、疑虑、恐惧不安、发脾气、冲动和痛苦给予充分理解,在此基础上劝导、鼓励、反复保证以减轻患儿的怀疑、恐惧、焦虑紧张和不安。行为矫正疗法使行为朝预期的方向转变或恢复到原来的正常行为。家庭治疗需儿童和家庭成员共同参与。情绪与行为模式既与先天遗传因素有关,同时也是后天习得,儿童既接受父母和祖辈的遗传素质,后天又受到其行为模式的影响。另外,家庭成员间的关系、养育的态度及家庭出现的种种问题都可能成为影响治疗的因素,所以在对儿童进行心理治疗的过程中,需强调父母参与和家庭影响的重要性。

在幼儿园教育中,老师应积极回应儿童的情绪反应,无条件接受孩子的情感,能适时规范其不适当的行为,并教导其如何调整情绪,表达情绪,寻求帮助和解决问题。在平时的教学中应细致观察儿童的情绪变化,了解其不良情绪产生的原因,儿童在得到老师的理解之余还能在老师的帮助下用语言来表达情绪、解决问题,这对健康人格的塑造有着潜移默化的作用。

四、强迫症

案例

5岁的小鱼从小就是一个做事特别认真的孩子,妈妈说他还不会走路的时候,抱在手里每次进电梯都要由他来揿上下的按钮,有次家人因为有急事没让他揿,他整整哭了一个下午还不罢休。在刚学会穿衣服的时候,他一定要穿戴得整整齐齐才算,一觉得没穿好,就要脱掉重穿,有时候大人早就准备好等着要出门了,他还在磨磨蹭蹭穿衣服,家里人伤透了脑筋。最近开始写字了,如果写得不是横平竖直,他就不满意,要擦掉重来。有时候一个字要反反复复擦十次之多,半天也写不了几个字。

人家说仔细的孩子好,可是小鱼的表现似乎有些问题了,这是什么问题呢?

强迫症是一种明知不必要,但又无法摆脱,反复呈现的观念、情绪或行为。强迫症在年幼的儿童中少见,相比之下在年龄大些的儿童中多些。

1. 病因　儿童的先天素质、性格基础、父母不良性格的影响、教育方法不当等,均与本症的发生有关。孩子病前常有过于严肃、拘谨、胆小、呆板、好思考、不活泼的表现。孩子的父母也常有胆小怕事,过分谨慎和拘谨、循规蹈矩、按部就班、追求完美、缺乏自信心、遇事迟疑不决、不善改变、过于克制呆板等不良性格特征。父母对孩子过于苛求,如对清洁卫生过分要求,对生活刻板规矩等,可能是诱发本症的原因。孩子严重的疾病、外伤,突然的严重的精神创伤,或长期处于过度的精神紧张状态,精神负担过重等,均可成为诱发因素,促使症状出现。

2. 症状表现　强迫思维是指一种思想反反复复、持续地出现,这种思想可以包括一句话、一个数字、一

Children

个想法、一件想象的事物、回忆的往事、一个冲动的意念、一种情感体验等。在学龄儿童中我们也会观察到有的儿童会反复怀疑自己事情没有做好、患上某种疾病,有的则反复回忆某件事、某句话,如被打断就必须从头开始,因怕被打扰而情绪烦躁。如反复想没有什么意义的一句话,走路时"我应该先迈左腿还是右腿",吃东西时反复想"我会不会吃进脏东西",说完一句话后反复想"我刚才说错话了吗"。这些孩子通常智力正常。

在儿童期,强迫行为多于强迫观念,年龄越小这种倾向越明显,更多地表现为强迫的行为,强迫行为或强迫动作是指反反复复的动作或必须按某种规则或程序而作出的动作,如强迫数数、反复洗手、反复计数、数道路的地砖、路上的车和人,反复检查物品是否还在、门窗是否关好等,以及反复做一套有先后次序的动作,这些动作往往与"好"、"坏"或"某些特殊意义的事物"联系在一起,在动作做完之前被打断则重新来过,直到满意为止。强迫症状的出现往往伴有焦虑、烦躁等情绪反应。明知没有什么意义、是多余的,想摆脱却摆脱不掉,浪费了时间,影响了孩子的生活和学习,孩子自己也感到痛苦,情绪低落。但很多时候反强迫的体验并不明显。

3. 治疗和注意事项 有强迫的表现不等于强迫症,在儿童正常发育的过程中也可能出现看起来像强迫的现象,如:走路数格子,反复折手帕,一定要折得很整齐,做一种特殊含义的动作,做好了就很舒服,否则就情绪不好。与病态强迫所不同的是,他们对此并不感到苦恼,反而会感到有意思,愿意去做,这种情况持续一段时间后自然就消失了,并不对生活和学习造成影响。如果儿童的强迫表现影响到儿童正常的睡眠、交往、学习等则须考虑就医。药物治疗是治疗强迫症的主要方法之一。行为治疗与认知行为治疗是能成功地治疗儿童强迫症的最常用的心理治疗方法。家庭治疗也是治疗强迫症的重要方法,通过家庭治疗消除父母的疑虑,纠正其不当的养育方法。

五、创伤后应激障碍

创伤后应激障碍(post traumatic stress disorder,PTSD)指人在目睹、耳闻或者直接经历一个极具创伤性的不良事件之后产生的心理失调状态,这一心理失调状态包括恐惧、无助等情绪反应,虽努力回避不去回想这一不良事件,但心理不可自控地受到这一事件的干扰。这类事件包括战争、地震、严重灾害、严重事故、被强暴、受酷刑、被虐待、被抢劫等。PTSD发病多数在遭受创伤后数日至半年内出现。常见的儿童创伤事件有:性虐待,躯体虐待,与父母的分离,丧亲,目睹暴力事件,攻击,情感虐待和忽视。创伤可分为两型:Ⅰ型是单次打击性的不良事件,Ⅱ型是持续存在的伤害或一系列的不良事件所致,也称慢性创伤。

1. 病因 创伤后应激障碍病因尚未明确,并非所有的不良事件都会导致PTSD的发生,多数人在经历创伤性事件后都会出现程度不等的症状,但只有少部分人最终出现创伤后应激障碍。不良事件对当事者的主观意义非常重要,有调查发现,60%的男性和50%的女性都有过重大的创伤体验,但是PTSD的终身患病率只有6.7%;相反,一些普通的不那么具有灾难性的事件也可能让部分人发展成PTSD。一般影响因素有:①事件本身的性质(频率、持续事件、严重程度等);②当事人对事件的认知和理解(取决于个体的发展水平);③社会支持系统(包括父母,亲友,社会支持度,自我应对技能,自身心理复原能力等)。

2. 危险因素 从婴幼儿与创伤事件接近的程度看,个人经历过的事件比目睹及听闻更具创伤性。发生在父母和亲密照养者身上的不良事件也会给婴幼儿带来创伤。

曾经经历过创伤,或者有创伤的家族史,患有其他的心理疾病,父母心理疾病史,亲子关系不佳,缺乏家庭支持,家庭暴力,环境因素如居住在经济收入水平较低的社区,有暴力冲突的社区,缺乏社区的支持系统等。这些都是PTSD的危险因素。

3. 症状表现 PTSD表现为在重大创伤性事件后出现一系列特征性症状。主要症状有以下3个方面。

(1)闯入性体验——闪回:创伤性情境在患者的思维与记忆中反复地、不由自主地涌现,闯入意识中萦绕不去,梦境中亦经常出现。有时会出现"重演"性发作,再度恍如身临其境,出现错觉、幻觉、意识分离性障碍等。有时发生"触景生情"式的精神痛苦。持续时间可从数秒钟到几天不等,这种现象被称为闪回。

当面临、接触与创伤性事件相关联或类似的事件、情景或其他线索时,通常出现强烈的心理痛苦和生理反应。事件发生的周年纪念日、相近的天气及各种场景因素都可能促发患者的心理与生理反应。

(2)回避反应:为了减轻闪回带来的痛苦,患者存在持续的回避反应。回避的对象不限于具体的场景与情景,还包括有关的想法、感受及话题,患者不愿提及有关事件,避免有关的交谈。个别会对创伤性情景出现遗忘,经历的事件被排除于记忆之外,即使经过提醒亦予以否认或无法回忆起重要部分。回避的同时,还有被称为"心理麻木"或"情感麻痹"的表现。患者自己感到似乎难以对任何事情发生兴趣,过去热衷的活动同样兴趣索然;感到与外界疏远、隔离,甚至格格不入;似乎对什么都无动于衷,难以表达与感受各种细腻的情感;对未来持消极态度,轻则听天由命,严重时可能万念俱灰,甚至自杀。回避反应一方面是个体的一种自我保护机制;但另一方面他会延缓个体PTSD的复原。

(3) 警觉水平升高:第三组症状是焦虑和警觉水平增高,表现为敏感、容易受惊吓,许多小的细节都会引起比较强烈的反应,易激惹或易怒,注意力不集中等。不少出现难以入睡、容易惊醒等睡眠障碍。

但是,在婴幼儿阶段的创伤症状有其特殊性,因为尚未学会说话的婴幼儿不能够报告他们对创伤事件的反应(比如强烈的害怕、无助或者恐惧),成人也许并不在场或者并未注意到这些,所以婴幼儿表现出的创伤相关症状比学龄儿童以及成人要少。

婴幼儿的再体验症状也有其特殊表现:①游戏时显得冲动,刻板,再现创伤经历,并且游戏不能减轻焦虑,游戏时也不如同龄孩子仔细和有想象力;②在游戏中重新扮演创伤的一部分;③不时地/周期性地回忆创伤事件,并不一定伴有难过的情绪;④噩梦,也许与创伤没有明显的关联或者做梦的频率增加,内容不详;⑤闪回或者急剧的情感暴发,选择性遗忘等分离性症状;⑥有创伤提示物时感到沮丧。

麻木症状可能是如下表现:①游戏的行为变得局限;②社交退缩;③情感的范围受限;④失去了之前已经掌握的社会技能,如语言和如厕。

应重视婴幼儿中和睡眠相关的症状。包括:①夜惊;②入睡困难(不一定和怕黑或者做噩梦有关);③夜里易醒(并非夜惊或噩梦);④注意力下降、警觉性增高和夸张的惊跳反应等症状不一定出现。

经历创伤事件后的婴幼儿可能有新出现的恐惧和攻击性。例如:①新出现的分离焦虑;②新出现的攻击症状;③新出现的明显恐惧,与创伤不一定有关,如怕黑或者怕一个人出去。

4. 治疗和预防　急性期应激反应的处置可有效避免或减轻PTSD。

(1) 急性期干预:对于单次打击性的Ⅰ型尤其重要,应首先确保脱离危险并处于安全的场所内,确保基本的生活必须,如饮食、保暖、休息场所等,给予情感支持和鼓励情绪宣泄,适度宣泄其恐惧、愤怒、哀恸等情绪。急性期处置特别要注意以下3点:①此时目的多在于提供支持,对其基本生活保障情况的评估和其基本情绪的关注比深层内心感受更重要;②允许有多种形式的情绪宣泄,避免"节哀顺变,还能重来"等说法,以免阻断情绪;③心理救援是一项需要持续投入和努力的工作,应避免任何走过场式的关注。急性期如有严重的焦虑或反复失眠等问题,可使用低剂量镇静安眠药。

(2) 后续处理:以个别或团体形式安排心理治疗,处理不当的自责及"幸存者内疚"(家人都死了,我却还活着)等症状。必要时使用抗抑郁药和(或)抗焦虑药治疗。

目前经研究认为对PTSD有效的心理治疗技术有认知行为治疗、眼动脱敏再加工治疗(EMDR)、暴露治疗、系统脱敏治疗等。

第四节　行为障碍

案例

麦麦是幼儿园大班的小朋友,他总是心不在焉的样子,上课的时候东张西望从不会看老师,坐不住,有时还会离开座位。午睡时大家在认真听老师吩咐,他却突然发出呜呜的声音,老师提醒他也不听,看小朋友都看着他,他还呜呜地叫,而且更大声更夸张了。虽然麦麦喜欢和小伙伴们一起玩闹,但总是戳戳这个,推推那个,因此在班里没几个小朋友喜欢跟他玩。老师给予麦麦足够的耐心并且运用了行为矫正的方法,但效果却不是那么明显。

105

第七章　学前儿童常见心理行为障碍

Children

注意缺陷多动障碍(ADHD,又称多动性障碍,多动症)是儿童时期的常见心理行为问题之一,主要的临床症状是,与同龄儿童相比,表现为明显注意集中困难、注意持续时间短暂、活动过度及冲动。虽然通常入学后才做诊断,但个别严重者在学前也可做诊断,以便尽早干预。ADHD 是一种脑发育的障碍,注意缺陷和多动/冲动是核心症状,往往伴有学习困难、对立违抗、情绪等问题。

一、注意缺陷多动性障碍

(一) 病因

在学龄儿童中 ADHD 的比例估计为 3%~7%,男孩与女孩的比例为 4:1。在我国,混合型是最常见的亚型,注意缺陷为主型的其次,多动冲动为主型的比例最低。ADHD 容易与其他情绪行为问题共病,如对立违抗障碍(ODD)、品行障碍(CD)、抽动障碍、心境障碍、学习障碍等。

在 ADHD 的发病中,遗传起到了 70%~80%的作用,而环境因素的作用只占 20%~30%。神经影像学研究提示,特定脑区功能损伤在 ADHD 致病中起着决定性作用。抑制能力不足和工作记忆缺陷也是比较显著的,此外,ADHD 儿童的计划能力、灵活转换、言语流畅性,以及情绪自我调节能力等方面均存在不足,从而导致学业困难,达不到其智商应有的水平,以及同伴关系不良、亲子关系紧张等。

(二) 症状表现

注意缺陷的症状主要包括:①不能注意到细节,或常粗心犯错误;②注意难以持久;③与其对话时,往往心不在焉,似听非听;④不能听从教导以完成作业和任务(不是因为不愿做或不能领会指令);⑤有始无终难以完成作业或活动;⑥怕困难、不喜欢或不愿意参加需要长时间努力的任务;⑦遗漏作业或活动的必需品,如玩具、课本、家庭作业、铅笔或其他学习工具;⑧容易受干扰而分心;⑨忘性大。

多动-冲动的症状主要包括:①手脚不停小动作多,坐不住;②在要求坐好的场合,擅自离开座位;③过多地奔来奔去或爬上爬下;④不能安静地参加游戏或课余活动;⑤一刻不停地活动,似乎有个机器在驱动他;⑥讲话过多;⑦脱口而出,急于回答;⑧难以等候顺序;⑨打断他人游戏或插嘴。

(三) 诊断

诊断要点是,具备上述注意缺陷和(或)多动-冲动症状,各 6 项以上,至少持续 6 个月,达到难以适应的程度并与发育水平不相一致。并且,这些表现存在于两个以上场合,如在学校、在工作室(或诊室)、在家,在社交、学业等功能上明显的损害,不能用其他精神障碍进行解释。

虽然 ADHD 较多见于学龄儿童,但是最早可在 3 岁左右即出现症状,幼儿的多动症状更容易受到关注。在幼儿期表现为不分场合过多地奔跑或爬上爬下、东奔西跑、静不下来,幼儿园上课比同龄儿童显得坐不住、不专心、擅自离开座位。注意缺陷表现为注意难以保持持久、易受外界刺激而分心、不注意细节、粗心大意,与之对话时心不在焉、不能按要求完成任务、回避或讨厌参加要求保持精神集中的事情、丢三落四。

ADHD 的诊断需要收集临床多种信息。如父母访谈,结合老师提供的病史,加上对儿童的临床评估和精神检查等。

(四) 治疗和注意事项

治疗原则是采取个体化的综合治疗方案,包括药物治疗和非药物治疗。

常用的非药物治疗方法有:①行为矫正:这是治疗学前儿童 ADHD 的主要方法,针对目标靶行为,采用合理的强化、消退和惩罚的方式,以增强和巩固良好行为,减少和消退不良行为;②执行功能训练:针对 ADHD 儿童的核心损害,如抑制能力、工作记忆、时间管理等执行功能缺陷,训练儿童相对应的执行功能,通过反复练习而内化执行功能,同时教导父母如何通过改善儿童的生活环境而促进孩子执行功能发展完善;③认知行为治疗:通过自我言语指导,让孩子学会停下来,看一看,听一听,想一想,而控制多动冲动行为,通过改变拖延造成的难以完成任务的负性认知,来促进启动;④社会生活技能训练:ADHD 儿童除了学业存在一定困难外,其与父母、老师、伙伴相处也存在社交困难,从而影响自尊心,通过训练 ADHD 儿童的生活及社交技能,促进其改善行为问题;⑤父母培训:ADHD 父母需要采取特殊的亲子抚养方式,以更好地帮助孩子克服问题,发展功能,如采取合理的期望,予以合适的指令,建立必要的规则,多采用正性鼓励,与孩子进行有效的互动活动以促进孩子的康复;⑥其他非药物治疗,如感觉统合训练、脑电生物反馈、平衡仪训练等,有研究报道对改善 ADHD 症状存在一定帮助。

应注意加强对家长和教师进行相关的知识教育,正确对待孩子的不良行为,既不要过分忽视纵容,也不要过分严苛细节。忽视无伤大雅的小动作,给予一定的活动机会,在时间允许的情况下,分段完成作业,尽量提供安静的学习环境,避免可能分散注意力的刺激来源。多发现 ADHD 儿童的其他优点,发挥其长处,保持他们的自信心和自尊心。

原则上 6 岁以下幼儿不选择药物治疗,仅在病情严重影响生活时才谨慎选择。

二、抽动障碍

案例

小鱼的妈妈发现最近半年来他总是不停地做怪动作,右眼不停地眨,眼科医生说眼睛没什么问题,后来慢慢眼睛不怎么眨了,又出现耸鼻子和伸脖子,妈妈还发现,这种怪动作在看电视做作业时比较多,如果是在户外散步,做轻松的体育运动,就会减少。一开始妈妈以为是坏习惯,可提醒和惩罚似乎没用,虽然提醒的时候能忍一下子,但很快就又开始了,而且怪动作反而越来越多了。

小鱼这是怎么了,他的表现是不是妈妈所认为的坏习惯呢?

抽动是一种不随意的、快速、反复出现的身体某部位肌肉或肌肉群的非节律性运动或发声。抽动总体上可分为运动抽动和发声抽动,根据涉及肌群的多少和症状的复杂程度,又可分为简单抽动和复杂抽动。

抽动多起病于儿童时期,一般 5～7 岁起病,可早至 2 岁发病,10 岁达到高峰。曾经有过暂时性抽动症状的人数比例可高至百分之十几,多数儿童的抽动症状到青春期减轻或完全消失,少数可持续至成年。

(一) 病因

抽动障碍的病因及发病机制尚不清楚,涉及遗传、神经生物、神经免疫和社会心理等各种因素。起病年龄越小,越与生物学因素有关。有些儿童在发生症状前有局部躯体因素疾病造成的不适(如炎症)、疲劳、某些药物、发热可加重抽动,属于过敏性体质的儿童容易发生抽动。但经常是原发问题缓解后抽动仍然持续。在心理因素中,各种原因造成的紧张、压力大、焦虑、兴奋、应激都会引起或加重抽动,放松可以缓解抽动动作或发声。

(二) 临床表现

抽动症状的种类非常丰富,单纯性抽动如眨眼、耸肩、歪头、皱额、转颈、鼓肚子、抽鼻子、喉咙发声、清嗓子、吼叫、干咳等;复杂抽动如跳跃、单脚蹦、控制不住打自己、重复特别的音节、词句(有时是秽语)、重复言语等。抽动症状是不自主的,可能短时间受意志控制,但又会出现。多数病例在睡眠时明显减轻或消失,也有少数因抽动而导致明显的睡眠问题。

抽动障碍可分为以下 3 种类型:①一过性抽动障碍:抽动持续不超过 1 年;②慢性运动或发声抽动障碍:运动和发声不并存,持续 1 年以上;③发声与多种运动联合抽动障碍:又称 Tourette's 综合征(TS),多种运动性抽动和发声抽动。

诊断要点:①突发、快速、短暂而局限性的运动;②无节律性;③不自主,无痛苦,能克制短暂时间;④反复发作,睡眠时消失,应激加重;⑤非神经系统障碍所致。

(三) 治疗和注意事项

短暂而轻度的抽动无需药物治疗,避免抽动加重的因素。慢性或有慢性趋势的抽动需要药物治疗。治疗慢性抽动和 TS 的总原则:①以改善最严重的症状为治疗导向;②治疗目标是长期受益而非不惜代价迅速改善;③不论是否在治疗,症状在任何一个时期都可能缓解或加重。

药物治疗:①轻度抽动:常用硫必利;②中、重度抽动:抗精神病药物,如阿立哌唑、利醅酮等;③其他:如抗癫痫药物。

应加强支持性心理治疗,正确对待抽动带来的相关问题,消除环境中对患儿症状产生不利影响的各种因素,改善患儿情绪,增强自信。在行为治疗中,习惯逆转训练、放松训练对抽动也有一定帮助。

重视健康教育,让家长和老师了解抽动是一种疾病,对患儿既不歧视也不过分关注。过分关注或阻止患儿症状,反而可能导致孩子紧张不安,从而加重抽动症状。平时注意合理安排患儿生活,避免过度兴奋、紧张、劳累等诱发因素即可。

三、对立违抗性障碍

案例

麦麦虽然才 5 岁,人虽小可脾气不小,跟爸妈顶嘴,扔东西摔门是常有的事,因为有些事做得不好会被老师批评,一被批评他就大发雷霆摔东西踢老师,除非他发好脾气自己停下来,否则怎么也制止不了。发生任何问题他都会把自己的责任推得一干二净,总觉得是别人的错,或者是客观环境造成的。他不太听话,妈妈爸爸要他做什么,他就偏不,叫他往东他就往西。

麦麦这是脾气的问题吗? 该怎样才能管得住他呢?

对立违抗障碍多见于 10 岁以下儿童,主要为明显不服从、违抗,或挑衅行为,品行已超一般儿童的行为变异范围,但没有更严重的违法或冒犯他人权利的社会性紊乱或攻击行为。只有严重的调皮捣蛋或淘气不能诊断本症。有研究者认为这是一种较轻的反社会品行障碍,因此,对立违抗障碍和品行障碍合并成为破坏性行为障碍。

(一) 病因

对立违抗障碍的发病机制是复杂的,迄今没有一致确认的结论,既涉及个体生物学素质,又涉及儿童的生理-心理-社会特征,还受到家庭、社会等环境的很大影响。其中,家庭环境因素是儿童对立违抗障碍的成因中最为关键性的原因,主要因素包括:家庭严重不和睦,缺乏爱的、温暖的亲子关系,双亲对孩子缺乏监督或监督无效,双亲对孩子的管教过严和不当,不良的社会交往等。

(二) 症状表现

对立违抗障碍的症状表现是:①常与成人争吵,与父母或老师对抗;②经常暴怒,好发脾气;③常拒绝或不理睬成人的要求或规定,长期严重的不服从;④故意招惹干扰他人;⑤把自己的错误或不良行为归咎于别人;⑥易被别人激怒;⑦常怨恨他人;⑧常怀恨在心,心存报复。至少存在上述表现的 4 条及以上,则考虑诊断。

(三) 治疗

目前尚无针对对立违抗障碍的特异性的治疗方法,单一治疗效果较差,通常采用个体化的教育、心理治疗、行为治疗及药物治疗相结合的综合治疗模式。①行为矫正治疗:治疗目的是改变患儿的不良行为,治疗前要与患儿讨论目前存在的问题、问题的危害及治疗的理由,取得孩子的理解和配合是治疗的第一步。行为矫正主要是操作性条件反射原理,采用阳性强化疗法和惩罚疗法,改变儿童的行为方式,逐渐减少其不良行为。②问题解决技巧训练:通过训练孩子交流技巧,解决问题技巧,改变其容易发怒、对抗的认知,掌握控制情绪和冲动的技巧,从而改善症状,提高能力。③父母培训/家庭治疗:儿童的家庭系统对对立违抗的预防和治疗很重要。这类儿童的家长有某种基本的教养方法缺陷,帮助他们发展有效的教养方法是改变儿童对立违抗的主要机制,包括学习恰当的强化和纪律要求技术、与孩子有效的沟通和问题解决、协商策略。行为管理包括如何使用简单而有效的行为矫正技术、意外管理等,鼓励家长与孩子的积极互动。对于很多问题家庭还需要有其他的支持,如抑郁、生活压力和婚姻危机干预。④社区治疗:发展以学校和社区为基础的方案,借助社会的力量来帮助这些患儿。

药物治疗一般作为辅助治疗,主要用来缓解对立违抗障碍儿童伴随的其他症状。如患儿伴有注意力不集中,活动过度表现,可使用 ADHD 的治疗药物。患儿如果伴有明显的情绪问题,也可用抗抑郁药缓解情绪症状。如果孩子有较严重的攻击破坏行为,或者较偏执,也可用小量的抗精神病药。

由于对立违抗障碍的治疗比较棘手,预防就变得更为重要。预防的一个重要任务就是提高父母亲的文化教育素质,以改善和加强儿童的家庭教育。双亲在抚养孩子时,要避免管教不一致,既不要过于粗暴,也不要过于纵容溺爱。双亲要善于教育和引导,使得孩子顺利完善社会化过程,学会社会规范和行为准则,确立正确的是非道德观。其次,幼儿园和学校环境是孩子进一步发展社会意识的重要基地,注意培养学生的良好行为习惯。社会预防也具备重要的作用,应该形成一套完整的,保护儿童的社会网络系统。

四、刻板性运动障碍

案例

小鱼从小总是吃手咬指甲和手指上的"倒刺",妈妈说从来没有给她剪过指甲,每次拿起她的手来看,总发现指头是光光的,不知道什么时候已经被咬掉了,咬"倒刺"还常常咬得流血。家里人想了很多办法来帮她改正,戴指套、在手指上涂黄连、辣椒水,可是都不管用。妈妈很担心,气急了会打她两下,可并没有用,有时候打过之后还咬得更凶了。

小鱼这种行为习惯到底是不是病呢?能治好吗?

刻板性运动障碍是一种随意的、反复的、刻板的无意义(常为节律性)运动,不属于任何已知的精神病态。非伤害性动作包括摇摆身体、拔毛、捻发、作态地弹指和拍手,刻板性自伤行为包括反复撞头、打耳朵、戳眼睛、咬唇或身体其他部位。常伴发精神发育迟滞,需要与广泛发育障碍鉴别。

(一)症状表现

刻板运动达到躯体受损的程度或显著干扰患儿的正常活动;症状至少已经 1 个月;不是由于任何其他精神病或行为障碍所致。

刻板性运动在幼儿中最常见的是咬指甲、吮手指,这是儿童时期较常见的现象,原因并不很清楚,长期存在则成为一种行为问题,对生活带来不利。正常婴儿约 90% 的有过一段时间吃手指的现象,但仅 5% 的儿童在 4 岁后仍保持这种行为,6~11 岁的儿童有 2% 仍有吃手指的习惯。

孩子出生 6 个月左右开始经常吸吮手指,有人认为是出牙期间牙龈痒而形成的习惯,另据推测可能与要求获得一种自我安慰的心理有关,正如吸吮奶头或奶嘴一样,吸吮手指可以给婴儿带来一种满足,正常的需要若得不到,如饥饿、缺乏母爱、不被关注,则以吸吮手指来获得安慰,时间长了形成习惯,即使年龄大了,但当受到挫折、内心矛盾或恐惧不安时仍然用小时候的办法来获得自我安慰。

(二)处理原则

短时间内一过性的刻板行为不需特别纠正,会随年龄增长而自然消失。如果刻板行为持续较久,后者

Children

对孩子平时的生活、学习、身体健康产生了影响,则要干预。以行为矫正为主要治疗方式,可用转移注意、游戏的方式减少孩子的刻板行为,或者寻找替代物,学习无伤害性的替代行为。以吮手指为例,从孩子婴儿时期就给予适度的关爱,孩子大了以后避免给孩子造成紧张、孤独的情况;其次,不要老是盯着孩子吃手指的行为而指责甚至打骂,这样虽然孩子表面上减少了吃手,但背着父母却更加严重地吃手。应让孩子手中多做一些有趣的事情,以丰富多彩的活动和与同伴的交往吸引孩子的注意,让孩子的生活充实起来,达到逐渐减少啃手的目的。咬指甲的干预原则也一样,注意消除紧张因素,多进行手工活动,学会放松技巧,如在紧张要咬指甲时双手紧握拳或是手中拿个玩具。在行为矫正过程中,要持之以恒,家长不要面对孩子表现出过分着急的样子。必要时可予以一定的药物治疗。

五、社会功能障碍

童年社会功能障碍是一组起始于发育过程中的社会功能异常,与广泛性发育障碍不同的是没有明显广泛性受损,常在某些功能领域出现异常,如表现出功能性社交无能或社交缺陷。环境污染被认为在该类疾病发病因素中具有较大作用,发病率没有明显的性别差异。主要包括选择性缄默、依恋障碍等。

(一) 选择性缄默

1. 概述　因精神因素的影响而出现的一种在特定场合,如学校、陌生环境下保持沉默不语的现象,而在其他场合,如家里、熟悉环境下保持有正常或接近正常的语言能力。

选择性缄默的儿童多在3～5岁发病,发病之前已经获得了正常的言语理解和表达能力。孩子在缄默的场所下可用手势、点头、摇头等躯体语言来表达自己的愿望。患儿大多伴有情绪或行为方面的问题,如焦虑、害羞、温顺,或者对立、难以管理、易生气、容易有攻击行为等。

2. 病因　选择性缄默与家庭环境、个体特质等因素密切相关,如过分保护或过分严厉的父母教育、无法解决的心理冲突或创伤经历等,在症状的发生和发展中起着重要的作用。例如,当儿童受到过分保护时,儿童与其他人特别是与成年人企图建立关系的努力受阻,以后则以缄默作为人际关系的应对策略。通常,选择性缄默的儿童有着特殊的气质特点,他们更敏感、胆怯、害羞、孤僻、脆弱,依赖性也更强。

3. 治疗与处理原则　选择性缄默可采用行为治疗,当孩子出现良好的行为时,给予奖赏强化,当孩子出现回避、退缩等不良行为时,则不给予强化,而是逐渐地消除孩子过分敏感、紧张、害怕、害羞等不良情绪。行为治疗的基础为假定孩子出现选择性缄默是为了获得注意或者逃避焦虑等,因此应该消除对缄默现象的强化行为,同时增强自信心及减轻患儿焦虑。通过循序渐进地设定目标、示范练习、角色扮演和社会性奖励,使患儿能够自由表达思想和情感,逐步减轻及消除患儿在社会交往中的回避和害怕程度,从而改善缄默的症状。

由于选择性缄默有着明显的家庭因素,所以了解孩子的家庭环境问题,改善亲子关系和家庭氛围,对于家庭环境中的功能系统存在的问题做出调整和指导,对于改善孩子病情也有一定的帮助。

除了心理治疗之外,一些治疗儿童恐惧症的有效药物对选择性缄默也对缓解选择性缄默的焦虑、抑郁、紧张症状存在一定的帮助。

(二) 依恋障碍

1. 概述　主要与严重的教养方式不良有关,如儿童心理或躯体虐待或长期受到忽视,导致孩子与抚养者的依恋关系异常,包括反应性依恋障碍和脱抑制性依恋障碍。反应性依恋障碍与严重的儿童教养不良有关,包括严重的忽视、躯体或心理虐待等。孩子的社交反应具有强烈的矛盾性,对抚养者可以有亲近、回避和拒绝的混杂反应,伴有情绪紊乱,例如发生恐惧时安抚不起作用和过分警觉等,与同伴交往差。脱抑制性依恋障碍主要发生于养育者更换极为频繁的儿童中,表现为泛化、无选择的依恋和寻求注意的行为,通常很难与同伴建立亲密和信任的关系。

2. 治疗与处理原则　由于依恋障碍的病因较为明确,治疗的焦点通常集中在改变不良的亲子关系模式上。首先要努力建立良好的依恋关系,父母是主要的治疗者,应帮助父母意识到他们自己对婴幼儿生长发展起着重要作用,应尽可能与孩子保持亲密接触,用言语和肢体表达对孩子的关怀和喜爱,建立安全的亲子依恋关系。针对有虐待儿童的养育者,则需要进行教育和劝告,提供持久性干预,为儿童建立安全的环境,同时对于儿童遭受虐待后的心理创伤,也应提供专业的支持治疗和干预。

对于依恋障碍伴随的情绪紊乱症状,可以通过改善抚养模式和亲子关系,消除家庭环境中的不良因素,从而缓解孩子的情绪问题。脑电生物反馈治疗对于减轻焦虑、改善自主神经功能及睡眠状况均有一定帮助。5-羟色胺再摄取抑制剂也可以改善孩子的情绪状态。

对于依恋障碍伴有的行为紊乱及攻击行为,可以通过行为治疗来逐步消除。例如指导家长和孩子订立行为契约,明确孩子需要改正的不良行为,如果出现时给予惩罚,而当孩子出现亲社会行为时给予奖励,以强化孩子的亲社会行为。如果孩子的行为紊乱非常严重,存在明显的兴奋攻击时可适量使用抗精神病药物。

社交训练可教给儿童具体的社交技巧,通过角色扮演让孩子学会合适的社交行为,与父母、同伴友好相处,逐步建立良好的依恋关系。

第五节　心理因素相关的生理障碍

一、遗尿症

小儿 5 岁以后在白天或夜间发生不自主的排尿,称为遗尿症,分为器质性遗尿症和非器质性遗尿症。非器质性遗尿症也被称为功能性遗尿,发生于白天或黑夜的排尿失控现象,与患儿的智龄不符,年龄在 5 周岁以上或智龄在 4 岁以上,每周至少有 2 次遗尿,至少已 3 个月,遗尿可作为正常婴儿尿失禁的异常伸延;也可在学会控制小便之后才发生,不是由于器质性疾病所致,也没有严重的智力低下或其他精神病。

> **案例**
>
> 康康今年 6 岁了,9 月份就要读小学一年级了,可小明的父母显得担心、焦虑,因为小明有时还会"尿裤子"。康康上中班时,因一次尿湿了裤子而担心受到老师的批评,此后出现不自主排尿的情况,同时伴有紧张、担心,症状严重时每天 1 次,父母带他去医院检查,并未发现器质性疾病。

(一)原因

(1) 器质性因素,如脊柱裂及尿道狭窄等先天性异常、泌尿系统反复感染、糖尿病、尿崩症、慢性肾衰竭、神经系统损害、癫痫发作、病后全身虚弱和智力发育障碍等。

(2) 控制排尿的神经功能的成熟落后,如在 ADHD 儿童中常有遗尿现象。

(3) 睡眠障碍,夜间遗尿往往由于睡眠过深,即使有尿意也不能醒来。

(4) 婴幼儿期的排尿训练不当,常见的是过早排尿训练造成排尿自控管理紊乱,另一原因是排尿训练时过于粗暴或频繁。

(5) 强烈的心理刺激,如与父母突然分离、入托、意外事故后、受到惊吓等。另外,遗尿可能与遗传因素有关。

(二)症状表现

器质性遗尿症和非器质性遗尿症均以遗尿为主要临床表现。遗尿又表现为夜间遗尿、昼间遗尿、昼夜间均遗尿3种类型。以夜间遗尿最为常见,约占80%;昼间遗尿者较少见,约占5%。夜间遗尿的患儿约有半数每晚都尿床,有的甚至每晚遗尿2~3次,如白天过度兴奋、疲劳或躯体疾病后,遗尿次数会明显增多。随着年龄的增长,患儿遗尿的次数会逐渐减少,大多数患儿到7~9岁时即停止遗尿。遗尿症患儿常常伴有夜间多梦、睡行症、注意缺陷多动障碍、抽动症、好发脾气或其他情绪和行为问题。

(三)治疗和处理原则

1. 查明原因并采取相应的措施　针对非器质性遗尿症首先要了解原因,养成良好的作息和饮食习惯,营造良好的家庭氛围,解决精神因素和心理矛盾,然后考虑行为训练和药物治疗。

2. 常用的行为训练方法　①睡前少喝水,睡后使用闹钟,在儿童经常夜尿的时间唤醒患儿,使患儿清醒地排尿,养成习惯,不尿床后逐渐延长闹钟唤醒的时间,延长睡眠时间。②使用"叫醒尿垫"也能获得有较好的效果。③忍尿训练,增加膀胱括约肌的控制功能,白天当儿童有尿意时,令儿童有意地忍尿,一开始忍尿时间可短至5分钟,以后逐渐延长达到15分钟或更长,以膀胱有胀满的感觉为限,在训练过程中需对患儿进行口头或实物的鼓励。

3. 药物治疗　氯咪帕明、1-脱氢-8右旋-精氨酸加压素、缩泉丸等。

二、进食障碍

进食障碍是心理性生理障碍的典型例子,在儿童期存在各种形式的进食行为障碍,每一种都具有复杂的生物心理因素,如患儿的气质、早期父母-儿童之间的相互关系等。

(一)异食癖

案例

　　小红是个5岁的小女孩,很喜欢在外面和小朋友一起玩堆沙子、捏泥巴的游戏,有时回家后父母会发现小红嘴边留有泥沙痕迹,经询问其他小朋友,得知小红有时会吃泥沙,小红自己也承认了,她起先只是觉得好玩,后来肚子饿了吃了感觉还能充饥,常常边玩边吃。

1. 病因　首先要排除某些躯体问题,如儿童缺铁、缺锌、钩虫病,精神问题如患儿童精神分裂症、孤独症以及重度精神发育迟滞。此外,对于年幼的儿童,异食癖多与无知和好奇有关,如玩黏土时以为黏乎乎的好吃,有时肚子饿了也吃一块黏土充饥;对大些的儿童,则多与心理因素有关,由于从小缺乏家庭温暖、父母的抚爱,又缺少玩具和图书,没有同伴一起做游戏,于是有的孩子就从非食物中寻找刺激。

2. 主要症状　1岁半以前的儿童吃非食物性东西是常见的现象,而1岁半以后的幼儿经常喜欢咬玩具、吃剥落的墙皮、头发、颜料碎屑、肥皂、黏土、纸张等不能吃的东西,且此种进食行为并不符合当地习惯或传统,则视为异常的情况。实际年龄及智龄在2岁以上,每周至少进食2次,症状持续至少1个月,称为异食癖,发病年龄通常不超过6岁,男孩比女孩多见。异食癖可以独立存在,也可以是发育性的精神障碍(如精神发育迟滞、孤独症等)的症状,但不是因为其他精神障碍(如精神分裂症)所致。由于吞食异物,还可以造成一些严重的并发症,如吞食污物可造成肠寄生虫病,吞食石子、毛发、布片可造成肠梗阻,大量吞食异物可造成营养不良、影响躯体的生长发育,吞食油漆的墙皮造成铅中毒,影响小儿的智力发展。

3. 治疗和处理原则　对待小儿异食癖,家长不能粗暴地打骂,而是应及时就诊并治疗,要点是检查原因、去除病因、对症治疗。如果是因躯体和精神疾病造成的,一般采取相应的药物治疗,辅助以行为矫正。如果是心理因素引起的,则家长需要注意给予孩子必要的心理关怀,提供丰富的、适宜儿童活动,并配合医生进行行为矫正。

异食癖的行为矫正方法常用奖励法,具体措施如下:首先选出能引起儿童兴趣又容易得到的物品或活动作为奖品,如玩具、糖果、点心、去公园等均可,然后告诉患儿异物不能吃,吃了会生病,如果今天不吃或少吃则奖励一样他喜欢的物品,如此进行直至异食现象逐渐消失。在矫正过程中要注意循序渐进和经常更换奖励的原则,同时尽量不让孩子接触要吃的异物,不要当众指责孩子吃这些不该吃的东西,即使看到孩子没有像以前那样拿到异物就马上往嘴里塞,也要及时表扬、鼓励。另外,要创造机会让孩子多与其他小朋友交往,忘掉吃异物的念头,而且其他小朋友的正常饮食也会为异食癖的孩子带来好的影响。

(二) 其他

1. 周期性呕吐综合征　这是一种以周期性或反复发作的严重恶心和呕吐为特征、而间歇期无任何症状、亦无器质性疾病为基础的精神障碍,多见于3～7岁儿童。每次发作前常表现为腹痛,再出现不能控制的呕吐或严重的干呕,伴恶心、腹痛等,严重时可伴有脱水,每次发作性质、时间、程度均与以前的发作类似,发作间歇期患儿显得很正常,无任何不适。治疗则以支持性治疗为主,卧床休息和睡眠有助于减轻发作,必要时可予补液支持、镇静、抗呕吐等治疗,同时给予患儿心理疏导及心理治疗也是非常重要的。

2. 反刍障碍　这是一种较少见的进食行为障碍,特征是反复出现食物反流及再咀嚼部分已消化的食物导致体重减轻或体重不增,而不伴恶心、干呕或相关的胃肠道疾病,亦不伴有全身性疾病。治疗时必须对婴儿与主要照顾者的相互关系和家庭环境进行深入评估,加强养育指导,心理治疗结合行为矫正。

三、睡眠障碍

婴幼儿也会出现多种睡眠的障碍,常见的有失眠、夜醒、夜惊、夜间摇头、梦魇、梦游、过度嗜睡。经常性的失眠、噩梦或睡行在学前儿童中并不常见,如果经常出现则要引起重视,寻找原因,而且在不同睡眠时期发生的睡眠障碍,具有不同的特点,如入睡时的障碍为失眠,梦魇常在快眼动睡眠时期出现,突然的惊醒和梦游则出现在非快眼动睡眠时期。

(一) 失眠

各个年龄阶段的儿童都有可能出现失眠,在低龄儿童中的发生较少。失眠常表现为入睡困难、半夜醒后难以继续入睡以及早醒。

1. 病因　①对不同阶段的儿童其原因各有特点。婴幼儿多见的原因是生活不规律、饥饿或过饱、身体不舒适、睡前过于兴奋、与亲密的抚养者分离而产生焦虑、环境嘈杂。②较大儿童的失眠原因除以上外还常有因学习、家庭、社会因素造成的心理紧张、焦虑、抑郁,如刚与父母分睡初期而害怕、父母关系不和而情绪忧郁、受到批评或恐吓、睡前担心早晨上学迟到、学习压力过重而夜间学习过晚、不注意休息而用脑过度、考试前的紧张。由于现在学前儿童也面临着过度学习、频繁考试的现象,因此一些在学龄儿童中的失眠原因也提前到了学前儿童。③晚间饮用或服用某些兴奋中枢的物质。④对睡眠怀有恐惧心理,如有的孩子失眠几次后就形成了条件反射,一到上床睡觉时就担心睡不着,引起焦虑,故形成习惯性失眠。

2. 治疗和处理原则　①对于孩子的失眠,先要查明原因,设法去除这些不利睡眠的因素,将失眠处理在急性阶段,避免形成习惯性失眠,尤其是因心理因素造成的失眠,应给予孩子以足够的心理支持、帮助孩子改善情绪。②采用一些有助睡眠的方法,如给孩子讲轻松的故事或听轻松的音乐,以及在医生指导下的暗示、松弛疗法,设法使孩子在睡前半小时内安静下来、放松心情。③养成规律睡眠的习惯,晚上在有睡意的时候上床,早晨清醒后要很快起床,即使因晚上失眠而白天困倦,也不要在白天过度补睡。④严重失眠时可短期、小量服用镇静剂,婴幼儿尽量不用安定类药物。

(二) 夜醒

一般而言,5个月后的儿童夜间应能连续睡7个小时,若经常夜间不能连续睡眠则为夜醒,常见于婴幼儿。

Children

1. 病因 ①对于婴幼儿应首先检查是否为佝偻病早期，以及是否缺乏维生素 B_1 引起的夜间哭吵。②抚养不当：新生儿在睡眠的昼夜节律形成时，由于抚养方法不当而造成孩子的夜醒。如孩子一醒甚至一有动静，父母就马上去抱、哄，这样的孩子则夜醒频繁，养成一醒来就要抱或吃了东西才肯继续睡眠的不良习惯。③气质因素：有的孩子比较敏感，有些响动就容易醒来；或是适应性较差，换个新环境，最初的一段时间就会睡眠不安。④心理社会因素：当受到某些事情的影响，孩子的情绪发生了明显变化，过度兴奋或情绪焦虑、恐惧、抑郁均可引起儿童的夜醒。⑤大脑发育不成熟：早产儿、脑损伤的儿童，由于大脑发育不成熟较难建立正常的睡眠节律，因而更容易出现夜醒。

2. 治疗原则 一般来说，夜醒随年龄增长会自然好转，不需要治疗，但过于频繁而且吵闹、不易入睡并且影响了他人的睡眠，则需要矫正，关键是改变不当的抚养方式，建立良好的睡眠习惯，如不要孩子一醒来哭闹就给予过多的关注，也可以在专家的指导下进行建立睡眠规律的指导，严重者服用小剂量镇静药。

(三) 睡眠时摇头

1 岁半以内的婴儿有时会出现睡眠时摇头的现象，表现为在睡眠中有规律地点头、左右摇摆头、上下弹动等，动作迅速，有的孩子较为剧烈，甚至以头撞床板或墙，使父母十分紧张、惊恐。这些现象可以出现在浅睡眠和中睡眠状态以及入睡和将要醒来的过程中，亦即非快眼动睡眠的第一、二期和快眼动睡眠期。此现象多数是属于儿童正常的发育现象，少数可能与不良环境刺激和精神疾病有关，如与母亲分离、丧失父母、精神发育迟缓、孤独症。该现象一般不需治疗，随年龄的增长会自行消失，症状较严重者可在医生指导下短期使用镇静剂治疗。

(四) 夜惊

1. 病因 ①遗传因素：约一半的夜惊症儿童有家族史，因而可能与大脑发育特点有关，这种儿童在心理因素的作用下较容易发作。②心理因素：凡是令儿童受到心理不良刺激的事件都可能引发夜惊，如看了或听到恐怖的事情、受到严厉批评、受到恐吓、突然与父母分离、父母吵架、发生意外事故，等等。

2. 症状表现 儿童在入睡后突然坐起、尖叫、哭喊、双眼圆睁直视，有的还自言自语却听不懂在说什么、甚至下床行走，神情十分的紧张、恐惧，而且呼吸急促、心跳加快、面色苍白、出汗，但对周围的事情则毫无反应，数分钟后缓解，继续入睡。

夜惊常见于 4～12 岁儿童，多发生在深睡眠期，即非快眼动睡眠的第 3、4 期，多在上半夜入睡后的半小时到 2 小时之间出现。儿童在睡惊发作时很难被叫醒，即使被叫醒也显得意识不清，说不出在什么地方、什么时间、发生了什么事情，若第二天早晨问他晚上为什么惊起则不能回忆，或只是说好像感到很害怕。

夜惊发作的程度和频率与孩子的年龄、性格有关，年幼、敏感、胆小的儿童容易发生而且会经常多次发生，即使心理因素解除，该现象也会仍有发生，但随时间最终会缓解直至消失。

3. 治疗和处理原则 首先要了解原因，解除使心理紧张的因素，在孩子睡觉前避免给孩子造成恐惧和不安的情绪，让孩子在松弛、愉快的情况下入睡。对频繁发作的儿童酌情使用药物。

(五) 梦魇

1. 病因 有心理因素或躯体因素。心理因素如看或听了恐怖的事情、由于学习或其他因素所引起的精神紧张、情绪低落；躯体因素常见的有睡前过饥或过饱、剧烈运动、睡眠姿势不好（如双手放在前胸使胸部受压迫、呼吸不畅）、患某些躯体疾病，如上呼吸道感染引起的呼吸不通畅、肠道寄生虫、发热等。

2. 症状表现 梦魇又称噩梦，指做一些内容恐怖的梦，并引起儿童梦中极度恐惧、焦虑，儿童常大声哭喊着醒来，醒后仍感到惊恐，并因此难以入睡。梦魇常发生在快眼动睡眠期，容易被唤醒，儿童醒后意识清晰，能较清楚地回忆并叙述梦中经历，表达恐惧和焦虑的体验。梦魇多见于学龄前期、学龄期儿童，学前儿童中 25％～50％有过梦魇或夜惊，4～5 岁的儿童中有 40％发生过梦魇。

3. 治疗原则　无特殊干预方法。当发现孩子有正在做噩梦的表现时,可叫醒孩子,并给予适当的安慰。检查是否有易引发梦魇的因素,予以避免。

(六) 睡行症

俗称梦游,指在睡眠过程中起床活动或行走。

> **案例**
>
> 　　小强在上幼儿园大班,是个聪明活泼的小男孩。有天夜里小强正在熟睡,突然起床穿好校服,慢慢地走到客厅,起初小强父母以为他是去上厕所,也没有在意,但看到他走向客厅时,感觉有些异常,轻轻问了几遍:"小强,你在干什么啊?"小强并未回答,然后又慢慢转身走回卧室,脱了衣服躺下继续熟睡。第二天早上,小强的父母问起昨晚的事情,小强并不能回忆,开开心心地上幼儿园去了。

1. 病因　睡行症与大脑抑制过程的发育有关,有睡行症家族史的儿童,睡行症的发生率较无家族史的儿童高。

2. 主要症状　儿童在熟睡中突然起床,有的儿童只是坐起来,做一些刻板、无目的的动作,如捏弄被子、做手势、穿衣服;有的儿童则下床行走甚至开门走到室外,同时还可以做一些较复杂的活动,如开抽屉拿东西、倒水,有时口中似乎在说些什么,但口齿不清。

儿童在睡行过程中意识不清醒,睁眼或闭眼,目光和表情呆板,对环境只有简单的反应,如在熟悉的环境中可以避免碰撞上墙或桌椅,有时也会被绊倒甚至从窗或楼梯摔下,对他人的干涉和招呼缺乏应有的反应,即使回答别人的提问也多是答非所问。此过程一般持续数分钟,个别可长达半小时以上,然后自己上床又继续正常的睡眠。

睡行发生在非快眼动睡眠的第 3、4 期,此时是深睡眠期,所以在活动中难以叫醒,而且无论是叫醒还是清晨自己睡醒后都不能回忆发作的经过。约有 15％的 5～12 岁儿童至少有过一次睡行的经历,男孩多见,可伴有夜惊和遗尿,多数孩子随年龄增长而不再发生。

3. 治疗和处理原则　指导家长避免在有睡行症的孩子面前显得紧张,过于渲染病情的严重。在孩子正发生睡行的时候,注意防止意外事故,如摔伤、烫伤,不一定非要将其叫醒,以免孩子受到惊吓,可将其牵回床上继续睡眠,若难以制止其活动则设法叫醒。对偶尔发作的孩子无需治疗,发作频繁者则短期使用药物治疗。

(七) 过度嗜睡

1. 病因　病理性的过度嗜睡与大脑发育问题、脑神经系统的疾病及某些躯体因素有关,如先天性大脑觉醒不足、睡眠呼吸暂停-过度嗜睡综合征。先天性大脑觉醒不足往往还伴有在清醒时注意力不集中、活动过多。睡眠呼吸暂停-过度嗜睡综合征,或是因为呼吸肌松弛或阻塞了呼吸道,常伴有夜间打鼾,多见于肥胖儿童。

2. 主要症状　过度嗜睡突出的表现是白天睡眠时间过多、睡眠次数过多,幼儿经常是玩一会就打瞌睡。有的儿童是因为夜间未睡好,但有的即使夜间睡眠充足也表现出白天过度嗜睡。

3. 治疗和处理原则　不同原因采用不同的方法。对于大脑觉醒不足的儿童难以去除病因,可应用中枢兴奋剂治疗。对于呼吸道阻塞的儿童则针对原因可尽量消除病因,如腺样体肥大切除术,肥胖儿减肥等。孩子由于嗜睡经常会出现意外事故,所以家长还要多加防范。

四、分离转换性障碍

分离转换性障碍曾被称为癔症,是由精神因素,如生活事件、内心冲突、暗示和自我暗示,作用于易感个

Children

体引起的大脑功能性失调,包括分离性障碍和转换性障碍。在儿童情绪障碍中,分离转换性障碍的患病率并不高,因为患儿常有躯体症状,故常就诊于儿科。

> **案例**
>
> 　　妞妞上大班,平时活泼开朗,唱歌、跳舞都很不错,老师一直表扬她,并经常让她领舞领唱,班上也总有几个女孩子围绕在她左右,最近换了新老师,因为发现妞妞比较喜欢表现自己不给其他小朋友机会,就适当减少了给妞妞"争先"的机会,有一次还因为妞妞对其他小朋友不礼貌而当众批评了她。妞妞慢慢变得不肯说话,而且总说肚子痛,或说脚麻走不了路,不肯参加体育活动,老师就对她又关心起来。但久之,王老师很惊讶地发现,平时总围在她周围的三四个小女孩居然表现出跟妞妞差不多的问题:都说肚子痛,腿发麻。爸爸妈妈带她们去医院看过了,检查却没有发现问题。聪明活泼的妞妞和她身边的小朋友怎么了?

1. 病因　患儿常具有某些特殊的性格特征,如情感丰富、情绪不稳、自我中心、好幻想、暗示性强、依赖性重等。大多数患儿往往在负性精神因素作用下急性发病,如委屈、气愤、紧张、恐惧、突然的不幸事件,均可导致发作;躯体疾病、疲劳、睡眠不足等情况也易促使发病。还有些患儿的父母溺爱、过度保护,使患儿变得任性,一旦受到挫折,缺乏应有的承受能力,也常常是发病的基础。除此之外,还有一些社会文化因素,如在教育水平和经济条件较低的区域,人们更容易受到迷信、暗示和偏见的影响;灾难、战争、社会变迁等因素造成儿童处于精神紧张之中,也都是重要的病因学基础。

2. 症状表现

(1)躯体功能障碍:常见的躯体功能障碍有痉挛发作、瘫痪、感觉障碍、躯体化障碍。痉挛发作无一定形式,四肢挺直、角弓反张或肢体抖动,但发作中一般无大小便失禁、摔伤、咬破舌、缺氧表现,常持续数十分钟;瘫痪可表现为单瘫、偏瘫等,发生突然,好转突然;感觉障碍可表现为失明、失聪、色盲、失音或其他形式语言障碍,如口吃、声嘶等;躯体化障碍表现为腹痛、恶心、呕吐、头痛、头晕、无力、心悸、气促等。

(2)精神症状:主要表现为情感暴发和意识改变,其他如身份障碍、阶段性遗忘、假性痴呆等在儿童少见。情感暴发表现为情绪失控,情绪变化迅速、激烈,有时伴有戏剧样夸张动作和表情;意识改变常见的形式是"昏厥",多与精神因素有密切关系,另一表现为嗜睡或昏睡,需先排除器质性疾病。

3. 治疗和处理原则　治疗以综合治疗为原则,包括心理治疗、环境治疗、药物治疗等。

医师要始终保持镇静和自信的态度,首先要安慰和安置好家长和周围环境,父母和患儿可分开报告病史和检查,对患儿进行详细体检及必要的实验室检查是确立诊断所必需的,亦是建立患儿信任感的前提,以树立治疗者的权威性,但要避免引起患儿的紧张、恐慌和暗示而加重症状。治疗过程中交谈语言要亲切,多用肯定和鼓励性语言。

在心理治疗中暗示治疗是治疗分离转换性障碍的经典方法,即使用语言暗示,消除患儿的症状。为巩固疗效、预防复发,应对患儿进行个别支持性心理治疗;也可选择病情、年龄、文化程度相近似的患儿组成小组,进行集体心理治疗;对于年龄较大的患儿,还可采取行为治疗,如系统脱敏疗法。

父母及家庭能正常而有效地发挥其功能,对患儿的康复也起积极作用,故针对家长的指导包括避免不良暗示、合理应对心理刺激因素、改善家庭功能。对于伴有焦虑情绪的患儿可予短期小剂量抗焦虑药物治疗;对于情感暴发、精神发作的患儿,可短期予小剂量抗精神病药物治疗,但需谨慎使用。对于起病急、症状较严重、家庭难于护理的患儿,可以住院治疗。

分离转换性障碍是一种容易复发的疾病,对于儿童,要力争一次治愈,以免迁延,疗效的巩固在于心因的解除及帮助培养健全的人格,在合理的教育和有效的治疗下,一般预后良好。

第六节　忽视和虐待与留守儿童心理

一、忽视和虐待

儿童期虐待的定义(WHO)是"指对儿童有抚养,监管义务或有操纵权的人做出的足以对儿童的健康、生存、生长发育以及尊严造成事实的或潜在的伤害行为",出生后 1 年发生率最高,到 8 岁前其累计发生率达到高峰。儿童虐待是个古老的话题,自 20 世纪 40 年代起开始广泛报道和关注。

儿童虐待包括躯体虐待、性虐待、忽视和心理情感虐待。家庭内发生的儿童虐待具有隐匿性。女性遭受虐待的可能性高于男性。躯体虐待发生早,性虐待发生迟。情感虐待存在较为普遍,几乎所有虐待均伴有情感虐待。相对于情感忽视,情感虐待是意识到了孩子的存在,却以一种不恰当的,甚至是有害的方式去应对孩子的情感需求。家庭内成员施虐往往在儿童较小时开始,并且反复发生持续时间长,相对而言,家庭外成员施虐于较大儿童,而且重复发生的可能性较低。儿童忽视和虐待具有家族聚集性,虐待儿童的家族似乎有一代一代重复的特征。

儿童期忽视被长期视作儿童期虐待的一种,但现在越来越多的学者认为应将忽视视为独立于虐待之外的实体。对儿童期忽视,目前比较新的定义是 M. H. Golden(2002)提出的:"由于疏忽而未履行对儿童需求的满足,以致危害了儿童的健康或发展。"忽视是一种"不作为"的行为,往往与"无知"——教育水平不高、教养知识不足、"无暇"——工作繁忙、社会竞争压力大等有关。除家长的行为本身外,还包括社会文化环境变化的影响导致儿童社会情感适时表达的潜在机会逐渐减少,这种忽视所造成的结果往往是隐匿的,广泛的,有不可预见的影响。

(一) 原因

1. 个体因素　部分受虐儿童有智力和躯体发育迟缓,或者出生前后脑损伤、早产、低体重等。一些儿童在气质上属于困难型,易激惹,哭闹无常,难于安抚和纠缠母亲,容易招致厌烦排斥和打骂。攻击、顽皮、多动的儿童也容易招致打骂。入睡困难、睡眠不宁、遗尿、慢性疾病的儿童容易遭到虐待。而且,虐待本身会造成儿童心理生理发育不成熟进而造成抚养困难导致虐待持续存在,甚至常见的问题行为,如不按时起床、喂饭困难、弄脏衣服、深夜哭闹也容易招致烦恼和打骂。

2. 家庭因素　非计划内怀孕、家庭经济贫困、社会地位低下、过频繁的不良事件、家庭破裂、夫妻不和睦都可成为虐待的直接原因。虐童的父母本身容易冲动,或者应付不良事件能力有限,当遭受挫折时容易迁怒儿童,家庭出现危机时父母更难忍受儿童苦恼和纠缠,容易施暴。近年来,家庭保姆施虐事件上升,其原因较为复杂,可能不耐烦儿童哭闹、报复儿童父母、个人素质差等。

3. 社会因素　"不打不成材,棍棒出好人"的传统教育方法导致家长和儿童体罚儿童常见,许多家庭片面重视教育,超负荷训练,限制儿童自由活动和游戏。受性别歧视影响,偏远地区虐待女童,溺婴现象仍存在。近年,校园暴力事件,儿童彼此间恃强凌弱等现象增多。

(二) 表现

虐待导致身心双重损伤,儿童躯体受虐表现多样,如多部位青肿、伤痕、烧伤、血肿、骨折、营养不良、脱水。忽视可导致儿童意外伤害,如烫伤、跌伤、触电、异物窒息、溺水、误服药物、车祸等。

虐待和忽视给儿童带来的心理创伤是灾难性的,一两次的虐待即可造成童年期的创伤体验。近期表现主要是自卑、焦虑、抑郁、噩梦、夜惊、惊恐发作;幼小儿童长时间哭闹不安、缺乏快乐甚至有自伤行为。也可以表现为受虐儿童对其他人或者动物的攻击和虐待。长期受虐儿童可能对痛苦的经历守口如瓶或者否认,对痛苦的感觉迟钝,缺乏同情感,回避心理上的亲近,表现淡漠。

由于虐待发生在儿童大脑发育的关键时期,严重的虐待会导致不可逆的神经异常发育,可以出现智力

Children

或躯体的发育延迟,言语能力差。

(三) 预防和处理办法

1. 警示信号　如果儿童反复受伤,受伤后没有就医,照养人提供的受伤经过前后矛盾,照养人把受伤归咎于儿童本人或其他人,对儿童伤情漠不关心,对伤情解释模糊不清。儿童自身出现与环境不符的恐惧、焦虑、表情淡漠、退缩、回避对视、不明原因的营养不良、穿着破旧等。父母婚姻不和,家庭经济压力大,父母性格容易冲动,父母对孩子有不切实际的过高期望。

2. 及时干预　尽早处理好不良事件,积极治疗躯体损伤,采用行为治疗和心理治疗处理儿童的心理创伤,如游戏疗法、团体干预等。在干预前应取得儿童信任,通过木偶等象征性的游戏,处理创伤记忆帮助其回到现实生活中来。创造温暖的环境提高儿童的自尊,消除不信任和过度警觉。建议施虐父母进行心理治疗。

二、留守儿童心理

所谓留守儿童,是指由于其父母一方或双方长期外出务工而留在户籍所在地接受养育,父母教育缺失的未成年人。随着经济发展,外出务工者日益增多,留守儿童的数量也不断增长。由于正常的亲情和家庭教育缺失,留守儿童往往存在突出的心理问题。

留守儿童问题是近年来一个突出的社会问题。随着改革开放的逐步深入,特别是 1985 年中央 1 号文件的颁布,打开了农民进城务工的大门,到 2004 年《中共中央国务院关于促进农民增加收入若干政策的意见》等政策的实施,农村人口向城市转移的规模越来越大,在广大农村也随之产生了一个特殊的未成年人群体——农村留守儿童。

全国妇联 2008 年发布的《全国农村留守儿童状况研究报告》调查发现全国农村留守儿童约有 5 800 万人,其中义务教育阶段的农村留守儿童约有 3 000 多万人,小学适龄儿童较多。在劳动力输出大省,留守儿童占儿童总数高达 18%～22%。父母双方都外出的情况占全部留守儿童中半数还多。农村留守儿童问题已经成为不可忽视的社会问题。

(一) 留守儿童心理问题成因

留守的少年儿童正处于成长发育的关键时期,他们无法享受到父母在思想认识及价值观念上的引导和帮助,成长中缺乏父母的亲情抚慰和关怀,明显自卑退缩;留守儿童长期与父母分离,难以建立良好的亲子关系,且因为较多单向接受父母远程的关注,缺乏感情互动,以致对人情和社会认识片面、冷漠,缺乏责任感。

留守儿童多由祖父母或其他亲属抚养。"隔代抚养"有着中国传统的亲缘支持,但由于祖辈多年龄偏大、身体欠佳、文化偏低,对儿童的抚养、教育往往力不从心,多限于满足孩子的物质需要,甚至纵容溺爱,而疏于精神引导和道德管束,儿童自律能力差,加之网络资讯发达,儿童自身又缺乏判断能力,致使其在道德上放任自流,容易沾染不良习惯。直接照养人缺乏及时有效的约束管教会导致儿童散漫,容易出现行为偏差。此外,由于看护缺失,儿童亦容易出现安全问题。

(二) 留守儿童常见的心理问题

童年期是人的一生中社会化的关键时期,在此期间家庭担负着最主要的社会化责任。对于尚处在中小学生阶段的留守儿童,依恋关系是基本需要之一。但由于家庭的不完整,缺乏父母亲情、家庭温暖,农村现有社会体系支持关照不多,留守儿童的依恋需求很难得到满足。这将直接影响到儿童性格、个性的形成和发展,对儿童的社会化过程产生极大的不良影响。

1. 道德、价值观偏差　留守儿童多半跟随祖父母生活,祖辈文化水平低观念陈旧,注重物质生活满足缺乏精神引导。

2. 消极退缩　由于缺乏与父母等至亲的亲密交流,留守儿童难以建立良好的依恋关系,导致容易出现情绪的波动,处于焦虑不安之中,缺乏自信,不善交流,悲观消极。

3. 攻击逆反　照养人和学校老师的管理能力和管理范围有限,导致留守儿童缺乏应有的约束,在逆反心理驱动下容易产生攻击行为。

4. 交往不良　长期处于孤独无依的状态会让留守儿童自尊低、封闭自我、行为孤僻,难以在人际交往中有效地情感交流。

(三) 干预和处理方法

1. 营造良好的教育环境　以人文关怀让儿童感受被接纳,丰富的校园生活,同学彼此关爱,让儿童在潜移默化中健康成长。

2. 改善亲子关系　建议父母多重视儿童身心成长,表达爱意,满足儿童情感需要,主动跟老师沟通,遇到问题及时求助,保证儿童的需求得到满足。注重培养儿童的独立生活习惯。

第七节　性身份障碍

性身份障碍指的是儿童对自身性别的认识和性别行为与自己真实的解剖特征相反。男(女)童好着女(男)装,行为爱好像女(男)童,或持续否认自己身体具有男(女)性的解剖特征,本症见于3~7岁儿童。

正常儿童在3岁左右即可识别自己是男是女,到了4岁时则可正确识别玩具娃娃的性别。另一方面,男孩或女孩自幼其行为就有性别差异,如女孩喜欢玩洋娃娃,而男孩喜欢玩玩具汽车。有性身份障碍的患儿,到了相应的年龄仍不能识别自己的性身份和(或)行为举止像异性。

> **案例**
>
> 亮亮今年6岁,自幼长得俊秀、玲珑、性格文静,又因亮亮的妈妈偏爱女孩,时常把亮亮打扮成小女孩,留小辫子、戴个蝴蝶结,衣着常穿红着绿,还给他买了好多毛绒玩具。在幼儿园里,亮亮也喜欢和女孩子一起玩,角色扮演游戏时,他常常扮演护士、妈妈、阿姨等女性角色,而且现在越来越喜欢穿女孩的服装,当他穿上男装就很不乐意。亮亮的举止越发的文雅、羞涩,特别爱干净,甚至喜欢收集玩具娃娃。

一、病因

性身份障碍的病因较复杂,常见有以下3方面因素:①解剖生理异常:性染色体、性腺、性激素、内生殖器官和外生殖器官这5个方面都与性别发育有关,任何一方面出了问题都可能被误当作错误的性别角色培养,造成性身份障碍。②遗传素质因素:有的患儿从小就有异性的素质倾向,如男孩长得俊秀、性格文静,而女孩粗壮、多动等。③环境、教养因素:父母的情绪、教养态度、家庭气氛、母孕期的情绪等都会对儿童性心理发育产生影响,如父母求子心切,让女儿从小着男装,常由父亲带养,则女孩也会培养出男性气质。

二、症状表现

男孩表现为女孩化,他自认为是女孩;或讨厌自己是男孩,希望能变成女孩,希望长大后会成为"女人",讨厌自己的阴茎或睾丸,希望它们会自行消失掉或能被除掉。平常好着女装、穿花裙,喜欢玩布娃娃,而不喜欢玩枪,喜欢与女孩一起文文静静地"过家家"或整天守着妈妈,而不愿与男孩一起去追追跑跑地玩警察捉强盗等活动剧烈的游戏。

女孩表现为男孩化,自认为是男孩,希望自己能变成男孩。常常声称自己长大后会有阴茎,常常站着小便,以体现自己是"男孩"。平常不好修饰打扮,好穿朴素的男装,不爱整洁,行为举止粗犷。讨厌与女孩一起玩文静的游戏;喜欢与男孩一起追追打打,玩枪玩坦克等剧烈的运动。

三、诊断

根据国际疾病诊断分类精神与行为障碍分类中关于"儿童期性身份障碍"的诊断标准如下:

(1)女孩在还没有到达青春期前持久、强烈地为自己是女孩而痛苦,并宣称渴望是一个男孩(不仅仅是一种看到任何文化上的好处而成为男孩的愿望),或坚持她就是一个男孩并且具备:①固执地表明厌恶标准的女性服装,并坚持穿着常规男性服装,如男孩的内衣和其他附属用品;或②固执地否定女性解剖结构,证据为下列至少一条:A.断言她有,或将长出阴茎;B.拒绝取蹲位排尿;C.断言她不想乳房发育或月经来潮。以上表现至少已持续存在6个月。

(2)男孩还没有到达青春期前持久、强烈地为自己是男孩而痛苦,并强烈渴望是一个女孩,或更为罕见的是坚持他就是女孩。并且具备:①专注于女性常规活动,表现为偏爱女性服装或模仿女性装饰,或表现为强烈渴望参加女孩的游戏和娱乐活动,而拒绝男孩的常规玩具、游戏和活动;或②固执地否定男性解剖结构,表现为重复主张下列至少一条:A.他将长成女人(不仅是角色方面);B.他的阴茎或睾丸令人厌恶或将要消失;C.最好没有阴茎或睾丸。以上表现至少已持续存在6个月。

四、治疗与预防

对于性身份障碍儿童,可采用行为治疗、认知行为治疗、精神分析治疗、支持性治疗和综合治疗等。经典的行为治疗就是当患儿出现与既定性别一致的行为时予以一定奖励,出现与既定性别不一致的行为时不予奖励,从而来达到目标行为的强化。行为治疗还有区分社会注意或社会强化,还有与认知治疗相结合的认知行为治疗。支持性治疗的重点是让父母和儿童学会处理和适应来自社会排斥和同伴的压力,给予他们强有力的支持。

对于父母心理不够健康或家庭矛盾者,应注意对父母的心理治疗或开展家庭治疗。对于有生理解剖异常的患儿,应积极治疗原发病。仅仅由于环境教育不良所致的患儿,改变环境后可以治愈。有明显素质倾向或解剖生理因素不易去掉者,常不易治疗。

对儿童从小应培养他们对自己性别的正确辨别。男孩应着男装、玩具也应富有男性气质,如枪、汽车、飞机、球、积木等。且幼时应多让他观察、模仿父亲的男子汉行为并多与男孩为伍。女孩应着女装,玩布娃娃等,幼时与女孩为伍。父母不应凭自己的爱好去塑造孩子的性别,这对儿童性识别能力的发展是有害的。同时,从小要避免让儿童处于高度的焦虑、紧张状态。特别对于幼时性格倾向异性的儿童,更要早期注意教育。如对过于文静、害羞的男孩,应培养活跃、勇敢的性格。

思考与探索

﹡ 1.如果幼儿入园时适应不佳,你该在日常保教和家校联系工作中如何应对?

﹡ 2.注意缺陷多动障碍对儿童学业、交往和家庭生活都有重大影响,在学龄前期这一问题有哪些表现?如果确诊是注意缺陷多动障碍,目前有哪些主要的干预方法?

﹡ 3.常见的睡眠障碍有哪些?幼儿午睡不安应如何应对?

﹡ 4.如何促进留守儿童的心理健康?

第八章

学前儿童心理健康发展状况监测

基本要点

3 岁之前以发育性问题为主,4 岁开始心理问题增多。本章介绍儿童心理发展状况监测的内容、时间和简单方法,提供了一个简单易用的婴幼儿心理行为监测表。

问题情景

形形已经来幼儿园小班 3 个月了,她挺喜欢上幼儿园的,但平日话不多,说出的话一般只有 2~3 个单词的短句,还不会用"我"、"你",她喜欢看着别人玩或自己玩,却很少跟小朋友一起玩,小朋友跟着老师唱儿歌,她则跟不上,老师很想知道形形是否有问题,如果直接将自己的疑虑告诉她家长,老师担心家长不能接受,用什么方法能简单地发现她是否有问题呢?

目前,在基层儿保进行的儿童保健常规体检中,对婴幼儿认知、情绪和个性等心理行为特征的发展状况缺乏定期的筛查评价,在幼儿园也缺乏对幼儿的定期心理健康监测。监测的内容着眼于两个方面,一是心理的发展程度,二是心理的问题或障碍。

基于儿童心理发展的特点,在儿童保健门诊和幼儿园中可采用简易的方法进行定期性监测和日常中的及时性监测。

第一节 0~3 岁婴幼儿心理行为发展的监测

表 8-1 是本书主编根据婴幼儿的心理发展中最有代表性的项目而设计的婴幼儿心理行为发展进程表,可作为基本的筛查性监测方法,通过询问家长、知情的抚养人或教师观察幼儿的日常表现,判断心理行为发

展的大致状况。在表 8-1 中的四大区域中,如果发现幼儿有任何一个能力不能达到,都应提高警惕,作为可疑有问题,推荐到医院做进一步诊断性检查。

1. 定期筛查 时间可随着常规体检,在 12 个月之前,重点查问满 3 个月、6 个月、9 个月、12 个月各时期的心理行为能力,12~36 个月中每半岁进行心理行为发展情况的筛查性评估。

2. 及时性筛查 指在平日,如果家长或教师发现某幼儿的心理行为有异常情况,与多数幼儿相比有较大差异,或与自身比较有明显的不良改变,都应随时进行核查或推荐到医院就诊。

3 岁前可出现的发育性心理行为异常有精神发育迟缓、语言发育障碍、运动发育障碍、孤独症等。如果怀疑有孤独症或情绪问题还可用相关的筛查问卷进行筛查,如孤独症筛查问卷、婴幼儿社会情绪问卷、幼儿行为问卷等。

根据表 8-1 可以认为彤彤的发育有可能落后,尤其是语言发育。

第二节 3~6 岁学前儿童心理行为发展的监测

很多心理特征和能力都是在 3~6 岁的学前时期迅速发展起来的。典型的心理发展特点如下。

一、动作发育

动作能力倾向成熟,行为控制能力大大增强。

4 岁左右幼儿手眼协调较熟练,拼图、搭积木都显得灵活,能学会骑三轮车、使用安全剪刀,自己穿衣服。

5~6 岁的幼儿平衡和协调动作的能力增强,走、跑、上下楼梯的姿势成熟,喜欢运动性游戏,经过学习能骑三轮车、游泳、跳绳,能灵活地在运动中改变方向、速度和方式。手指活动较灵活,如写字、画画、穿脱衣服、扣扣子。

二、语言和言语

基本掌握了本民族的基本语言能力。能运用一些描述性词汇,掌握了各类词汇和各种语法结构,词义逐渐明确并有一定的概括性,言语越来越连贯。表达的内容也比较丰富,会复述简单的事情,会表达自己的思想和愿望,可自由地与他人交谈、争辩、谈论故事、评论事件、甚至说谎;能主动开口与人聊天,说话时能等待轮到他(她)讲,讲到自己经历的事情时能恰当地表述一些细节;开始阅读和写字。

三、认知

3~4 岁后,象征性游戏增多,好奇心强,爱提问题,有时自动地对一些事情做出评论。

5~6 岁的幼儿,能理解形状和数字,数数到 20,计算简单的加、减法,在几个数字中识别哪个数字更大;开始理解时间序列,学习"看时间";会归类,如按动物归类、按颜色归类;想象活跃,内容丰富、有情节,更符合客观逻辑;能进行很简单的抽象思维和推理,开始凭借想象思考怎样完成任务、解决有些抽象的问题,开始问更需要分析的问题并权衡如何做出选择;创造性和解决问题的能力增强。

四、情绪情感

情感的内心体验和各种情绪的表情都很丰富。5 岁儿童能更独立地管理自己的情绪,如自我安慰使自己平静下来,在解决冲突时能运用一些策略进行谈判(谈条件)或让步,而不是马上就找大人。

五、个性和社会性

1. 自我认知 4～5岁时,能意识到内心的愿望和信念,说"我要当××","我想干××",也开始意识到别人有与自己不同的感受。5～6岁时,开始理解别人在想什么,能从对方的角度考虑问题,体谅别人。独立性更强,自己能完成的事情增多。

2. 社会认知和社会关系 越来越多地触及社会,尤其是社区、幼儿园中的同伴。

4岁开始,幼儿喜欢与其他小朋友们玩,游戏时更会合作,并开始懂得游戏规则,会在游戏中扮演各种角色。幼儿通过角色扮演走出自我中心,体验他人的情感,学习基本的生活技能、人际交往技能。

4～5岁的儿童具有很好的顺应性,愿意遵守规则,愿意将自己的东西分给别人,对自己喜欢的小朋友表示友好,如拉手、将自己玩具拿给小朋友。

5岁儿童更有社会性,更喜欢与小朋友一起活动,更会用一些保持同伴友谊的技巧,如将玩具给别人玩,说"我们是好朋友"。是否被小伙伴接纳越来越重要,如果经常被同伴拒绝则自尊受挫。开始关注家庭以外的成人和儿童,如询问新闻中受灾小朋友的情况,"××怎么啦"。

3. 社会适应 随着儿童的不断社会化,更多地面临社会环境的变化,这些变化都会给儿童带来心理反应,即应激。常见的应激有与家长的分离、上幼儿园。例如,从没有什么制约的家庭进入了有规则的幼儿园,这对大多数儿童来说是出生后面临的第一个应激,需要儿童有相应的社会适应能力。

4. 性别认同和性好奇 开始意识到性别的差异,更懂自己的性别身份,懂得同性别应有的活动方式,如男孩要勇敢、女孩要文静;进行同性别的活动、模仿同性家长的行为;对异性产生好奇,表现出对异性父母的兴趣,如身体特征、服饰、如厕特点等。

可用表8-1的简易筛查和常用的儿童行为问卷进行筛查。

(1) 定期筛查:满3岁后,可每岁进行心理行为发展情况的筛查性评估。

(2) 及时性筛查:幼儿园的幼儿较3岁前心理行为问题增多,如过分好动、对立违抗、情绪问题、应激相关的问题、抽动障碍、性问题、睡眠问题等。

及时发现幼儿的心理问题需要幼教人员对儿童心理发展的熟知和敏锐的观察。对心理行为问题的筛查可采用儿童行为问卷、应激反应问卷。

表8-1 0～6岁婴幼儿心理行为发展进程表

年龄	粗细运动和行动能力	语音和语言	感知和认知	情绪和社会行为
出生～1个月	紧握拳;全身性活动,不协调;会吸吮奶头;无昼夜节律,睡眠18小时左右	哭泣	可短暂地注视15～20 cm内的物体;对声音、光、冷热、味道有反应;头转向铃声	物理刺激能引起痛苦、厌恶、兴趣;自发性微笑
1⁺～2个月	俯卧时略抬头片刻;握拳姿势逐渐松开	发出单音节的单元音和复合元音,如[e][a][o][ou][au][ei]等 开始理解某些交往信息	眼睛会跟着眼前的手电光、红色玩具水平方向移动达身体中线	对人的高频声音、熟悉的声音、人脸可发出社会性微笑
2⁺～3个月	俯卧抬头45°,手臂能支撑;玩弄手		开始注视周围,两眼随物转动180°	见到母亲或熟人面孔会注视着看或微笑;疼痛、身体限制时悲伤;开始对母亲不同的表情做出不同反应
3⁺～4个月	俯卧抬头90°较稳;会双手移至胸前玩弄手指;能抓握东西;竖抱头竖直,转动自如	辅音加元音,如[ha][pa]开始模仿成人发音,玩发音游戏	认出熟悉的物体;能较长时间注视物体及移动的物体,达10分钟	能认出熟悉的人;开始与人玩,高兴时手舞足蹈并会发声、大笑

123

年龄	粗细运动和行动能力	语音和语言	感知和认知	情绪和社会行为
4$^+$～5 个月	仰卧翻身到侧位;俯卧时用前臂撑起胸部,抬头很稳;主动伸手抓玩具,但不够协调;拿玩具在手里玩弄或放口中	发出更多的单音,如[b][d][i][n][e]等;少量双音节,如[a-o]	眼可调节焦距,能看清不同距离的物体;能意识到陌生环境	会发出高兴和不高兴的声音;喜欢与之逗着玩
5$^+$～6 个月	仰卧翻身到俯卧;扶坐时背竖直,能独坐片刻;抓握玩具眼手较协调;自己抱奶瓶	说出两个重复的音节,如" da-da, ba-ba, ma-ma"等	深度知觉开始明显,躲避逼近的物体	能分出熟悉人和陌生人;见陌生人显出吃惊的样子;会对陌生人的不同面部表情做出不同的反应
6$^+$～7 个月	自由翻身;独坐较稳;会抓、吃、看、敲击等,双手传递玩具	发出 4 种不同的音节;能分辨言语的节奏和语调;咿呀学语,发出更多的连续音节,如 a-ba-ba,da-da-da;发出唇、齿音	能看镜子时会对着镜子微笑或拍打镜子;记忆可保持 2 周	建立依恋,见到母亲或熟人主动招呼,做出要抱的姿势;出现分离焦虑,见陌生人害羞;对周围发生兴趣;害怕陌生和高处;分辨表扬和批评的表情和声音;能用不同的声音表达不同的情绪
7$^+$～8 个月	独坐稳,并能自己坐起来,坐着玩;用拇指和其他指取物			
8$^+$～9 个月	能扶站;两指夹起积木或小丸;开始爬行,爬的动作或能做短距离移动;持两块积木相互敲击		当眼前的东西掉了、藏起来,会做出寻找的样子;取下盖在头上的手帕	陌生人焦虑达高峰,见陌生人害怕、啼哭;面部有明显的高兴/愉快、恐惧、愤怒、厌恶的表情;会用手推开表示抗拒;配合游戏
9$^+$～10 个月	坐时能转身或左右摆动身体;自己扶家具站起或坐下,并扶站较长时间;喜欢撕纸;配合穿衣	能理解简单的词,懂得"再见"(招手),"灯在哪?"(找灯)等;能分辨母语中各种音素,发出不同的音调,中国儿童出现四声	叫名字有反应;有好奇的表现,如对摇铃细节感兴趣,有目的地摇铃	
10$^+$～11 个月	自由爬行;扶站或推小车走;用拇、食指拿小丸;双手捧杯		能找到藏起的玩具;探索或尝试新方法	会伸手将玩具给人但不肯放手;在命令下有所抑制;根据大人的表情线索决定其行动
11$^+$～12 个月	不扶能独站片刻;会自己坐下;握笔并乱涂	有意识地叫爸爸、妈妈		对新异刺激的出现感到惊奇;有模仿性行为;挥手再见、拍手欢迎;想要什么东西会用手指着要
12$^+$～15 个月	开始独走;爬上爬下;会扔东西;会翻书,但常几页一起翻;会自己喝水、拿东西吃、拿勺喂饭但不太协调	模仿多种动物叫声,如小狗"汪汪",小鸭"嘎嘎";会叫爸爸妈妈以外的人;每个月词汇增加 1～3 个左右	认识一些日常物品;指出自己身体的几个部位;对图画书有兴趣;开始玩象征性游戏	准确地表示快乐、愤怒、害怕、焦急等;做错事、伤害他人时感到内疚、不安;受到赞扬、成功时开始表现出骄傲、自豪;表示同意、不同意;听懂大人的一些话,按照大人的指令做事
15$^+$～18 个月	独走稳,倒退走;会跑;扶着上下楼梯;会自己叠 2～4 块积木	说出身体的 2～3 个部位;听懂大人的一些话,并按照指令做事;用姿势表示要求	能指认图上的常见东西,如狗、太阳等;对感兴趣的事情能注意集中较长时间	
18$^+$～21 个月	会登高,自己爬上台阶;独脚站几秒;叠 5～7 块积木;举手过肩扔球	会说 2～3 种物品的名称;平均说出 50 个单词(男孩可稍迟)	正确指认四肢和五官;表示大、小便	自己独自玩较长时间;与小朋友玩的时间增多

年龄	粗细运动和行动能力	语音和语言	感知和认知	情绪和社会行为
21⁺~24个月	奔跑 10 m 以上;拿笔乱画;自己洗手并擦干;叠6~8块积木;学大人写字的样子	说出 2~3 个词的单句;会说出自己的名字和年龄	意识到镜中的自己	见不同年龄的人有意识地称呼
24⁺~30个月	脚尖走、倒退走、双脚跳;不扶可独自上下楼梯;自己脱鞋、袜;较熟练用小勺;模仿画直线	掌握基本的词法和句法,说出 3~4 个词的简单句;出现少量修饰词,会用简单形容词;学用代名词;用简单语言表达意思	选出最大、最小、最多、最少;有数字 1 的概念;再认几星期以前的事物;出现零星片段的想象,出现想象性游戏。	独立做事的愿望日益强烈;自己坐便盆或上厕所大小便;喜欢与其他小朋友一起玩
30⁺~36个月	跳远 35 cm 以上;从 20 cm高处跳下;双脚交替下楼梯;自己穿、脱简单衣服;正确握笔;会模仿画直线;会一页一页地翻书	大部分是完整句,能说 5个词的复杂句;说短歌谣;会用代名词,你、我、他,你的、我的、他的等;会用修饰语句	能识别和匹配 7 种基本颜色;能再认几个月前的事物;认识男、女;喜欢看图画书	表现出自尊心;在游戏中有友好的表示,如分享、友好说话,偏爱某个小伙伴
3岁~4岁	跑、攀爬、投掷、踢等大肌肉活动较协调;单腿独站,扔球举过头;搭简单的积木、拼图 3~4 块;用剪刀等手眼协调性提高;画圆和十字	说话句子完整;词汇量增多;理解简单的对比概念;说出的话至少被听懂 75%;能说出自己的全名、年龄和性别;能用简单的言语说出想法,讲简单的故事;回答简单问题	理解长、大对比的概念;听从命令完成简单任务;复述 4 位数;能命名书上的常见物体名称;知道至少 4 个介词,里、外、上、下;知道熟悉的动物名称;想象发展迅速但内容贫乏,做象征性游戏	开始能自觉地调节控制自己的情绪;同伴交往增多,开始交朋友;对社会性游戏的兴趣增加;会给别人简单的帮助,与同伴冲突时找大人帮助;开始认识到别人的需要和情绪与自己的不一样
4岁~5岁	手眼协调较熟练,拼图5~6块、穿珠子、搭较复杂的积木图形;双脚交替下楼梯;会骑三轮车;能拍球	言语连贯;能运用一些描述性词汇;会复述简单事情,讲故事;会表达自己的思想和愿望	简单的概括;想象丰富;能自理一些日常事情,自己穿衣服,自己上厕所需少许帮助;命名 3~4种颜色	游戏时更合作,开始懂游戏规则;遵守集体规定;好奇心强烈,开始对异性好奇;愿意分享自己的东西
5岁~6岁	平衡和协调动作的能力增强,会跳绳;手指活动较灵活,会灵活地穿脱衣服,扣扣子	词汇继续增加;更正确地使用语句和掌握复杂的语法;用连接词、转折词	能理解形状和数字,数数到 20,计算简单的加、减法;会简单的归类;集中注意 15 分钟左右;会用简单的记忆策略	了解性别差异;用语言表达愿望、感受;会与别人商量;评价自己和他人

思考与探索

✳ 1. 在幼儿园中怎样做好对小朋友的心理行为监测工作?

✳ 2. 从哪些方面监测婴幼儿心理行为发展是否正常?

第九章

学前儿童心理行为的评估

主要内容

1. 学前儿童心理行为评估的概念。
2. 学前儿童心理行为评估的方法。
3. 婴幼儿发育评估和学前儿童智力测验。
4. 常用婴幼儿心理评估问卷。

基本要点

学前儿童心理评估主要是针对0～6岁儿童心理现象的客观描述或心理行为的客观评定与估测。本章阐述了学前儿童心理评估的目的、意义,要遵循发展教育性、综合性、客观性和保密性4项基本原则。用实例介绍了访谈法、观察法和标准化测验法,以及婴幼儿发育评估、学前儿童智力测验和常用的儿童气质问卷、情绪和行为问卷。

第一节 学前儿童心理行为评估概述

一、学前儿童心理评估的含义

学前儿童心理评估主要是针对0～6岁儿童心理现象的客观描述或心理行为的客观评定与估测。

心理评估的主要方法,按评估形式分为访谈法、观察法、问卷法,按评估精确性分为筛查性评估和诊断性评估,按涉及的心理领域分为情绪行为评估、智力测验和人格测验等。

学前儿童心理评估是一项专业性极强的工作,同时心理评估还受到主观因素的影响,要做好学前儿童的心理评估,对心理评估工作者的技术和心理素质都要有一定的要求。

二、学前儿童心理评估的目的及意义

对学前儿童进行心理评估,是为了正确了解儿童在其当前生活环境下的心理行为表现,一方面是评估

126

儿童心理发展状况,另一方面是从群体儿童中鉴别出有行为问题和心理发展障碍的儿童,从而有针对性地进行早期教育、早期干预、早期治疗。因此,学前儿童心理行为评估具有以下意义:

- 为有针对性地进行学前儿童心理健康指导提供依据。
- 探索心理行为问题的原因,有利于心理学诊断。
- 检验早期教育、干预、治疗效果的手段。
- 重要的科学研究手段。

三、学前儿童心理行为评估的基本原则

1. 发展教育性原则　学前儿童心理行为评估是在了解现状的基础上促进幼儿健康发展,幼儿的心理从不成熟向成熟过渡,其心理的可塑性极强,非常容易受到外界环境的影响。帮助其提高适应能力,建立起内外协调的良性发展机制。

2. 综合性原则　对学前儿童心理行为的评估要全面,不仅仅是智力方面的评估,还有情感、社会性发展、气质等的综合评估,这样才能更全面地了解儿童的身心发展状况。

3. 客观性原则　评价者要站在一个客观的立场上,采取科学的评估方法对学前儿童进行评估,一切从实际出发,实事求是,客观全面地对学前儿童进行心理行为的评估。

4. 保密性原则　评估人员为被评估儿童心理行为的评估结果保密,除非征得监护人的同意,否则不能擅自公开被评估儿童的隐私等。

第二节　学前儿童心理行为评估的方法

一、访谈法

访谈法是指访谈者与受访者进行面对面、有目的的交谈来了解情况、收集资料的一种方法。访谈法是学前儿童心理健康行为评价中最为常用的一种基本心理评估法,它既是一种信息的收集技术,也是一种有效的心理疏导技术。访谈法最大的特点在于整个访谈过程是访谈者与被访者互动的过程,避免了一般观察中被观察者的被动地位,因此访谈法具有深入到被访者心灵深处的优点。

访谈法在实施之前要做好周密的计划与准备工作。首先,在访谈之前需要先拟定访谈提纲,即拟定需要交流的问题,从而保障在访谈过程中有目的地进行交流并获得有效资料。其次,需要认真分析被访谈的对象及其特点,能够根据访谈对象的特点进行有效访谈,消除被访谈者的心理防御。

一般从幼儿园老师的角度来看,利用访谈法对儿童的行为或心理状况进行评估,其访谈对象主要有3个方面的人员:幼儿本人、幼儿的父母或其他监护人、幼儿园的任课老师或保育员等。面对不同的访谈对象,访谈的目的、内容和方式也都有所不同。

对幼儿本人进行访谈,首先要打消他们的紧张、不安心理。由于年龄特点,幼儿除了自己喜爱或信任的老师以外,对于不熟悉或不信任的访谈者很难打开心扉,甚至会把这种谈话当作是做了什么错事而受到批评,从而会出现抵抗或不合作的态度。因此,访谈者在正式访谈之前,要花一定的时间与幼儿沟通,打破幼儿的心理防线,使谈话能在一种和谐、信任和愉快的气氛中进行。另外,如果遇到一些幼儿由于早期教育的欠缺,口语表达能力很差,即使不紧张,也存在表达困难时,除了上述强调的内容之外,还要注意启发和引导,利用访谈的机会锻炼其口语表达能力,不断鼓励幼儿表达自己。如果幼儿不能用言语表达,访谈也可采用绘画等方式。

对幼儿的父母或其他监护人进行访谈,一般比较容易进行,因为他们对于来访者寄予了教育好自己孩子的厚望。当然,由于幼儿的监护人往往涉及社会生活的各个阶层,其文化修养、教育程度、对幼儿教育的关注程度差异很大,因此访谈实施中要根据被访谈者的不同情况有策略地进行。这里要注意的问题主要有

Children

如下 3 个方面：第一，有计划、有针对性地进行访谈。访谈实施之前需要事先与访谈者联系好，包括访谈的时间、地点，同时对于访谈的目的、内容需要事先明确。在访谈中与访谈对象做必要的沟通后就可以切入主题，并注意引导被访谈者的谈话方向。第二，客观地收集信息。确保所收集的信息的客观性，是访谈中非常重要的一个方面。一般而言，幼儿的监护人由于都希望为自己的孩子成长提供积极的配合，在访谈中往往会出现两种现象：一种持有"自己的孩子总是最好的"心理，所提供的材料均是孩子好的表现方面，而看不到孩子的缺点和不足；另一种则由于望子成龙心切，看到的都是孩子的缺点和不足之处。当遇到这样两种倾向的监护人时，最好的方法是引导其只谈具体的事实，即孩子的客观行为表现，避免陷入过分情绪化的评价中。第三，访谈中的教育性。与幼儿监护人的访谈中，一方面是了解一些必要的关于幼儿行为和心理的资料，另一方面，也应积极利用这一机会与监护人进行沟通，纠正一些父母在幼儿教育中的不适当期望和做法，帮助幼儿建设良好的家庭成长环境。同时，还应该注意避免幼儿对老师来访的误解，如有的幼儿会认为自己犯了什么错或哪里做得不好，所以老师来告状了。这种误解会妨碍后续的教育实施，因此必要时应与幼儿有所沟通，适当地让幼儿知道老师与家长沟通的目的。

对幼儿园里幼儿的任课老师或保育员进行访谈时，一般来说访谈比较好进行，因为这些人员一般受过一定程度的专门训练，所以进行访谈时一般不需要太多的沟通，可以开门见山地进行。但是，同时要注意他们对某个幼儿的偏爱或不喜欢的倾向而给访谈带来不利的影响。

访谈法是个案分析中常用的方法，在访谈中要注意根据访谈对象的特点选择适当的访谈方式和语气。以下案例可以帮助理解访谈法的具体运用与操作。

案例

有一个不满 5 岁的小女孩忽然有一天说自己活着没意思，想自杀，而且说出了用什么方法自杀，并在说这话时伴随着流泪。家长被这一反应惊呆了，一想到孩子真的出了什么问题，也变得焦虑不安，这一态度更激起了孩子想自杀的念头。之后她经常说起这种话，使家长心神不宁。于是，家长带孩子找到心理医生进行咨询。

访谈者的处理方法是：先接触孩子，发现这孩子像她的家长描述的那样，十分聪明，口头语言表达能力出众，对于自己的行为和所经历的事情有一定的表达能力。经过询问，验证了家长所说的话，这个小女孩确实存在着不想活的念头，一再重复说活着没有意思，想自杀，但又怕父母难过，而且说的时候开始伤心落泪。显然，可以排除女孩患有严重精神障碍的可能，因为经过观察可以肯定这是一个出色的幼儿。于是，问题就集中在她为什么会产生这一怪念头上，是什么环境因素导致她会这样想问题，这样想问题时她想表达的是什么愿望和目的。访谈者这样正式问这类问题时，小女孩不能理解，所以无法回答。于是，访谈者与小女孩谈别的事，当问及她的最大愿望是什么时，她回答说是放假出去玩，而且说现在有的小朋友已经放假了，而自己没有放假。接着她又谈到同一所幼儿园任教的姨妈和其女儿已经放假出去玩了。这是一个重要的线索，因为这是近来她环境中发生的一件最重要的变化。于是，访谈者详细询问了有关这一方面的情况，终于发现了问题的关键。原来该女孩所在幼儿园没有暑假，而她的姨妈作为职工有假期，带着孩子出去旅游了。她平时与姨妈及其女儿朝夕相处，眼看她们放假而自己还要待在幼儿园中，心里非常不平衡，她又知道提出与她们一道外出的要求是肯定不能实现的，所以便用想死来表达这一挫折，把目前这种不平衡表达成是没意思的、不值得过的生活。这是小孩子的一种防御机制，不了解心理防御机制的人很难意识到孩子的真实想法，难免为孩子表面所说的话弄得不知所措。（摘自：傅宏主编. 学前儿童心理健康. 南京：南京师范大学出版社，2002：237～238）

访谈结束后，要结合通过其他途径取得的相关资料进行整理和分析，并且要根据访谈的目的来进行资料的整理和分析，即要看访谈收集到的资料中哪些资料是能够回答访谈前提出的问题的。这里要特别注意的一点就是访谈者的"求证误区"，即当人们在收集资料之前就具有关于某种事物的假设、期望或预期时，他（或她）就可能在资料收集和整理过程中自觉或不自觉地回避那些不支持自己的假设或预期的证据，而选择那些支持自己的假设或预期的证据。访谈者在访谈之前具有某些假设和预期是必然的,甚至是非常必要的,但在收集、整理和分析资料时,就要尽量克服这些先入为主的信念的影响,把对儿童心理和行为能力发展水平的评价建立在事实资料的基础上,防止自己的主观臆断对幼儿的评价甚至对幼儿终身发展带来不利的影响。

更为全面、深入的儿童心理访谈需由儿童心理治疗师、儿童精神科医生、发育行为儿科医生进行。

二、行为观察法

行为观察法是指在一定时间内记录被观察对象的行为表现,如记录某一儿童在睡眠、饮食、游戏、完成学习任务等方面的行为过程及特点。行为观察法是一种较为精确地评估行为和心理发展及其过程的有效方法。使用行为观察法时应注意以下几点。

第一,需要对所观察的行为有一个范围的界定,必要时还要对要观察的行为下操作性定义,只有对观察的行为给出一个精确的、具体的操作性定义才能便于观察记录,使得不同的观察具有一致性和可比性。如与小朋友打架的行为,必须有操作性定义,比如身体的接触、口头上的对骂可以算是打架,目光的敌视、言语上的挑衅也可以算是打架。

第二,注意记录行为出现的次数和持续的时间。对于次数的记录,如记录一个幼儿在一天中玩了多少次玩具、与小朋友接触的人次数、与小朋友发生了多少次冲突、哭了多少次等;时间的记录,如一个幼儿在一天中哭了多长时间、某次发脾气持续了多长时间、一次安心玩玩具用了多长时间等。

第三,关注行为的质量和表现深度。有些行为表现在一般幼儿的日常生活中都会有所表现,但是如果某个幼儿在这些行为的表现中总是表现得非常强烈或表现得非常微弱则可能预示着有某种障碍或不良的倾向。因此,在记录行为时应记录其表现的强度或深度,可以把出现的行为评出表现等级,并对每个等级所反映的强度或深度都要做明确的规定和说明。

第四,对于行为表现的背景条件要有详细的记录,因为某些行为表现是否是正常现象在很大的程度上依赖于环境条件,记录这些环境条件有利于之后对相应行为表现的原因解释,同时也有利于评说这些行为表现是否属于正常范围之内的表现。

幼儿在心理或行为方面出现的问题和障碍,大多属于发育过程中特有的现象,它们在一定的发育阶段出现尚属于正常,只有当表现得过分突出或在不适宜的阶段出现时,才被认为是异常的。

对于行为观察法需要尽量做到标准化,比较标准的行为评定就是采用标准化的行为观察量表,即让调查者对所观察对象逐项进行评定,并将评定的结果按照标准计分后与标准值进行对照。

三、标准化测验法

心理测验法是指确定一系列问题或项目,让被测者按照标准的程序和方法对项目进行反应,然后根据被测者在一定人群中的相对位置或与常模相比较的位置,鉴别其心理特征、心理发展水平或行为表现。因此,心理测验法是一种采用标准化工具来测量被测者有关心理品质的方法。

目前国内已逐步形成一些具有较高信度和效度的心理量表,在使用这些已经成型的心理量表时要注意以下问题。

(1)目的匹配,即测量的目的与所选量表的测试目标相匹配。幼儿园老师由于缺乏对量表使用的专门训练,对一些量表的真实测试目标不一定清楚,容易误用心理量表,因此在选用具体的量表进行测量时要把握所选取量表的测试目标与自己需要测试的目标相一致。

(2)年龄匹配,即所选测试工具的适用年龄范围与当前要研究和测试的幼儿年龄相匹配,切忌把适用于年龄更大一些儿童甚至成人的量表拿来用于幼儿。

(3)严格按照量表设计的指导语、标准测试程序和方法、结果的计算和分析方法来进行,而不可随意地做出改变。

(4)对结果的使用一定要慎重。一般来说,心理量表的测试结果更具有统计学的意义,因为测试中被试

Children

的反应或选择具有一定的随机性,所以结果也容易受到偶然因素的影响,切忌用一个测量的结果就去对幼儿的心理特征和发展水平做出诊断性结论。一般是把心理测验作为一种便于操作的工具,应与其他方法结合使用。

(5) 对测试的结果要保密,不要把一些通过心理测验检测到的幼儿的异常心理表现或特征随意扩散,这不利于幼儿的健康成长。

幼儿心理或行为测验的量表很多,一般包括3种测试对象:幼儿本人、家长或其他监护人、幼儿园或学校老师,即采用直接或间接两种方式。以下介绍《Rutter 儿童行为问卷》作为简单例证。

根据儿童的外部行为表现对儿童心理特征和发展水平进行鉴定,已经普遍应用于儿童心理和行为的研究和教育工作中。一些心理和行为专家设计了各种行为观察量表,用以对儿童的发展状况进行评估,特别是用这些量表来诊断儿童的问题行为,及早发现儿童的某些异常行为或心理表现,这对于儿童的健康发展非常重要。这里介绍的《Rutter 儿童行为问卷》主要就是针对问题行为的筛查而编制的。这一问卷具有较好的信度和效度,已经被广泛地用于很多国家的儿童行为问题研究。

《Rutter 儿童行为问卷》包括"父母问卷"和"教师问卷"两个分量表,分别用于父母和教师对儿童在家里和学校里的行为进行评定,内容一般包括一般健康问题和行为问题两个方面。其中行为问题又包括两大类:第一类是违纪行为或反社会行为,简称为"A 行为",如经常破坏自己和别人的东西、经常不听管教、时常说谎、欺负别的孩子、偷东西等;第二类是神经症性行为,简称"N 行为",如肚子痛和呕吐、经常烦恼,对许多事情都烦、害怕新事物和新环境、到学校就哭,或拒绝上学、睡眠障碍等。两种问卷评分均分为三级:"0"分:指从来没有这种情况;"1"分:指有时有,或每周不到一次,或症状轻微;"2"分:症状严重或经常出现,或至少每周一次。Rutter 儿童行为量表,父母问卷总分的最高分为 62 分,教师问卷总分的最高分为 52 分。根据原量表及我国试测情况,父母问卷以 13 分为临界值,教师问卷以 9 分为临界值。凡等于或大于此值者,被评为有行为问题。有行为问题者,如"A 行为"总分大于"N 行为"总分,则归为"A 行为";反之,则归为"N 行为";评分相等者则为"M 行为"(即混合性行为)。

在使用这一问卷时,我们要注意:如果要在学前儿童当中进行测试和修订,应对问卷项目进行必要的增删,对计分标准也进行一定的研究和调整;不要盲目地把以前有关研究或测试的数据拿来作为鉴别标准,因为幼儿的心理和行为发展及表现形式与文化和社会环境关系密切,不能盲目地借用别人的测试结果。

附:Rutter 儿童行为问卷

父母问卷项目

请根据您的孩子最近一年情况按 0、1、2 三级评分填到括号内

(一) 有关健康问题(1~8 项)
0=从来没有
1=有时出现,不是每周 1 次
2=至少每周 1 次
1. 头痛 …………………………………………( )
N 2. 肚子痛或呕吐 ……………………………( )
3. 支气管哮喘或哮喘发作 ………………( )
4. 尿床或尿裤子 ……………………………( )
5. 大便在床上或在裤子里 ………………( )
6. 发脾气(伴随叫喊或发怒动作) …………( )
N 7. 到学校就哭或拒绝上学 ………………( )
8. 逃学 …………………………………………( )
(二) 其他行为问题(9~26 项)
0=从来没有
1=轻微或有时有
2=严重或经常出现
9. 非常不安,难于长期静坐 ………………( )
10. 动作多,乱动,坐立不安 ………………( )
A 11. 经常破坏自己或别人的东西 …………( )
12. 经常与别的儿童打架,或争吵 …………( )
13. 别的孩子不喜欢他 ……………………( )

N 14. 经常烦恼,对许多事都心烦 …………( )
15. 经常一个人待着 ………………………( )
16. 易激惹或勃然大怒 ……………………( )
17. 经常表现出痛苦,不愉快,流泪或忧伤 …( )
18. 面部或肢体抽动和作态 ………………( )
19. 经常吸吮拇指或手指 …………………( )
20. 经常咬指甲或手指 ……………………( )
A 21. 经常不听管教 …………………………( )
22. 做事拿不定主意 ………………………( )
N 23. 害怕新事物和新环境 …………………( )
24. 神经质或过分特殊 ……………………( )
A 25. 时常说谎 ………………………………( )
A 26. 欺负别的孩子 …………………………( )
(三) 日常生活中的某些习惯问题(27~31 项)
0=从来没有
1=轻微或有时有
2=程度严重或经常出现
27. 有没有口吃(说话结巴) ………………( )
28. 有没有言语困难,而不是口吃(如表达自己转述别人的话有困难) ……………………………( )
如果有请描述其困难程度_____

A 29. 是否偷过东西 ……………………… （　　）
　　① 不严重，偷小东西如钢笔、糖、玩具少量
　　② 偷大东西
　　③ 上述两类全偷
　　① 在家里偷
　　② 在外边偷
　　③ 在家里及外面都偷
　　① 自己一个人偷
　　② 与别人一起偷
　　③ 有时自己，有时与别人一起偷

30. 有没有进食的不正常 ……………… （　　）
如果有是：①偏食；②进食少；③进食过多。其他，请描述
_____
N 31. 有没有睡眠困难 …………………… （　　）
如果有是：①入睡困难；②早晨早醒；③夜间惊醒。其他，
请描述_____
＊ 29、30、31 三项各有①②③请在"是"的项目前划"√"

问卷总分_____
　　A _____
　　N _____

教师问卷

有关健康和行为问题
　　0＝从来没有
　　1＝a. 有时出现，不是每周一次
　　　　b. 症状轻微
　　2＝a. 至少每周一次
　　　　b. 症状严重或经常出现
N 1. 头痛或腹痛 ……………………… （　　）
　2. 尿裤子或大便在裤子里 ………… （　　）
　3. 口吃 ……………………………… （　　）
　4. 言语困难 ………………………… （　　）
　5. 为轻微理由就不上课 …………… （　　）
N 6. 到学校就哭，或拒绝上学 ……… （　　）
　7. 逃学 ……………………………… （　　）
　8. 注意力不集中或短暂 …………… （　　）
　9. 非常不安，难于长时静坐 ……… （　　）
　10. 动作多，乱动，坐立不安 ……… （　　）

A 11. 经常破坏自己或别人东西 …………… （　　）
　12. 经常与别的儿童打架或争吵 ………… （　　）
　13. 别的孩子不喜欢他 …………………… （　　）
N 14. 经常引起烦恼，对许多事情心烦 …… （　　）
　15. 经常一个人待着 ……………………… （　　）
　16. 易激惹或勃然大怒 …………………… （　　）
N 17. 经常表现痛苦，不愉快流泪或忧伤 … （　　）
　18. 面部或肢体抽动和作态 ……………… （　　）
　19. 经常吸吮拇指或手指 ………………… （　　）
　20. 经常咬指甲或手指 …………………… （　　）
A 21. 经常不听管教 ………………………… （　　）
A 22. 偷东西 ………………………………… （　　）
N 23. 害怕新事物或新环境 ………………… （　　）
　24. 神经质或过分特殊 …………………… （　　）
A 25. 时常说谎 ……………………………… （　　）
A 26. 欺负别的小孩 ………………………… （　　）

总分_____
　　A _____
　　N _____

第三节　婴幼儿发育评估和学前儿童智力测验

一、筛查性评估

　　发育筛查是基于儿童发育的周期性和阶段性而进行设置的，父母反映情况往往可能混淆了儿童行为问题和发育障碍，因此发育筛查尤其必要。

　　筛查又分非正规筛查、正规筛查和重点筛查。筛查主要针对正常儿童、高危儿童或可能存在问题的儿童。

　　非正规筛查是常规保健检查中的观察、询问标志性事件、或进行与年龄相符的发育筛查，测试者主要

依赖于父母提供的情况,不能仅凭直接观察进行记录。它切实可行和简便易行,所需时间和资料最少,但具有一定风险,尤其经验不足者要慎用。对于因生物学或环境高危因素致发育受影响的儿童不太适合。正规筛查主要是运用标准化测评工具对群体儿童进行系统发育筛查,有利于群体性的儿童预防保健工作,通过父母问卷调查实施标准化预先筛选,可判定儿童是否需要进行正规测评,节省时间、人力及费用。重点筛查用于高危疾病,或处于高生物危险因素影响,如唐氏综合征或脑瘫等的儿童,或怀疑有问题的儿童。

常用的筛查工具包括 Brazelton 新生儿行为量表、丹佛发育筛查(DDST)、绘人试验、入学能力 50 项测验。

此外,婴儿-初中学生社会生活能力量表(S-M 量表),用于了解儿童的各种生活能力,结合发育和智力测验诊断精神发育迟缓,包括独立生活、运动、作业操作、交往、参加集体活动、自我管理等分项目。

发育筛查操作简单和经济有效,筛查工具应正规可靠,使用时应符合它的特殊目的有针对性地采用。实施筛查者一定要接受详细和综合的培训,对测试的任务和操作越熟悉,筛查结果就越有效。有效筛查过程应有家庭成员参加。须注意筛查量表只能大致了解而不能得出关于儿童发育是否异常的结论,应作为进一步评定的途径,不应用于诊断发育迟缓和发育障碍。筛查测试不合格或可疑,可作进一步诊断性评定。筛查异常也可能是因为儿童患有急性病、操作和评分错误、测试的房间太冷或太嘈杂、儿童或测试者情绪不佳等,诊断确立之前要进行长期观察和重新评定。

二、诊断性评估

主要针对筛查结果,对怀疑有问题的儿童、需要疾病诊断的儿童以及需要干预的儿童进行进一步详细的检查。常用方法包括:Gesell 发育量表(4 周～42 个月),Bayley 婴儿发育量表(2～30 个月),Wechsler 学前及初学儿童智能测验量表(4～6 岁半),Standford-Binet 能力量表,Mccarthy 儿童能力量表等。

1. Gesell 发育量表　幼儿生长发育是持续并按一定规律的,每一阶段代表一个成熟水平,如 4 周、16 周、28 周、40 周、52 周、18 个月、24 个月、36 个月等几个关键年龄,Gesell 把这些年龄段新出现的行为作为检查项目和诊断标准,建立了评价婴幼儿行为发育的方法,即《Gesell 发育量表》。该量表以正常行为模式为标准来鉴定观察到的行为模式,即测得的成熟龄;与实际生理年龄相比算出比值,其结果成为发育商(DQ),而不是智商。

Gesell 发育量表包括动作能、应物能、言语能、应人能 4 个能区,适用于 4 周至 42 个月的儿童。1 次测验约需耗时 60 分钟。

运动能又可分为粗动作和细动作。粗动作如姿态的反应、头的平衡、坐、立、爬、走的能力,细动作如手指的抓握。

应物能指的是对外界刺激物分析综合以顺应新情境的能力,如对物体和环境的精细感觉,解决实际问题时协调运动器官的能力,对外界不同情景建立新的调节能力。

言语能可为儿童中枢神经系统的发育提供线索,言语是在环境中从别人那里学得并受到强化的,和动作能、应物能一样,也有其一定的发展程序。

应人能是小儿对现实社会文化的个人反应,具体包括周围人们的交往能力和生活自理能力等,因环境不同而有很大的变化。

一般来说,正常婴幼儿在这 4 个方面的发育进度是平行的,异常婴幼儿往往参差不齐,相差显著。可以分别测得它们的发育商数 DQ,DQ 在 75 分以下,表明有发育的落后,每一个方面的发育商数都有重要的诊断意义。应注意疾病、疲倦、恐惧、不安感、忧虑、视觉听觉缺陷、动作障碍、气质特征、言语困难等对测试的影响,应结合其实际年龄、性格、经历、配备和环境,深入细致地了解幼儿,尽可能准确判断幼儿的特征和今后发展的潜力。

2. Wechsler 学前及初学儿童智能测验量表(WPPSI)

(1)量表简介:Wechsler 智力量表是较常用的智力测验量表,包括成人、儿童和学龄前期 3 个年龄版本,既考虑到智力发展的连续性也考虑到其阶段性,学龄前期版本即 WPPSI,是学龄儿童 Wechsler 智力量表向小年龄儿童的扩延,适用于 4～6.5 岁的儿童,4～7 岁是儿童智能发育的一个关键期,智能发育迟缓在这个阶段能比较明确地表现出来,WPPSI 包含 10 个分测验,其中 5 个分测验组成言语量表,分别是常识、词汇、计算、类同、理解;另 5 个分测验组成操作量表,分别是动物房、图片填充、迷宫、几何图案、木块图案。

由于小龄儿童注意时间短,主动注意少,因此特别需要对测试内容熟悉,幼儿在测试中感到疲劳或不耐烦时,应允许测试中断,让其在室内玩一会,或摆弄测试工具,但不得和孩子交谈与测试有关的各种问题,可以照顾其是否需要喝水、小便、增减衣服等。

(2)结果判断:衡量个体智力发展水平指标称智力商数,简称智商(IQ),并规定言语智商、操作智商和总智商的平均值均为 100。对具体 IQ 值的简要判读如表 9-1。

表 9-1　Wechsler 对 IQ 解释的划分

IQ 范围(分)	等级	正态曲线理论百分比(%)
≥130	极优秀	2.2
120～129	优秀	6.7
110～119	中上等(聪明)	16.1
90～109	中等	50.0
80～89	中下等(迟钝)	16.1
70～79	低能边缘	6.7
≤69	智力低下	2.2

除了判读 IQ 的总分外,还应判断言语智商和操作智商是否均衡发展,应对智力的结构进行分析,找出强点和弱点,分析各分量表得分结构。认识智力特征可以对儿童个体化教育因材施教,以期其发展出最大潜能。

3. 发育和智力测验注意事项

(1)对测试者和环境的要求:慎重进行检查,并且检查过程和诊断须完整记录;测试须忠于指导语;测试人员态度和蔼;测验环境需安静、整洁、无干扰;对结果的解释应考虑被试的健康、情绪等影响因素;记录现场的行为表现;测试应由专业人员评定;控制使用发育和智力测验,其测验内容保密。

(2)被试的要求:要求被试儿童吃好睡好、精神好;测试时儿童的座位舒适;家长陪同时需事先声明不可干扰测试,WPPSI 在测试中原则上不需家长和老师在场。

第四节　常用的婴幼儿心理评估问卷

一、儿童气质评估问卷

根据 Thomas 和 Chess 儿童气质理论设计的儿童气质问卷有 Thomas 和 Chess 的《NYLS 儿童气质问卷》,适用于 3～7 岁。在他们之后,Carey 和 McDevitt 等人发展出从 1 个月～12 岁中的 5 套儿童气质问卷,其中适合学前儿童的气质评估问卷分别为《小婴儿气质问卷》(适用于 1～4 个月婴儿)、《婴儿气质问卷》(适用于 5～11 个月婴儿)、《幼儿气质问卷》(适用于 1～3 岁幼儿)和《儿童气质问卷》(适用于 3～7 岁儿童)。

每套问卷均包含儿童气质的 9 个维度,完成时间约半小时。问卷结构包含 9 个维度,即活动水平、节律性、趋避性、适应性、反应强度、情绪本质(又称心境)、坚持性(又称持久性)、注意分散度(又称分心度)、反应阈。

二、婴幼儿情绪和行为评估

婴幼儿情绪障碍所需信息的采集需要病史的询问、面谈和行为观察、量表的评估,行为和情绪量表是较为可行的评估方式。目前应用于婴幼儿情绪相关问题评估的量表包括以下 4 种。

1. 婴幼儿社会性和情绪评估表 适用于12~36个月婴幼儿的社会性情绪评估,由家长完成。其简版为婴幼儿社会性和情绪评估简表(BITSEA),约10分钟完成。该评估表分为行为问题、能力两大部分,适用于社会性情绪的初步筛查。行为问题包括外化行为(如活动性/冲动性、攻击性/对抗性、同伴攻击等)、内化行为(如恐惧、忧郁/退缩、分离性焦虑等)、失调行为(如饮食障碍、睡眠问题等)、适应不良和非典型性行为(孤独症样行为、预警行为)。能力是指包括注意力、依从性、掌控动机、亲社会性、共情、模仿/玩耍和亲社会关系的社会情绪能力。

2. 社会性情绪发展年龄阶段问卷 将婴幼儿从6~60个月之间分为8个阶段,按每半岁划分年龄段。这是一个使用非常广泛的按年龄评估婴幼儿社会情绪发展状况的筛查工具,由家长完成。这可用来监测婴幼儿在自我调控、依从性、沟通、适应、自主性、情感和人际互动方面的发展状况。10~15分钟完成。

3. Achenbach 幼儿行为量表 适用于1.5~5岁学龄前儿童,由家长完成。含99个项目,一共7个因子:情绪反应性,焦虑抑郁,躯体主拆,退缩,注意问题,攻击,睡眠问题。耗时10~20分钟。此外,还有4~16岁版本。

4. 心理社会问题筛查——儿科症状检查表 适用于4~15岁儿童,家长完成,约5分钟。"从不"、"有时"、"经常"分别计0、1、2分,总分之和大于或等于22分,可疑有心理问题(表9-2)。

表9-2 心理社会问题筛查——儿科症状检查表(PSC)(适用于4~15岁儿童)

题号	题 目	从不	有时	经常
1.	诉说疼痛			
2.	喜欢长时间独处			
3.	容易疲劳,精力不足			
4.	烦躁,坐立不安			
5.	与老师有麻烦			
6.	对学校不太感兴趣			
7.	行动好像受马达驱动,不能自控			
8.	好做白日梦或呆想			
9.	注意力容易分散			
10.	害怕新环境			
11.	感到悲伤,不愉快			
12.	易激惹、发脾气			
13.	感到没有希望			
14.	集中注意有困难			
15.	对朋友不太感兴趣			
16.	与其他儿童打架			
17.	逃学			
18.	留级			
19.	看不起自己或有自卑感			
20.	去看病但医生又查不出任何(躯体)问题			
21.	睡眠不好			
22.	忧虑过多			
23.	比以前更想与你在一起			
24.	感到他或她的(精神或心理)状态不好			

题号	题 目	从不	有时	经常
25.	冒不必要的危险			
26.	经常受伤			
27.	似乎没什么乐趣			
28.	行为较同龄儿童幼稚			
29.	不听从规矩			
30.	不表露出自己的感受			
31.	不理解别人的感受			
32.	取笑、戏弄他人			
33.	因他(她)自己的麻烦或烦恼却责怪别人			
34.	拿不属于他(她)自己的东西			
35.	拒绝与他人分享			

注:≥22分,可疑有问题,需进一步检查。

5. 康纳斯儿童行为问卷　适用于6~18岁儿童,分为家长评定版和教师评定版,约5分钟完成。康纳斯儿童行为问卷-教师评定量表(表9-3),用于教师对幼儿的行为进行评估。表中每个项目以4个等级记分,其中"0"表示完全没有此种行为表现,"1"表示有一点此行为表现,"2"表示此方面的行为表现比较明显,"3"表示此方面的行为表现非常明显。通过所得分数对幼儿的行为是否正常进行评估。

表9-3　康纳斯儿童行为教师评定量表

序号	题 目	0	1	2	3
1.	在座位旁不停地来回走动				
2.	发出不该有的声音				
3.	有要求必须马上给予满足				
4.	动作冲动(莽撞、冒失)				
5.	容易突然发脾气和出现一些不可预测的行为				
6.	对批评过分敏感				
7.	易分心,集中注意力的时间短				
8.	打扰他人				
9.	做白日梦,好幻想				
10.	好撅嘴和生气				
11.	情绪变化迅速和激烈				
12.	好争吵				
13.	对权威人士很顺从				
14.	不安静,常常"过分忙碌"				
15.	易激惹和冲动				
16.	要求教师给予极大的注意				
17.	明显地不受同伴的欢迎				
18.	容易接受同伴的领导				
19.	游戏时不能够正确对待输赢,只能赢,不能输				

续　表

序号	题　目	0	1	2	3
20.	明显地缺乏领导能力				
21.	常不能完成已经开始的事				
22.	幼稚、不成熟				
23.	不承认错误或责怪别人				
24.	与同伴相处不好				
25.	与同伴不能合作				
26.	办事易受挫折				
27.	与教师不能合作				
28.	学习困难				

　　这一量表涉及攻击性行为、注意力不集中、焦虑、多动和社会合作性行为等5个方面的问题。如第1、5、7、8、10、11、14、15、21、26项记录与儿童的多动行为有关，得分高则提示可能有多动症。

思考与探索

　　※　1. 在幼儿园中发现某个小朋友言语令人担忧，教师怎样用访谈法了解他的真实意图？

　　※　2. 一个3岁幼儿走路、说话比别人慢，如果想较全面了解他的发育是否落后，采用什么方法评估？

　　※　3. 一个过分好动的、但有攻击行为的5岁幼儿，怎样快速地初步了解他的行为是否正常？

　　※　4. 幼儿园中的养育要根据幼儿的个性特点，怎样了解一个幼儿的个性特点也就是气质呢？

第十章

拓展篇——学前幼儿应激干预计划教程

基本要点

学前幼儿应激干预计划教程主要通过循序渐进的方式,向学龄前儿童介绍放松的方法,理解自己和他人的情绪,识别生活中一些应激事件可能给自己带来的情绪反应,并使用放松技术及合理的方式来应对不良的情绪反应,以及掌握基本的自然灾害和意外事件的应对方法,学习如何进行自我保护。

案例

斯斯是个 5 岁的女孩子,平时在幼儿园很乖巧听话,是个内向、害羞、略微有点胆小的孩子。可是两周前,斯斯突然变得有些奇怪,每次上幼儿园之前都会哭闹,不太愿意去,显得有些害怕。每天在家里一闲下来就问爸爸妈妈会不会死去,问爷爷奶奶会不会死去,问自己会不会死去,大人其实回答得很好,说:"将来有一天会死的,每个人最终都会死去的,但是现在大家都很健康地活着。"但是,斯斯还是会哭泣不止,特别难过,每晚几乎都是哭着睡去,不断地问大家会不会死。于是,斯斯的父母和老师沟通了一下,发现这两周斯斯在幼儿园也同样有些反常,缩在一个角落,有时还默默流泪。后来家长带斯斯来看心理医生,医生通过详细耐心地询问和探讨,发现两周前幼儿园组织参观了一次戒毒展,其他小朋友都没什么感觉,但是展览上一些形容枯槁的吸毒者照片,以及吸毒危害生命的字样,让斯斯受到了惊吓。她总是不自觉回忆起这些图片和字样,感到十分害怕,也开始担忧家人和自己的健康及生存状况。于是,医生教给了斯斯一些自我安慰的办法,嘱咐家长可以酌情安排些有趣的活动分散斯斯的注意力,一个月后,慢慢的,斯斯的情况就恢复了。

在学龄前儿童中,可能经历着严重程度不同的危机事件,例如自然灾害、人为事故,或者亲人去世、身患重病、父母离异、遭受躯体虐待,或者被人欺侮、目睹较恐怖的景象受到惊吓等,有时候学前幼儿遭遇危机事件后,自己很难表述出来,大人又很难识别出来,造成他们难以应对这些危机事件带来的困扰。因此,教给孩子们一些实用的方法来应对和处理这些糟糕的情绪,是非常重要并且有意义的。

一、第一课:放松心情

首先给孩子引入放松的概念,告诉孩子放松就是让自己感到舒服,不紧张、不害怕、不生气,比如躺在床上,安静地听故事。

如果生活中挨批评了、心爱的玩具坏了、想做的事情做不成等情况下,可能就会感到不愉快,或者很生气,也可能会觉得胸闷、头晕、肚子痛等。因此,当我们心情不愉快的时候,身体也会感到不放松、不舒服,就好像生病了似的。

这时候,我们就需要学习一些化解不愉快,让自己放松的办法。

第一个办法是深呼吸。我们要均匀、缓慢地吸气和呼气,随着一吸一呼,肚子慢慢地起伏。吸气的时候就好像你的鼻子前面有一束很香很香的花,用力把花的香味吸进来,然后屏住,让这花香慢慢地下去进入你的肺、你的整个身体。呼气的时候就好像你的肚子是一个漏气的皮球,肚子皮球里的气顺着你的鼻子慢慢地从鼻孔里面呼出来。孩子们练习的时候,可以让他们躺在垫子上,肚子上放一个毛绒玩具,跟着舒缓的音乐体验呼吸的变化。

第二个办法是放松身体。可以利用一些形象的比喻,让孩子们学会练习放松手、手臂、脚和腿部的肌肉,每次紧张3秒,突然放松,让孩子们体验从紧张到放松后的感觉。例如,练习手部放松时,让孩子假想手里好像握了一个小软球,握紧-握紧-握紧-放松。练习手臂放松时,让孩子假想手臂像一把直尺,绷得紧紧的,绷紧-绷紧-绷紧-放松,像软面条一样放松。练习腿和脚时,让孩子将双腿和双脚绷直,像一条直直的棒子,然后放松。

给孩子们呈现一些温暖、开心、放松的图片,由于学龄前的孩子单独相处时会容易感到孤单和害怕,因此可以呈现一些集体活动,如生日聚会,和父母外出野餐,和宠物一起玩耍的场景。让孩子们挑出自己喜欢的图片,或者假想一个自己很放松的场景,听着舒缓的音乐,做深呼吸的练习,对自己说:"我很舒服、我很自在。"这个场景,就是孩子们的"心情乐园"。

二、第二课:认识情绪

首先让孩子们了解到,每个人遇到不同的事情时都会出现不同的情绪,而不同的情绪就会使我们的脸上出现不同的表情,肢体表现出不同的动作。作为学龄前的孩子,需要能够识别和理解的主要情绪包括高兴(开心)、伤心(难过)、生气(愤怒)、害怕(恐惧)。

孩子需要尝试掌握的是,识别出自己和别人的情绪,尤其通过表情和躯体线索去识别。例如:高兴的时候,我们就会很开心,脸上就会露出笑容,会拍手,蹦蹦跳跳;生气的时候,会皱眉头,瞪眼睛,握紧拳头,挥舞手臂;伤心的时候,我们会低着头,缩成一团,不想理人,不想玩,严重的时候还会哭;害怕的时候,脸上就会露出恐惧的表情,身体会发抖,手心出汗,显得惊慌。

孩子们还要理解为什么自己或别人会产生这种情绪,例如,遇到怎样的事情自己会开心,或者伤心,或是生气,或是害怕。可以让孩子们尝试着讲述一下自己记忆中印象深刻的一些事情。

此外,希望孩子们能够初步学会辨别情绪的不同程度。例如高兴,闭嘴微笑表示一点点开心,稍微张开嘴笑代表着有些开心,咧嘴大笑意味着比较开心,笑得前仰后合说明非常非常开心。让孩子们体会一下,自己去公园玩时,得到生日礼物时,被老师表扬时,分别是什么程度的开心。

通过认识不同的情绪,我们会发现,伤心、生气、害怕……这些不好的感觉会让我们身体里分泌许多影响健康的坏东西,还让我们吃不下饭,睡不好觉,容易生病。所以,当我们不高兴的时候,要赶紧想办法高兴起来。有什么好办法能让自己高兴起来的呢?可以想想开心的事情,哈哈一笑,心情就好多了。也可以练习第一课学过的深呼吸和放松操。

三、第三课:处理愤怒

愤怒的小鸟是当下很流行的游戏之一,它的形象很多小朋友也非常熟悉,它那撅起的嘴,紧皱的眉毛,瞪大的双眼,无一例外地都在说明它非常地愤怒。小鸟为什么这么愤怒呢?原来,小猪把小鸟辛辛苦苦生下来的蛋宝宝给偷走了。所以,如果我们有件很心爱的东西被人偷走了时,或者自己被欺负、被误会时,就会很生气。孩子们可以自行回忆一下生活中有关生气、发火的一些经历,想想看,自己为什么生气,生气时自己的表现是怎样的。

通常生气的时候,人们常常会满脸通红,双眼瞪大,咬紧嘴唇或者龇牙咧嘴,挥舞着紧握的拳头,感觉火冒三丈,感到很累,所以经常生气会影响自己的身体健康。生气真的很不好,它会让我们心情很坏,让我们皮肤变差、人变老，会让我们生各种各样的病，身体受到伤害，还会让我们周围的人也不高兴，从而失去一些朋友。愤怒的时候，人吃不下饭，睡不好觉，所以感到生气的时候，我们要用适当的方法来排解。

现在就介绍一下平息愤怒口诀：停一停，不要急；深呼吸，要冷静；想一想，好办法。第一步：停一停，不要急。面对令你愤怒的人，如果你很想骂人或打人，立即跟自己说"停一停"并做停止信号"T"，让自己停下来，不要急于去做出反应。第二步：深呼吸，要冷静。使用深呼吸，放松操，让自己冷静下来。每一次深呼吸，都将愤怒的气使劲呼出去，直到自己的愤怒平息一些。第三步：想一想，好办法。学会正确的宣泄方式，生气的时候做做运动，如玩球、蹦蹦跳跳、捏皮球、捏橡皮泥、骑三轮车等，就可以让心情变得开心起来。听喜欢的音乐、唱歌就可以让我们开心起来。生气的时候，跟朋友一起，说说话，把惹你生气的事跟你的好朋友说一说，聊一聊，心情就会好起来了。生气有时候是因为一些小事情而引起，大家可以学会好好商量，这就是协商。如果你和别人都想要一个玩具，你可以说"我们一起玩吧"，"算了，让着你，我找其他玩具"，"我们轮流，你先玩一会儿，然后给我玩一会儿"，"我希望我们是好朋友，一起玩，好吗"等等。

遇到愤怒的事情，除了自己学会应对处理之外，也可以跟朋友分担一下。看到好朋友生气的时候，也帮助他们分担一下。例如，抱一抱朋友、给她讲个笑话、逗她开心、送个糖果给她等。

四、第四课：理解应激

可以先给孩子讲一个常见的容易理解的应激故事：小齐是个 4 岁的男孩，在幼儿园是个活泼、开心、乖巧的好孩子。可是最近一个月，每天早上爸爸送他去幼儿园时，一出门小齐就哭闹不止。到了幼儿园之后，他常常闷闷不乐，一个人缩在一边，不和小朋友玩耍。有时还显得很不安，有一天老师给他一辆玩具汽车想哄他开心，结果他一下子把玩具扔掉，大哭起来。原来，小齐有一只心爱的小狗，陪他一起长大，每天送他上学，接他放学；陪他玩耍，陪他睡觉。但是，一个月前，有次遛狗时，小齐的爸爸没有牵好绳子，小狗冲过马路时被一辆汽车撞死了。此后，每当过马路时，小齐都会觉得害怕，有时甚至听到汽车的声音，看到玩具汽车，也让他不安和难过。

讲完故事后，让孩子们思考一下，小齐为什么不肯出门去幼儿园？因为他感到害怕，尤其怕汽车。为什么他这么害怕/讨厌汽车？因为他遭受了很可怕的经历（心爱的狗狗被车撞了），让他觉得很受伤害，伤害太强烈，难以承受。可怕的事情已经结束了，可怕的感觉呢？有可能会一直存在，困扰着小朋友。哪些是可怕的、糟糕的感觉呢？有害怕、难过、不开心、紧张、生气等。

其实每个人在遇到可怕的事情后都会有糟糕的感觉，可能几天，也可能好几个星期，但随着时间的过去，这种害怕的感觉会慢慢地被淡忘的，随着孩子们的长大，就会越来越坚强，不再感觉这么可怕。

有什么好办法可以赶走糟糕的感觉呢？除了深呼吸，放松操，想象心情乐园之外，还可以做蝴蝶拍。蝴蝶拍的做法是：双手交替着慢拍自己的肩膀（速度尽量慢），一边拍一边想心情乐园，直至感觉好起来。

另外，也可以通过绘画活动来赶走糟糕的感觉。每个孩子一张空白纸，用笔画出自己经历过的可怕的事情。画好后，愿意分享的小朋友可以说一说自己的经历。让小朋友把手上画好的作品揉一揉，将"糟糕的感觉"包在纸里头。大家一起数一二三，该幼儿就把手上的纸团往前丢进垃圾桶或大纸箱里。

每个人可能都会经历一些不好的事情，也许有些事情你感到很糟糕很可怕，而别人却不感到可怕。小朋友可以把事情告诉朋友或大人，让大家帮你一起赶走这些糟糕的感觉，让自己变得更坚强更开心。

如果小朋友将他（她）的糟糕的（可怕的）事情讲给你听时，你怎样安慰他（她）呢？可以轻轻地拍拍他（她）的肩膀，对他说"勇敢点"，"你能行的"，"会好起来的"，"我陪着你"等。

有一首伴有动作的儿歌——《我像大树一样强壮》，可以通过语言和动作结合的方式，让孩子们感受到力量和勇气，应对那些糟糕的事情。

《我像大树一样强壮》

我是一颗小小种子，　　（蹲下蜷缩成一团）

在阳光下茁壮成长。　　（站起伸展双臂）

不怕狂风吹暴雨打，　　（手臂晃动拍打）

我像大树一样强壮。　　（挺直身体，双手叉腰，显得很神气）

Children

虽然秋天树叶掉落， （双手向下扇动，模仿树叶掉落）

但春天叶子更茂盛， （双手从身体中线向上然后扩展开）

我像大树一样强壮。 （挺直身体，双手叉腰，显得很神气）

五、第五课：处理悲伤

首先孩子们需要理解悲伤的情绪，大家可以回忆一下平时的生活中的悲伤时候，例如挨批评了、心爱的玩具坏了、离开了好朋友等，也许都会感到伤心、难过。

当人们感到伤心的时候，会皱眉，撅着嘴，快要哭了。会低着头，流眼泪，缩成一团。那么，我们就想想用什么方法可以让自己在悲伤的时候变得快乐些呢。我们可以听欢乐的音乐，看有趣的图书，看搞笑的电视，玩玩具，和小伙伴们做游戏，这些都可以让自己感到快乐起来。

如果我们看到别人伤心、难过，那么该怎么办呢？我们可以轻轻拍拍他的肩膀，递给他一块手绢或纸巾擦眼泪，对他说"别哭，你很棒"。

六、第六课：处理害怕

让孩子们回忆一下平时生活中有什么害怕的时候，例如一个人迷路了，天黑的时候一个人待在家里，从高的地方看下去等。害怕的时候，眼睛会瞪得大大的，嘴巴咬得紧紧的，身体发抖，浑身紧绷，呼吸很快，心跳很快，会感到很紧张，汗毛都竖起来一般。

孩子们最常见的害怕的事情就是打针，所以可以模拟下打针的场景，看看如何能让孩子们不害怕呢。例如，打针的时候不看，打针的时候我就趴在妈妈身上。说儿歌：袖子卷一卷，手臂弯一弯，脑袋歪一歪，告诉我自己，我不怕，我不怕，我不怕！原来有些害怕的事情，我们可以躲起来，可以做其他的事情，但有的害怕，像打针我们是必须要战胜它。

因此，遇到困难后，我们要先深呼吸，保持冷静，在心里对自己说"我是勇敢小英雄"，假想自己是心目中那个勇敢的英雄偶像，做出英雄最常做的标志性动作，或者说出英雄最常说的标志性口号，为自己鼓起勇气。

害怕的时候，可以不必要一个人自己承担，可以跟大人们诉说。一个人在黑暗中自由行走，没有依靠时令人害怕，但当找到朋友时，心里就感到很安心，当自己一个人感到害怕时，可以寻求朋友的帮忙。而当你的朋友感到害怕时，可以抱抱他，对他说："别怕，勇敢点，你真棒。"

七、第七课：安全小卫士

这节课的目的在于教导孩子们掌握遭遇灾害和事故的应对措施。首先让孩子们了解一些自然现象，如风、水、火，有时候也可能给人类造成灾难，如台风、洪水、水灾、地震，会把大树吹倒，房顶掀翻，房子摇晃要倒塌，烧毁房屋，夺去人们的健康乃至生命，造成难以挽回和弥补的损失，这就是自然灾害。除此之外，还有一些意外发生的事情，如车祸、摔伤等，也会让我们身体受伤，这些就是意外事故。

预防意外事故的方法就是遵守交通规则和幼儿园的安全纪律，如过马路左右看，走人行横道，不闯红灯；平时不要玩火，不能在靠近火的地方玩易燃物。不要接近有危险标志的物品，如黄色三角形标志通常意味着有危险，尽量远离。

遇到自然灾害时，用4个步骤来应对。

第一步：尽快寻找和到达安全地点。火灾浓烟弥漫时，用湿毛巾捂住嘴巴和鼻子，压低身子，手、肘、膝盖要紧靠地面，沿墙壁边缘爬行逃生。地震时，尽快躲在坚固物品，如桌子底下。水灾时爬上高处，或者抓住浮木。总之，如果觉得有危险时，躲在安全的地方。如果在幼儿园，可以问老师哪里最安全；如果在家里，可以问父母哪里最安全。

第二步：保证安全之后，要适当求救。例如火警电话是119，报警电话是110。除了电话之外，还可以自制一些求救信号。如声响求救信号：大声喊叫，吹响哨子，敲击物品如脸盆等。光线求救信号：可利用手电筒、镜子反射太阳光等，反复闪照。投掷软物求救：向楼下抛掷软物，如枕头、塑料空瓶等。烟雾求救信号：野外可以燃烧树枝等植物发出火光、烟雾。字样求救信号：SOS（可用树枝、石块摆出）。记住提醒小朋友们很重要的一点是，发出求救信号时要注意安全，并且仅在危急时刻使用，非紧急时刻不能使用。

第三步：安抚自己。饿了，要吃东西；渴了，要喝水；冷了，要穿暖和。害怕了：可以哭，可以告诉大人，可以寻求伙伴的帮助。要学会自我安抚，自我鼓励，例如，自己跟自己说"一切都会好起来的"，"没关系，我现在是安全的"。

第四步：帮助其他小朋友。可以拍拍他（她）的肩膀，拉拉他（她）的手，或者拥抱一下他（她）。可以带着他（她）一起寻求大人的帮助。

教给小朋友们安全儿歌以掌握应对灾害事故的原则：遇到危险，躲起来；不要慌张，找大人；老师指挥，要听从；开动脑筋，想办法。

八、第八课：我会保护自己

首先给孩子们假设一个场景：如果你们和爸爸妈妈出去玩，爸爸妈妈走开一会，有个陌生叔叔要给你糖吃，然后要你和他一起去玩，你会怎么做？

向孩子们介绍自我保护的 5 个原则：危急时刻，先找安全；陌生物品，不要碰触；陌生人话，不要理会；坏人秘密，告诉家长；守护自己私密部位（解释：背心短裤遮住的部位）。

教给孩子们学会 3 个对策来保护自己：①躲开：远离危险环境，遇到危险自己先跑开，跑到安全的地方、到大人身边或人多的地方；保持与坏人的距离，看到鬼鬼祟祟的人、凶恶的人、拿着危险东西的人要赶紧走开。②呼救：遇到坏人，要找机会告诉大人，或者呼救。③讲述：遇到坏人做坏事后，应尽快告诉家长、老师或警察；告诉其他小朋友注意安全。

让孩子们进行情景练习，通过练习熟悉和掌握 5 个原则和 3 个对策。

场景 1：今天天气预报有雨，风又大，你们出门时应该怎样？孩子们应该知道要听正规电台播放的天气预报及遵守预防措施。

场景 2：你一个人在家时，陌生人来敲门怎么办？孩子们需要记得 5 个原则之一"陌生人话，不要理会"，所以应该等爸爸妈妈回家后再说。

场景 3：外出游玩时和妈妈走散了怎么办？这时可以教给孩子们应对的儿歌：星期天，逛商场，跟着爸妈别走散，如真走散别着急，要在商场找保安，广播找人最最快，千万不能乱跑开。安全知识记心上，危险的事儿我不干，自我保护最重要，我是妈妈的乖宝宝。

场景 4：一个不认识的阿姨挡在你面前，拿出一包薯片，说："你妈妈有事，让我来接你回家，我们可以先去游乐园玩，然后再回家。"这时应该使用 3 个对策，先躲开，然后到人多的地方求救，尤其向警察叔叔讲述事情过程，表示求救。

最后进一步总结整体课程学习到的危机干预的技巧方法，表扬孩子们的努力学习和热情投入，给予肯定，鼓励在将来的生活中有需要的时候记得使用这些技巧方法。

思考与探索

＊ 1. 放松的方法包括哪些？在遇到危机事件，感觉很糟糕时，自我安慰的方法还包括哪些？

＊ 2. 感到生气的时候，如何应对愤怒的情绪？

＊ 3. 感到难过的时候，如何缓解悲伤的情绪？

＊ 4. 感到害怕的时候，如何克服恐惧的情绪？

＊ 5. 灾难应对四步骤是怎样的？

＊ 6. 自我保护的原则是什么？保护好自己的 3 个对策是什么？

Children

参考文献

［1］胡迎红,马丽雅.幼儿良好情绪的重新建构——培养幼儿情绪自我调适能力的实践探索.杭州教育学院学报,2000,(5):30～34

［2］刘金花.儿童发展心理学(修订版).上海:华东师范大学出版社,2006

［3］方富熹,方格,林佩芬.幼儿认知发展与教育.北京:北京师范大学出版社,2003

［4］张劲松,姚国英.0～6岁儿童心理健康保健——儿童保健医生指导手册.上海:上海科学技术文献出版社,2010

［5］福建省教育厅组织专家组.0～3岁婴幼儿早期教育家长指导手册.福州:福建人民出版社,2010

［6］尹坚勤,张元.0～3岁婴幼儿教养手册.南京:南京师范大学出版社,2008

［7］沈晓明.环境中的铅对儿童发育和行为的影响.中国实用儿科杂志,1997,12(6):335～337

［8］世界卫生组织.ICD-10精神与行为障碍分类研究用诊断标准.刘平,于欣,汪向东译.北京:人民卫生出版社,1995

［9］王祖承,方贻儒.精神病学.上海:上海科技教育出版社,2011

［10］杜亚松.儿童心理障碍治疗学.上海:上海科学技术出版社,2005

［11］陶国泰.儿童少年精神医学.南京:江苏科学技术出版社,2000

［12］郭延庆.应用行为分析与儿童行为管理.北京:华夏出版社,2012

［13］李雪荣.现代儿童精神医学.长沙:湖南科学技术出版社,1994

［14］张劲松,许积德,沈理笑.Carey的1个月～12岁儿童气质系列问卷应用评价.中国心理卫生杂志,2000,14(3):153～156

［15］马沛然.儿科治疗学.第二版.北京:人民卫生出版社,2010

［16］Chess S, Thomas A. Temperament in Clinical Practice. Guilford,1986

［17］Black MM. Micronutrient deficiencies and cognitive functioning. J Nutr,2003,133(11 Suppl 2):3927S～3931S

［18］Whalley LJ, Fox HC, Wahle KW, et al. Cognitive aging, childhood intelligence, and the use of food supplements: possible involvement of n-3 fatty acids. Am J Clin Nutr,2004,80(6):1650～1657

［19］傅宏.学前儿童心理健康.南京:南京师范大学出版社,2002

复旦大学出版社向使用本社《学前儿童心理健康指导》作为教材进行教学的教师免费赠送多媒体课件，该课件配有教学 PPT 和练习题。欢迎完整填写下面表格来索取多媒体课件。

教师姓名：＿＿＿＿＿＿＿＿＿＿＿＿＿

任课课程名称：＿＿＿＿＿＿＿＿＿＿＿＿＿＿＿＿＿

任课课程学生人数：＿＿＿＿＿＿＿＿

联系电话：(O)＿＿＿＿＿＿＿　(H)＿＿＿＿＿＿＿　手机：＿＿＿＿＿＿＿

E-mail 地址：＿＿＿＿＿＿＿＿＿＿＿＿＿＿＿＿＿

所在学校名称：＿＿＿＿＿＿＿＿＿＿＿＿＿邮政编码：＿＿＿＿＿＿

所在学校地址：＿＿＿＿＿＿＿＿＿＿＿＿＿＿＿＿＿＿＿＿＿＿

学校电话总机(带区号)：＿＿＿＿＿＿＿　学校网址：＿＿＿＿＿＿

系名称：＿＿＿＿＿＿＿＿＿＿＿＿　系联系电话：＿＿＿＿＿＿＿

每位教师限赠多媒体课件一个。

邮寄多媒体课件地址：＿＿＿＿＿＿＿＿＿＿＿＿＿＿＿＿＿＿＿

邮政编码：＿＿＿＿＿＿＿＿＿

请将本页复印完整填写后，邮寄到上海市国权路 579 号

复旦大学出版社傅淑娟收

邮政编码：200433　　联系电话：(021)65654719

E-mail：shujuanfu@163.com

复旦大学出版社将免费邮寄赠送教师所需要的多媒体课件。

图书在版编目(CIP)数据

学前儿童心理健康指导/张劲松主编. —上海:复旦大学出版社,2013.10（2025.8重印）
普通高等学校学前教育专业系列教材
ISBN 978-7-309-10001-3

Ⅰ.学… Ⅱ.张… Ⅲ.学前儿童-心理健康-健康教育-高等学校-教材 Ⅳ.B844.12

中国版本图书馆 CIP 数据核字(2013)第 196005 号

学前儿童心理健康指导
张劲松 主编
责任编辑/傅淑娟

复旦大学出版社有限公司出版发行
上海市国权路 579 号 邮编:200433
网址: fupnet@ fudanpress.com http://www.fudanpress.com
门市零售: 86-21-65102580 团体订购: 86-21-65104505
出版部电话: 86-21-65642845
浙江临安曙光印务有限公司

开本 890 毫米×1240 毫米 1/16 印张 9.5 字数 292 千字
2025 年 8 月第 1 版第 11 次印刷
印数 38 801—40 900

ISBN 978-7-309-10001-3/B · 484
定价: 40.00 元